江苏省高等学校计算机等级考试系列教材

Visual Basic 程序设计教程

(2013 年版)

主 编 牛又奇 孙建国

苏州大学出版社

图书在版编目(CIP)数据

Visual Basic 程序设计教程：2013年版 / 牛又奇，孙建国主编. —苏州：苏州大学出版社，2014.1(2020.7重印)
江苏省高等学校计算机等级考试系列教材
ISBN 978-7-5672-0529-1

Ⅰ.①V… Ⅱ.①牛…②孙… Ⅲ.①BASIC语言–程序设计–高等学校–教材 Ⅳ.①TP312

中国版本图书馆 CIP 数据核字(2013)第 115606 号

Visual Basic 程序设计教程
(2013 年版)
牛又奇　孙建国　主编
责任编辑　周建兰

苏州大学出版社出版发行
(地址：苏州市十梓街1号　邮编：215006)
宜兴市盛世文化印刷有限公司印装
(地址：宜兴市万石镇南漕河滨路58号　邮编：214217)

开本787mm×1 092mm　1/16　印张20.25　字数506千
2014年1月第1版　2020年7月第 7 次印刷
ISBN 978-7-5672-0529-1　　定价：48.00元

苏州大学版图书若有印装错误，本社负责调换
苏州大学出版社营销部　电话：0512-67481020
苏州大学出版社网址 http://www.sudapress.com

江苏省高等学校计算机等级考试系列教材编委会

顾　　　问　张福炎　孙志挥

主 任 委 员　王　煌

副主任委员　叶晓风

委　　　员　（以姓氏笔画为序）

　　　　　　　牛又奇　朱巧明　李　畅　严　明
　　　　　　　吴乃陵　邵定宏　单启成　侯晓霞
　　　　　　　殷新春　蔡　华　蔡正林　蔡绍稷

编者的话

经过将近三年的努力,"Visual Basic 程序设计教程"的最新修订工作终于完成了。在此对所有关心、支持和爱护我们的老师、朋友,特别是广大的读者,以及对我们的工作给予一贯全力支持的苏大出版社的各位编辑和领导,表示最衷心的感谢。

此次修订工作中,我们将江苏省高等学校计算机等级考试中心对计算机基础教学要"扎实基础、引导教学"的意见作为指导方针,广泛地听取和采纳了众多高校第一线教师的意见和建议,参考了众多国内外相关教材,从中汲取了大量有益的营养。在此基础上,我们紧紧围绕普通高校非计算机专业"程序设计语言"课程的教学大纲,对原书逐字、逐句地进行了校核,特别是参照微软的 Microsoft Visual Basic 6.0 中文版的手册,对原书中一些表述不够准确的地方——做了订正。同时为了更切合当前教学的要求,对部分章节的内容也做了一些调整、补充与修改。我们还重新设计了每个章节的习题,使得习题的形式和内容更切合教学要求,也与等级考试的题型相吻合。

本次修订,保留了原书的第 2 章"程序设计与算法(问题求解)"。对于部分不再开设"大学计算机信息技术基础"课程的学校,建议在教授"程序设计语言"课程时适当向学生介绍本章节的内容,以便学生更好地学习掌握程序设计的方法。附录和带有"*"号的部分,属于阅读材料,主要供读者自学。

随着计算机系统的升级,在 Windows 7 系统的计算机上能否安装和使用 VB 6.0,受到很多读者的关注。我们在本书的附录中,特别增加了如何在 Windows 7 系统的计算机上安装 VB 6.0 的方法和步骤。希望能对这部分的读者有所帮助。

南京农业大学的朱淑鑫老师在本次修订中做了大量具体的工作。

我们做出了努力,但深知学无止境,错误难免,敬请广大读者不吝指正,谢谢!

编 者
2013 年 3 月

目 录

第1章 Visual Basic 导论
1.1 Visual Basic 与 Windows ……………………………………………… (1)
1.2 Windows 程序：界面与事件驱动 ……………………………………… (2)
1.3 对象、属性与方法 ……………………………………………………… (3)
1.4 一个 Windows 程序示例 ………………………………………………… (4)
习题 ………………………………………………………………………… (8)

第2章 程序设计与算法（问题求解）
2.1 程序的基本组成：输入、处理与输出 ………………………………… (9)
　2.1.1 计算机解题示例 …………………………………………………… (9)
　2.1.2 程序设计的一般步骤 ……………………………………………… (10)
2.2 算法与编程工具 ………………………………………………………… (11)
习题 ………………………………………………………………………… (15)

第3章 Visual Basic 的界面设计
3.1 创建窗体 ………………………………………………………………… (16)
　3.1.1 定制窗体属性 ……………………………………………………… (18)
　3.1.2 窗体的显示、隐藏、装载和卸载 …………………………………… (19)
　3.1.3 Print 方法 ………………………………………………………… (21)
　3.1.4 Move 与 Cls 方法 ………………………………………………… (22)
3.2 Visual Basic 的常用控件 ……………………………………………… (22)
　3.2.1 概述 ………………………………………………………………… (22)
　3.2.2 常用基本控件 ……………………………………………………… (24)
3.3 制作菜单 ………………………………………………………………… (34)
　3.3.1 菜单概述 …………………………………………………………… (34)
　3.3.2 创建菜单 …………………………………………………………… (35)
　3.3.3 创建弹出式菜单 …………………………………………………… (36)
3.4 多窗体界面程序设计 …………………………………………………… (37)
3.5 界面设计程序示例 ……………………………………………………… (38)
习题 ………………………………………………………………………… (40)

第4章 数据、表达式与简单程序设计
4.1 Visual Basic 程序代码的组织方式 …………………………………… (44)
　4.1.1 过程 ………………………………………………………………… (44)

4.1.2　模块 ………………………………………………………………… (45)
4.2　代码行的书写规则 …………………………………………………………… (46)
4.3　Visual Basic 的数据 …………………………………………………………… (46)
　　4.3.1　数据类型 …………………………………………………………… (47)
　　4.3.2　常量 ………………………………………………………………… (48)
　　4.3.3　变量 ………………………………………………………………… (49)
4.4　运算符与表达式 ……………………………………………………………… (52)
　　4.4.1　算术运算符与算术表达式 …………………………………………… (52)
　　4.4.2　关系运算符与关系表达式 …………………………………………… (53)
　　4.4.3　逻辑运算符与逻辑表达式 …………………………………………… (53)
　　4.4.4　运算规则 …………………………………………………………… (54)
4.5　赋值语句 ……………………………………………………………………… (54)
4.6　Visual Basic 公共函数 ………………………………………………………… (56)
　　4.6.1　算术函数 …………………………………………………………… (56)
　　4.6.2　字符函数 …………………………………………………………… (57)
　　4.6.3　转换函数 …………………………………………………………… (57)
　　4.6.4　日期与时间函数 …………………………………………………… (59)
　　4.6.5　格式化函数 Format ………………………………………………… (59)
4.7　InputBox 函数与 MsgBox 函数 ……………………………………………… (60)
　　4.7.1　InputBox 函数 ……………………………………………………… (60)
　　4.7.2　MsgBox 函数 ………………………………………………………… (61)
　习题 ………………………………………………………………………………… (63)

第5章　选择分支与循环

5.1　分支结构与分支结构语句 …………………………………………………… (67)
　　5.1.1　If-Then-Else-End If 结构语句 ……………………………………… (67)
　　5.1.2　IIf 函数 ……………………………………………………………… (70)
　　5.1.3　Select-Case-End Select 结构语句 …………………………………… (70)
5.2　循环结构与循环结构语句 …………………………………………………… (72)
　　5.2.1　Do-Loop 循环结构语句 ……………………………………………… (72)
　　5.2.2　For-Next 循环结构语句 ……………………………………………… (74)
　　5.2.3　循环嵌套 …………………………………………………………… (77)
　习题 ………………………………………………………………………………… (85)

第6章　数组

6.1　数组的概念 …………………………………………………………………… (91)
　　6.1.1　数组命名与数组元素 ……………………………………………… (91)
　　6.1.2　数组定义 …………………………………………………………… (92)
　　6.1.3　数组的结构 ………………………………………………………… (94)
　　6.1.4　数组维界测试函数 ………………………………………………… (96)
6.2　数组的基本操作 ……………………………………………………………… (97)

  6.2.1 数组元素的赋值 …………………………………………………… (97)
  6.2.2 数组元素的输出 …………………………………………………… (102)
  6.2.3 数组元素的引用 …………………………………………………… (105)
 6.3 动态数组 ……………………………………………………………………… (106)
 6.4 控件数组 ……………………………………………………………………… (110)
  6.4.1 基本概念 …………………………………………………………… (110)
  6.4.2 建立控件数组 ……………………………………………………… (111)
  6.4.3 使用控件数组 ……………………………………………………… (111)
 6.5 程序示例 ……………………………………………………………………… (114)
 习题 ……………………………………………………………………………… (132)

第7章 过程

 7.1 过程的分类与引例 …………………………………………………………… (138)
 7.2 Sub 过程 ……………………………………………………………………… (139)
  7.2.1 事件过程 …………………………………………………………… (140)
  7.2.2 通用过程 …………………………………………………………… (142)
 7.3 Function 过程 ………………………………………………………………… (144)
 7.4 过程调用 ……………………………………………………………………… (146)
  7.4.1 事件过程的调用 …………………………………………………… (146)
  7.4.2 通用 Sub 过程调用 ………………………………………………… (147)
  7.4.3 Function 过程调用 ………………………………………………… (148)
  7.4.4 调用其他模块中的过程 …………………………………………… (149)
 7.5 参数的传递 …………………………………………………………………… (150)
  7.5.1 形参与实参 ………………………………………………………… (150)
  7.5.2 按值传递参数 ……………………………………………………… (151)
  7.5.3 按地址传递参数 …………………………………………………… (152)
  7.5.4 数组参数 …………………………………………………………… (156)
  7.5.5 对象参数 …………………………………………………………… (157)
 7.6 递归过程 ……………………………………………………………………… (158)
 7.7 变量的作用域 ………………………………………………………………… (160)
  7.7.1 过程级变量 ………………………………………………………… (160)
  7.7.2 模块级变量 ………………………………………………………… (160)
  7.7.3 全局变量 …………………………………………………………… (161)
  7.7.4 关于同名变量 ……………………………………………………… (163)
  7.7.5 静态变量 …………………………………………………………… (164)
 7.8 程序示例 ……………………………………………………………………… (165)
 7.9 创建与设置启动过程 ………………………………………………………… (179)
 7.10 鼠标与键盘事件及事件过程 ……………………………………………… (184)
  7.10.1 鼠标事件及鼠标事件过程 ……………………………………… (184)
  7.10.2 键盘事件及键盘事件过程 ……………………………………… (187)

习题 ……………………………………………………………………………………… (188)

第8章 数据文件

8.1 数据文件处理 …………………………………………………………………… (196)
    8.1.1 数据文件概述 …………………………………………………………… (196)
    8.1.2 访问文件的语句和函数 ………………………………………………… (197)
8.2 顺序文件 ………………………………………………………………………… (202)
    8.2.1 顺序文件的写操作 ……………………………………………………… (202)
    8.2.2 顺序文件的读操作 ……………………………………………………… (204)
    8.2.3 使用外部程序处理顺序文件 …………………………………………… (208)
8.3 随机文件 ………………………………………………………………………… (210)
    8.3.1 变量声明 ………………………………………………………………… (210)
    8.3.2 随机文件的打开 ………………………………………………………… (211)
    8.3.3 随机文件的写操作 ……………………………………………………… (211)
    8.3.4 随机文件的读操作 ……………………………………………………… (214)
    8.3.5 增加、删除随机文件中的记录 ………………………………………… (215)
8.4 二进制文件 ……………………………………………………………………… (216)
习题 ……………………………………………………………………………………… (218)

第9章 程序调试

9.1 错误类型与程序调试工具 ……………………………………………………… (220)
    9.1.1 错误类型 ………………………………………………………………… (220)
    9.1.2 VB调试工具 …………………………………………………………… (221)
9.2 程序调试 ………………………………………………………………………… (222)
    9.2.1 中断状态的进入与退出 ………………………………………………… (222)
    9.2.2 使用调试窗口 …………………………………………………………… (223)
    9.2.3 断点设置与单步调试 …………………………………………………… (224)
习题 ……………………………………………………………………………………… (226)

第10章 文件管理与公共对话框控件及其应用

10.1 文件管理控件 …………………………………………………………………… (229)
    10.1.1 目录(文件夹)列表框 ………………………………………………… (230)
    10.1.2 文件列表框 …………………………………………………………… (232)
    10.1.3 组合使用文件管理控件 ……………………………………………… (234)
10.2 公共对话框 ……………………………………………………………………… (237)
    10.2.1 概述 …………………………………………………………………… (237)
    10.2.2 公共对话框控件的应用 ……………………………………………… (237)
习题 ……………………………………………………………………………………… (245)

第11章 图形处理及多媒体应用

11.1 图形处理 ………………………………………………………………………… (246)
    11.1.1 坐标系统 ……………………………………………………………… (246)
    11.1.2 自定义坐标系 ………………………………………………………… (247)

    11.1.3 色彩函数 ……………………………………………………… (248)
    11.1.4 使用绘图控件 ………………………………………………… (248)
    11.1.5 使用绘图方法 ………………………………………………… (251)
    11.1.6 使用图片框 …………………………………………………… (258)
    11.1.7 应用鼠标事件 ………………………………………………… (260)
  11.2 多媒体应用 ……………………………………………………………… (262)
    11.2.1 动画控件 ……………………………………………………… (262)
    11.2.2 多媒体控件 …………………………………………………… (265)
  习题 …………………………………………………………………………… (268)

第12章 数据库操作与编程

  12.1 数据库基本知识 ………………………………………………………… (269)
    12.1.1 概述 …………………………………………………………… (269)
    12.1.2 数据库的基本概念 …………………………………………… (269)
    12.1.3 数据模型 ……………………………………………………… (270)
  12.2 数据库的建立 …………………………………………………………… (271)
    12.2.1 关系数据库的基本结构 ……………………………………… (271)
    12.2.2 数据库的建立 ………………………………………………… (272)
    12.2.3 建立查询 ……………………………………………………… (275)
  12.3 数据控件 ………………………………………………………………… (275)
    12.3.1 数据控件及其属性 …………………………………………… (275)
    12.3.2 应用数据控件 ………………………………………………… (276)
    12.3.3 数据库操作 …………………………………………………… (277)
  12.4 结构化查询语言 SQL …………………………………………………… (282)
    12.4.1 SQL 的基本组成 ……………………………………………… (282)
    12.4.2 SQL 语句应用 ………………………………………………… (283)
  12.5 数据处理 ………………………………………………………………… (285)
    12.5.1 数据窗体向导 ………………………………………………… (285)
    12.5.2 报表设计 ……………………………………………………… (287)
  12.6 ADO 数据访问对象 ……………………………………………………… (289)
    12.6.1 ADO 对象模型 ………………………………………………… (289)
    12.6.2 ADO Data 控件 ……………………………………………… (290)
    12.6.3 ActiveX 数据对象 …………………………………………… (293)
    12.6.4 应用示例 ……………………………………………………… (299)

附录1 Visual Basic 的集成开发环境 ……………………………………………… (304)
附录2 Visual Basic 的帮助系统 …………………………………………………… (309)
附录3 在 Windows 7 系统上安装 VB 6.0 ………………………………………… (312)

第1章

Visual Basic 导论

Visual Basic 程序设计语言是用于开发 Windows 环境下应用程序的重要工具。对于学习者而言，了解和掌握面向对象的程序设计方法以及程序的事件驱动这两个 Visual Basic 语言的重要特性十分重要。

1.1 Visual Basic 与 Windows

Visual Basic（以下简称 VB）是用于开发和创建 Windows 操作平台下具有图形用户界面的应用程序的强有力工具之一。它以人们所熟知的 BASIC 语言（Beginners All-purpose Symbolic Instruction Code，初学者符号指令代码）为基础，不仅易于学习、掌握，它的可视化（Visual）特性，还为应用程序的界面设计提供了更迅速、便捷的途径。它不需编写大量代码去描述界面元素的外观和位置，而只要把预先建立的可视对象拖放到屏幕上的一点即可。VB 同时还是一个包括编辑、测试和程序调试等各种程序开发工具的集成开发环境（Integrated Development Environment，IDE），从应用程序的界面设计、程序编码、测试和调试、编译并建立可执行程序，直到应用程序的发行，种种功能 VB 无不包容。不论是 Microsoft Windows 应用程序的资深专业开发人员还是初学者，Visual Basic 都为他们提供了完整的开发工具。

VB 包含了数百条语句、函数及关键词，其中很多和 Windows GUI（Graphic User Interface，图形用户界面）有直接关系。专业人员可以用 VB 实现其他任何 Windows 编程语言的功能，而初学者只要掌握几个简单语句就可以建立实用的应用程序。

VB 是 Microsoft Office 系列应用程序通用的程序设计语言。在 Windows 操作系统已经成为 PC 事实上的标准之时，Microsoft 公司的 Office 系列，包括 Word、Excel、PowerPoint 和 Access 数据库也已成为人们在使用 PC 处理办公室事务时的首选软件。所以，学习和掌握 VB 对于充分发挥 Office 系列软件的各项功能，具有不可替代的作用。

VB 全面支持 Windows 系统的 OLE（Object Linking and Embedding，对象的链接和嵌入）技术。因而可在不同的应用程序之间快速地传递数据，并自动地利用其他应用程序所支持的各种功能。

VB 为开发 Windows 应用程序不仅提供了全新的、相对简单的方式，而且引进了新的程序设计方法——面向对象的程序设计方法（Object-Oriented Programming，OOP）。从传统的面向过程的程序设计,转移到采用更先进的面向对象的程序设计,无论是对老的程序员,还是初学者,都是一个挑战。而学习VB,则是掌握这一新的程序设计方法的一条捷径。

现在,许多大型的商品化软件也都是采用VB平台开发的。学习和掌握VB,已成为现代社会对信息技术人才的需求之一。

1.2 Windows程序:界面与事件驱动

Windows下的应用程序的用户界面都是由窗体、菜单和控件等对象构成的。图1-1是人们熟知的"写字板"程序的窗口界面。窗口中有命令菜单,工具栏中包含有多个命令按钮,列表框和作为工作区的文本框等。

与所有Windows下的应用程序相同,在使用该程序时,可以自由地不分先后地使用菜单命令或工具栏中的命令按钮,对工作区中输入的文字进行各种处理操作。而各个对象的动作以及各对象之间的关联,完全取决于操作者所做的操作。比如,用鼠标单击"文件",就会打开"文件"菜单,选定某个菜单命令再单击,该命令就会执行。也就是说,程序的运行并没有固定的顺序。Windows程序的这种工作模式,被称为事件或消息驱动方式。

所谓"事件",就是使某个对象进入活动状态(又称激活)的一种操作或动作。比如,用鼠标单击

图1-1

窗体上菜单条的某个命令项,或双击窗体上的某个图标等,就会打开相应的下拉式命令菜单或打开该图标对应的窗口。鼠标的单击和双击都是"事件"。只要程序设计者为某对象在某个事件发生时计算机应当执行的各种操作进行了规定,计算机就会执行这些操作。

用一个"事件"激活某个对象,随着该对象的活动,会引发新的"事件",这个事件又可能使另一个"对象"激活,对象之间就是以这种方式联系在一起。

VB并不仅仅只是Windows环境下运行的一种语言,它与Windows有着非常紧密的联系。VB中的窗体对应于Windows的窗口;VB的文本框、标签、列表框等控件对应于Windows窗口中的相应组件。VB对象的属性与事件,则对应于Windows窗口组件的属性与消息。VB的系统对象如菜单、剪贴板、屏幕和打印机提供了访问Windows系统功能的途径。

使用VB不仅可以非常便捷地设计出Windows应用程序的窗口界面,设置界面中各种对象的属性,而且可以通过编写程序代码段为对象规定在被某个"事件"激活时应发生的各种动作以及所要进行的信息处理的具体内容,这样的代码段称为"事件过程"。为不同对象响应不同事件编写的事件过程是构成一个完整应用程序不可缺少的组成部分。这就是事件驱动方式的应用程序的设计原理。

1.3 对象、属性与方法

VB 是一种采用面向对象的程序设计方法的语言。因此了解面向对象的程序设计方法,对于学习和掌握 VB 十分重要。那么,面向对象的程序设计方法究竟是一种什么样的方法呢?

面向对象的程序设计(OOP)是近年来发展起来的一种新的程序设计思想。计算机程序本是对现实世界的模型化,而现实世界则是由一个一个动作主体构成的,一个复杂的动作主体又由若干简单的动作体组成。比如,一辆汽车是一个动作主体,汽车又是由诸如发动机、传动系统、转向系统、刹车系统、车轮等动作体组合而成。在使用计算机程序描述一辆汽车的动作的时候,如果着眼点是汽车从一地到另一地的运动过程,这就是传统的"面向过程的程序设计思想";如果着眼点是组成汽车的一个个部件,即动作体的特性、工作规律和动作方式,通过对这些动作体的描述,进而确定整个汽车的工作特性和规律,这种程序设计思想就是所谓的"面向对象的程序设计思想"。显然,面向对象的程序设计思想是对现实世界的更精确的反映。

1. 对象及对象类

动作体的逻辑模型称为"对象"。在 VB 中,对象就是人们可控制的某种东西。

对象类是对象的正式定义。比如,我们在说"汽车"时,并不是专指某个特定品牌的汽车,而是指一切装有内燃式发动机,有传动装置、转向装置、车轮等的可运载人或物的交通工具。而一辆具体的汽车,则是"汽车"的一个实例。

Windows 下的应用程序界面都是以窗口的形式出现的,窗口就是代表屏幕上某个矩形区域的对象,一个窗口可能包容其他窗口,这些被包容的窗口称为子窗口。在 VB 中,把这种窗口的界面称为"窗体"。在窗体上,可以设置用于和用户交互的各种部件,如文本框(TextBox)、标签(Label)、命令按钮(CommandButton)、选项按钮(OptionButton)和列表框(ListBox)等,这些部件统称为"控件"。应用程序的每个窗体和窗体上的种种控件都是 VB 的对象。

2. 属性

"属性"用来描述对象的特性。对象类定义了类的一般属性,比如汽车轮胎的一般属性包括由橡胶制成、中空充气等。就具体的对象而言,除要继承对象类规定的各种属性(称为继承性)之外,还具有它的特殊属性,如轮胎直径的大小、厚度、胎面的花纹等。规定了对象的特殊属性,也就真正将这个对象"实例化"了。

VB 为每一类对象都规定了若干属性。比如,窗体的属性就有显示方式、背景颜色、边框线型、窗体名称、窗体标题、前景颜色、大小位置和可见性等。通过为窗体设置具体的属性值,就可获得所需要的窗体外观及相关特性,如窗口的行为以及如何对按键及鼠标事件进行响应等。

3. 方法

"方法"指对象可以进行的动作或行为。人们可以通过"方法"使对象以指定的方式去做某种动作或改变行为。比如,通过"转向"方法使方向盘对象旋转,从而使车轮转往规定的方向。

VB 程序中每个窗体或控件对象,都具有若干可改变其行为或实现某个特定动作(操作)的方法。例如,窗体可被"显示"或被"隐藏"等。显示(Show)和隐藏(Hide)都是控制窗体对象的方法。

1.4　一个 Windows 程序示例

VB 是一个功能强大而又易于操作的开发环境,它为 VB 应用程序的开发提供了极大的便利。

按照 VB 用户指南的说明,可非常容易地将 VB 系统安装到用户计算机的硬盘上。在 Windows 9X/XP 下,启动 VB,在显示版权页之后,稍待片刻,屏幕就会出现 VB 集成开发环境(IDE)的主画面(图 1-2)。不同版本的 VB 的主画面略有差别,图 1-2 是 VB 6.0 的画面。

VB 集成开发环境的主画面是一个典型的 Windows 界面,它由标题条、菜单条、弹出式菜单(又称上下文菜单)、工具栏、控件工具箱、初始窗体和工程资源管理器子窗口、属性子窗口、窗体布局子窗口等组成。VB 系统还有几个在必要时才会显示出来的子窗口,即"代码编辑器"窗口和用于程序调试的"立即"、"本地"和"监视"窗口等(有关 VB 集成开发环境详情,请参看本书附录1)。

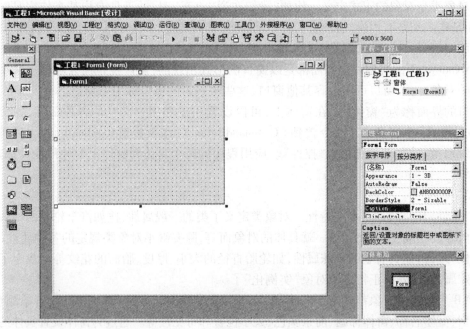

图 1-2

在 VB 中,创建一个应用程序,被称为建立一个工程。一个 VB 应用程序是由若干个不同类型的文件组成的。工程就是这些文件的集合。启动 VB 时,系统总是开始一个称为"工程 1"(Project1)的新工程。

【例 1-1】 图 1-3 是本例的程序界面。在窗口中有一行文字"你好!"和一个命令按钮用鼠标单击命令按钮,窗口中的文字就会自动变成"欢迎学习 VB!"。

1. 启动 VB,开始新工程

在 Windows 环境下,启动 VB,如果主画面上没有出现窗体编辑器窗口,可用鼠标单击工具栏上的"新窗体"按钮。

2. 创建用户界面

本程序只需要一个窗口来与用户交互。现在就使用显示在 VB 主画面的窗体编辑器来创建这个窗口。

图 1-3

(1)设置窗体属性:在属性窗口中先选定窗体对象,再将属性列表框的"Caption"(标题)属性改为"程序示例"。

(2)为窗体增加控件和设置属性。

示例中的文字是由"标签"控件提供的。用鼠标单击控件箱的"标签"按钮,然后移动鼠标光标到窗体的适当位置(此时鼠标光标为十字形),再按住鼠标左键拖动,得到一个大小合适的矩形框(图 1-4)。

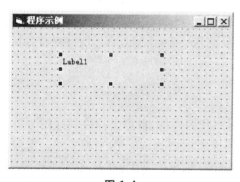

图 1-4

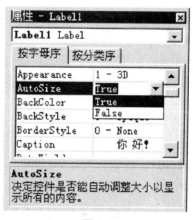

图 1-5

在属性窗口为"标签"设置属性:滚动属性窗口,将 Caption(标题)属性设为"你好!",将 AutoSize 属性设为"True"。方法是:双击该属性项,再从给出的两个值中选定(图 1-5)或单击该属性表行最右侧的列表按钮,再从选项列表中选定。设定本属性可使标签的大小能自动调节,以容纳相应的信息内容。另外,用户还可通过设置 ForeColor 和 Font 等属性,以改变标签文字的颜色、字体及字号。本例设置为二号楷体字。

设置完毕,在标签外部单击鼠标或按回车键。

用同样的方法,为窗体再增加一个命令按钮。将命令按钮的 Caption 属性设为"确定"。

在为窗体增加控件时,控件的位置和大小可从工具栏右侧显示的坐标信息中获知。该坐标的单位是"Twip"(特维,1Twip = 1/1440 英寸)。

3. 加入程序代码

本程序所要响应的事件是用鼠标单击命令按钮。

用鼠标双击窗体上的按钮控件(或单击按钮后,再单击"工程"窗口的"查看代码"按钮),系统打开"代码编辑器"窗口。在代码编辑器窗口中,有"Object"(对象)和"Proc."(过程)两个下拉式列表框,先从"对象"列表框中选定"Command1"(命令按钮1),再从"过程"列表框中选定"Click"(单击),代码窗口将自动显示如图1-6所示的代码行。

第一行代码表示这是命令按钮 Command1 响应单击事件的过程,下面一行是过程的结束行。两行之间可添加具体的用以响应单击事件的程序代码。将鼠标在两行中间的空白行处单击,并输入以下代码:

图1-6

  Label1.Caption ="欢迎学习 VB!"

代码编辑器是一个典型的文本编辑系统,其使用方法与其他文本编辑程序基本类似。

> 代码输入的基本规则:
> - 按行输入,一行输入完,按回车,光标指向下一行,可接着输入下一行代码;
> - 输入英文字母可不分大小写(用双引号括起来的文字除外);
> - 代码行中所有有意义的符号均为西文符号;
> - 使用"Tab"键,可使代码行向左缩进;使用"Backspace"键,则可使代码行右移。

4. 保存工程文件

代码输入完后,就可以保存工程了。

一个 VB 程序也称为一个工程。它是由窗体、代码模块、自定义控件及应用所需的环境设置组成的。在设计一个应用时,系统会建立一个扩展名为.vbp 的工程文件。工程文件列出了在创建该工程时所建立的所有文件的相关信息,如窗体文件(扩展名为.frm 或.frx),它包括有窗体、窗体上的对象及窗体上的事件响应代码;标准模块文件(扩展名为.bas),它包含有可被任何窗体或对象调用的过程程序代码,标准模块文件在一个工程中是可选的。除此之外,一个工程还可包括自定义控件文件(扩展名为.ocx)、Visual Basic 类模块(扩展名为.cls)、资源文件(扩展名为.res)和用户文档(扩展名为.dob 或.dox)等。

保存工程时,系统将把该工程的所有相关文件一起保存;在打开一个工程文件时,系统也将把该工程文件中列出的所有文件同时装载。

为了使用和管理方便起见,建议把一个工程存储在一个独立的文件夹内。

注意,工程文件并不包含相关的文件和模块本身。因此可以在多个工程中使用同一个窗体文件。

使用"文件"菜单中的"保存工程"命令,在打开的"文件另存为"对话框中(图1-7),先给窗体取个名字保存,再在"工程另存为"对话框中给工程取个名字,最后单击"保存"按钮即可。

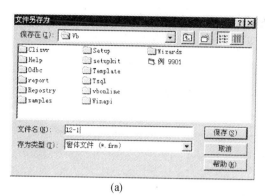
(a)
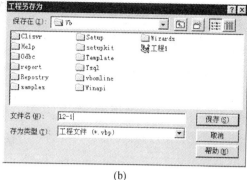
(b)

图 1-7

5. 运行及调试程序

这是一个十分简单的程序。用鼠标单击工具栏上的"运行"按钮,程序即显示出如图 1-3 所示的窗口。注意,此时 VB 环境的标题已从设计态变成了运行态。用鼠标单击窗口中的命令按钮,即可看到窗口中文字的变化(图 1-8)。

用鼠标单击工具栏的"停止"按钮,程序运行结束,系统又回到设计态。

如果程序在运行时发生错误,或实现不了预定的功能,或界面外观不够理想,用户可进行修改。修改完毕,可再次保存。

有关程序调试的方法,后面将详细介绍。

图 1-8

6. 生成可执行程序

使用"文件"菜单中的"生成[工程名].exe…"(建立可执行文件)命令,即可把设计完成并经过调试的工程编译成可脱离 VB 环境独立运行的可执行程序。VB 6.0 的创建可执行文件命令可把当前打开的工程名自动填入该命令。

7. 打印窗体和代码

如果用户希望打印当前窗体、窗体中的代码,甚至整个工程的所有窗体和程序代码,应首先使用"文件"菜单中的"打印设置"命令,选择打印用的打印机及相关参数(图 1-9);然后再使用"文件"菜单中的"打印"命令,在"打印"对话框(图 1-10)中,设定打印的范围、打印对象及打印质量等后,单击"确定"按钮即可。

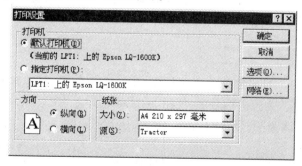

图 1-9

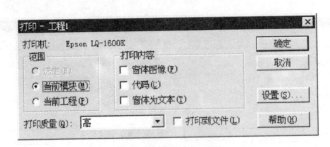

图 1-10

习 题

一、选择题

1. Visual Basic 是用于开发_____环境下应用程序的工具。
   A. DOS　　　B. Windows　　　C. DOS 和 Windows　　　D. UNIX
2. Visual Basic 6.0 是_____位操作系统下的应用程序的开发工具。
   A. 32　　　B. 16　　　C. 32 或 16　　　D. 64
3. 一个对象可执行的动作与可被一个对象所识别的动作分别被称为_____。
   A. 事件、方法　　　　　　　B. 方法、事件
   C. 属性、方法　　　　　　　D. 过程、事件
4. 下列有关对象的叙述正确的是_____。
   A. 对象由属性、事件和方法构成
   B. 所有种类的对象,都具有完全相同的属性
   C. 对象的事件一定就是由 VB 预先设置好的,能够被对象识别的人工干预的动作
   D. 对象的方法是对象响应某个事件后所执行的一段程序代码

二、填空题

1. Windows 程序的运行模式被称为_____。
2. 在正常打开的 VB 集成开发环境中,除工具栏、菜单条之外,还包括有工具箱、_____窗口、属性窗口、窗体布局窗口、_____编辑器窗口等。

三、问答题

1. VB 的集成开发环境的菜单条有多少个菜单项?每个菜单项都包括一些什么命令?
2. VB 集成开发环境的工具栏可否自行定义?标准工具栏中都有一些什么按钮?每个按钮的功能是什么?

四、编程题

　　使用 VB 的集成开发环境创建一个简单的与例 1-1 类似的应用:将标签的 Caption 属性改为自己的名字,字体改为宋体四号字,使用 ForeColor 属性将文字颜色设为红色,将代码段中的"欢迎学习 VB!"改为"我爱 VB!"。

第2章 程序设计与算法（问题求解）

如何编写程序来解决一个实际问题，按照什么样的方法、步骤才能编写出一个正确、可用的计算机程序，这往往是摆在初学者面前的首要问题。了解和掌握程序的基本组成、程序设计的一般步骤、编写程序必须依据的计算机算法，是学习好计算机程序设计的关键。

2.1 程序的基本组成：输入、处理与输出

学习过信息技术基础的读者肯定都知道，现代电子计算机的基本工作原理是存储程序与程序控制，通俗一点讲，就是计算机是靠程序工作的。编写程序的人（也就是程序员），用计算机可以"懂得"的语言（程序设计语言），编写（设计）解决某类问题的程序。计算机执行程序，就可以得到相应的结果。

那么，计算机到底如何解题，又应如何正确地编写一个计算机程序呢？

2.1.1 计算机解题示例

利用计算机解题，首先需要确定希望得到什么样的"输出"结果；其次是确定为了成功地获得相应的结果，需要提供的数据，或者称为"输入"；最后，就是需要确定如何"处理"输入的数据，才能获得相应的"输出"结果。

例如，需要利用计算机求一个三角形的面积。

首先，根据解题的要求，可以确定程序的输出，就是一个三角形的面积值。自然，我们还必须确定面积使用的单位，是平方米，还是平方厘米，或者是其他。

接着，就要确定为了求得三角形面积，所需要输入的数据。根据我们已有的数学知识，已知三角形的三个边的长度，或者已知两个相邻边的边长和相邻边的夹角，都可求出三角形的面积来。但如果利用计算机解题，就必须确定本次求解、输入的数据的确切意义，到底是三边的长度还是两边夹一角。当然，边长与夹角的单位，也必须确定。

根据计算机的工作原理，输入的数据必须存入特定的内存单元，计算的中间结果和最终结果也必须存入相应的内存单元，最后再输出到输出设备。一般使用规定格式的文字符号作为存储单元的代号，称为"变量"。可以使用变量来描述算法。

当输入数据为三角形的三个边的长度时，若设三条边的边长分别为 a、b、c，则三角形面积 S 为

$$S = \sqrt{p(p-a)(p-b)(p-c)} \qquad (2\text{-}1)$$

式中

$$p = (a+b+c)/2 \qquad (2\text{-}2)$$

有了上述的公式,就可以设计相应的计算机程序。假设已分配内存单元 a、b、c、p 和 S,分别输入 3(cm)、4(cm)、5(cm)到变量 a、b、c(单位可不输入),再按式(2-2)和式(2-1)依次计算 p 和 S,最后输出 S 即可。这就是计算的结果。

上面用计算机解题的过程,可用图 2-1 的图形表示如下:

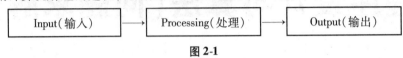

图 2-1

2.1.2 程序设计的一般步骤

通过上一章的[例 1-1],我们已经大致了解了使用 Visual Basic 语言创建一个应用程序的全过程。通常,许多程序员都会按照下面的步骤设计出所需要的程序。

1. **分析:问题定义**

编程的第一步就是必须弄清楚,程序到底要做什么,需要得到什么结果以及什么样的输出结果;给出的数据或输入是什么,当然还需要给出相应的输入数据与希望得到的输出之间的相互关系。

2. **设计:计划解题**

在分析的基础上,下一步就是要找出求解问题精确的步骤的逻辑系列。这个系列被称为"算法"(algorithm)。有关算法的概念将在下一节详细介绍。

3. **选择与创建界面:选择和确定界面对象**

用户界面是程序与用户进行交互的桥梁。标准的 Windows 应用程序的界面都是由窗口、窗口中的各种按钮、文本框、菜单等控件对象组成的。熟悉 Windows 应用程序,如 Microsoft Word、Microsoft Excel 等的用户,可很容易参照它们了解用户界面的概念。

在设计一个基于 Windows 的应用程序时,图形界面是不可缺少的。在确定了如何输入数据及如何显示得到的结果(输出),就可以确定使用什么样的对象来接收输入的数据,以及使用何种对象来显示输出,同时确定允许用户采用何种方式(命令按钮或命令菜单)来控制程序的运行。由此即可确定本程序的用户界面。

利用 Visual Basic 的集成开发环境,可以非常方便地创建出所需的界面。

4. **编码:用程序设计语言描述算法**

算法规定了由相应的输入数据,到获得所希望的输出结果所必须遵循的运算步骤。编码就是利用我们所掌握的 Visual Basic 的知识(各种语言成分及相关语法规则)来描述每一个算法步骤,并把它们输入到计算机内。

5. **测试与调试:查找并排除程序中的任何错误**

测试和调试程序是保证所开发的程序实现预定的功能,并能正确可靠地工作所必不可少的步骤。测试是找出程序中所存在的错误的过程,而调试是改正查找出来的错误的过程。VB 开发环境提供了强大而又方便的调试程序工具。

6. 完成文档：整理和组织描述程序的所有资料

为了方便他人使用程序，或者为了方便程序员自己以后理解和维护程序，文档都是不可缺少的。内部文档包括程序源代码、程序不同部分的功能描述及说明等。商用程序还必须包括使用手册和在线帮助。

2.2 算法与编程工具

就一个具体的应用而言，总是要求它能解决特定的问题，达到预定的目的，换句话说，就是要保证程序的"正确性"和"可行性"。因此，在设计程序前，根据实际问题的特点和需求，再考虑计算机的工作特性确定解决某个问题所需要的方法和步骤是至关重要且必不可少的一步。这一步骤，通常称为"算法设计"。

1. 算法的概念

广义而言，算法就是解决某个问题或处理某个事件的方法和步骤。人们在日常生活和工作中做任何事时，都必须遵从一定的章法，才能顺利完成。

狭义而言，算法是专指用计算机解决某一问题的方法和步骤。著名计算机科学家 D. E. Knuth 在其《计算机程序设计技巧》一书中为算法所下的定义是："一个算法，就是一个有穷规则的集合，其中之规则规定了一个解决某一特定类型问题的运算系列。"

计算算法可以分为两大类：一类是数值计算算法，主要是解决一般数学解析方法难以处理的一些数学问题，如求解超越方程的根、求定积分、解微分方程等；另一类是非数值计算算法，如对非数值信息的排序、查找等。

研究解决各种特定类型问题的算法已成为一个称为"计算方法"的专门学科。尽管现代电子计算机功能强大，但其基本部件仅能执行诸如数据的传递（输入、输出和取数、存数等）、算术运算（加、减、乘、除）、逻辑运算（与、非、或等）及比较、判断与转移等操作。因此，研究如何把一个复杂的运算处理分解成这些简单的操作组合，也是"计算方法"的重要研究内容。

对于同一问题的求解，往往可以设计出多种不同的算法，不同算法的运行效率、占用内存量可能有较大的差异。评价一个算法的好坏优劣，也有不同的角度和标准。一般而言，主要看算法是否正确、运行的效率及占用系统资源的多少等。

2. 算法示例

【例2-1】 求两个自然数的最大公约数的算法。

S1. 输入两个自然数到 M、N；
S2. 求 M 除以 N 的余数 R；
S3. 使 M = N，即用 N 代换 M；
S4. 使 N = R，即用 R 代换 N；
S5. 若 R≠0，则重复执行 S2、S3、S4（循环），否则转 S6；
S6. 输出 M，M 即为 M 和 N 的最大公约数。

本算法是由古希腊数学家欧几里得提出的，所以又称为"欧几里得算法"。算法中的 S1、S2、S3…称为算法步骤，每个算法步骤明确规定所要进行的操作及处理对象的特性。算法中的 M、N、R 称为"变量",相当于计算机中的存储单元,可用于存储输入的数据以及计算的中间结果或最终结果。算法步骤中的等式(如 M = N),被称为"赋值操作",其意义是把变量(存储单元)N 保存的数据复本存储到变量 M 中(变量 N 中保存的数据依然保留)。除了算法步骤 S5 根据给定条件的满足与否可改变执行的顺序之外,各个算法步骤都是依排列的次序顺序执行的。

欧几里得算法是求两个自然数最大公约数的经典算法。感兴趣的读者可随意设定两个自然数对该算法进行测试。

【例 2-2】 在 N 个字符数据集合中,查找有无特定的字符串存在。

S1. 输入字符数据的个数 N 和要查找的数据 S;
S2. 使 I = 1,I 用于计数;
S3. 从字符数据集合中读取一个数据 X;
S4. 若 X = S,输出"找到 S"的信息,算法结束,否则转 S5;
S5. 使 I = I + 1,计数器计数;
S6. 若 I≤N,则重复执行 S3、S4、S5(循环);否则转 S7;
S7. 输出"找不到 S"信息,算法结束。

本算法也称为"顺序查找算法",也是在处理非数值信息时最常用的一种算法。

上面的两个算法示例,前一个是数值计算算法,后一个则是非数值计算算法。

3. 算法的特征

从上述算法的示例可以看出,作为算法,应具备以下特征:

(1) 确定性

所谓算法的确定性是指算法的每个步骤都应确切无误,没有歧义性。

(2) 可行性

可行性是指算法的每个步骤都必须是计算机能够有效执行、可以实现的,并可得到确定的结果。

(3) 有穷性

一个算法包含的步骤必须是有限的,并在一个合理的时间限度内可以执行完毕。"有穷"是个相对的概念,随着计算机性能的提高,过去使用低速计算机需要执行若干年的算法(相当于"无穷"),现在使用高速计算机也可在较短的时间内执行完毕,则又相当于"有穷"。

(4) 输入性

执行算法时,计算机可从外部取得数据。一个算法可以有多个输入,但也可以没有输入(0 个输入),因为计算机可以自动产生一些必需的数据。

(5) 输出性

一个算法必须有 1 个或多个输出。计算机是人们用于"解题"的工具,因此算法必须具备向计算机外部输出结果的步骤,否则该算法将毫无意义。

4. 算法的描述

算法可以采用多种方式来表示。比如使用人类自然语言,如英语、汉语等来描述;使用某种代码符号来描述或者使用特定的图形来描述等。由于图形的描述方法既形象又直观,所以其得到广泛的应用。

用于描述算法的图形使用较多的是所谓的流程框图,简称流程图。它是使用规定的图形符号来描述算法的。流程图使用的图形符号见表2-1。

图2-2和图2-3分别是上一节两个算法示例的流程图。图框内的文字用于说明具体的操作内容。显而易见,使用流程图比使用自然语言描述算法优越得多。

表 2-1

图形符号	名　称	代表的操作
▱	输入/输出	数据的输入与输出
▭	处理	各种形式的数据处理
◇	判断	判断选择,根据条件满足与否选择不同路径
⬭	起止	流程的起点与终点
⬓	特定过程	一个定义过的过程
→	流程线	连接各个图框,表示执行顺序
○	连接点	表示与流程图其他部分相连接

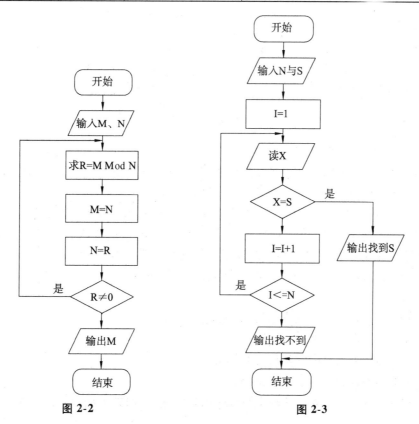

图 2-2　　　　　　　　图 2-3

需要指出的是,算法仅仅提供了解决某类问题可采用的方法和步骤,还必须使用某种计算机程序设计语言把算法描述出来。也就是说,要使用某一种程序设计语言所提供的语言成分,根据语言的特点,并利用语言提供的各种工具和手段,遵照规定的语法规则,去实现算法,这就是所谓的程序编码。

使用 VB 开发应用程序也不例外。利用 VB 的集成开发环境设计的用户界面主要解决与用户交流信息(输入与输出)和对程序各种执行方式的控制(响应由用户操作引发的各种事件),而具体到解决特定问题或实现特定处理的过程,在编码时,仍然必须依据一定的算法,或者说要实现相应的算法,所以在学习 VB 时,除了要学习 VB 的各种语言成分的意义、功能、执行方式及各种语法规则外,更重要的是掌握 VB 语言的特点,学会使用 VB 实现各种算法的方法。

5. 基本算法结构

前已述及,同一个问题可以设计出多种不同的算法,依据不同算法设计出的程序自然也各不相同。现在人们公认的具有"良好风格"的程序设计方法之一是所谓的"结构化程序设计方法"。其核心是规定了算法的三种基本结构:顺序结构、分支结构和循环结构。理论上已证明,无论多么复杂的问题,其算法都可表示为这三种基本结构的组合。依照结构化的算法编写的程序或程序单元(如过程),其结构清晰,易于理解,易于验证其正确性,也易于查错和排错。

图 2-4 是三种基本算法结构的图形表示。

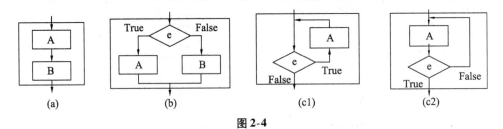

图 2-4

图 2-4(a)是顺序结构,其中的每个处理(A 和 B)顺序执行。

图 2-4(b)是分支结构。其中 e 为判决条件,进入分支结构,首先判断 e 成立与否,再根据判断结果,选择执行处理 A 或者处理 B 后退出。

循环结构又可分为两类。一类如图 2-4(c1)所示,称为"当型循环";另一类如图 2-4(c2)所示,称为"直到型循环"。循环结构中的处理 A 是要重复执行的操作,叫做"循环体";e 是控制循环执行的条件。当型循环是"当"条件 e 成立(即为 True),就继续执行 A;否则(即条件为 False)就结束循环;而"直到型循环"是重复执行 A,"直到"条件 e 成立(即为 True),循环结束。

由图 2-4 可以看出,三种基本结构的共同特点是:

① 只有单一的入口和单一的出口;

② 结构中的每个部分都有执行到的可能;

③ 结构内不存在永不终止的死循环。

Visual Basic 语言完全支持结构化的程序设计方法,并提供了相应的语言成分。

习 题

一、选择题

VB 应用程序设计的一般步骤是_____。

A. 分析→设计→界面→编码→测试　　B. 界面→设计→编码→分析→文档

C. 分析→界面→编码→设计→测试　　D. 界面→编码→测试→分析→文档

二、练习题

1. 设 x 与 y 是同一类型的变量,试设计一个算法,把 x 与 y 中的数据相互交换。
2. 设 a、b、c 是同一类型变量,并分别被赋予不同大小的数据,设计一个算法,使得执行的结果为 a>b>c。
3. 设计一个可以判断某数是否是素数的算法(所谓素数,是指只能被 1 和自身整除的数)。
4. 设计一个判断某正整数是一个回文数的算法。所谓回文数,是指左右数字完全对称的自然数。例如,121、12321、484、555 等都是回文数。
5. 设计一个算法,求出给定的自然数 a 的所有因子。
6. 试用流程图描述已知三角形的三个边长,求其面积的算法(要求首先判断输入的边长数据的合理性)。

第3章 Visual Basic 的界面设计

VB 提供了窗体对象以及标签、文本框、命令按钮、列表框等多种所谓的"控件"对象,为用户制作程序界面提供了极大的便捷性。本章主要介绍窗体的创建、各种基本控件的常用属性、方法和可以响应的事件以及菜单的制作。

3.1 创建窗体

窗体是 VB 最重要的对象,它是包容程序窗口或对话窗口所需的各种控件对象的容器。VB 为窗体规定了众多的属性、方法和事件。下面介绍窗体常用的属性、方法和事件,有兴趣的读者可通过 VB 的帮助功能了解在本书中没有列出的内容。

1. 属性

在创建新工程时,VB 会在窗体设计器中自动加入一个空白的窗体,VB 为这个窗体设置缺省属性。用户可使用这些缺省属性,也可以设置新的属性值来改变窗体的外观和行为。

与窗体有关的属性很多,有窗体名称、窗体标题、边框风格、字体、窗口状态、背景色与前景色及窗体在桌面的位置(左、右坐标,高度和宽度)等。表 3-1 列出了窗体的常用属性及其所属类别。

表 3-1

属性名	分类	描述	缺省值
名称(Name)	杂项	窗体对象引用名	Form1
Caption	外观	窗体标题	Form1
BackColor	外观	返回或设置对象中文本和图形的背景色	
ForeColor	外观	返回或设置对象中文本和图形的前景色	
BorderStyle	外观	返回或设置对象的边框样式	2
Enabled	行为	决定对象是否活动	True
Visible	行为	决定对象是否可见	True
Font	字体	用于设置文本对象的字体、字形、字号等	
Moveable	位置	决定窗体能否被移动	True
Left	位置	对象左边界距容器坐标系纵轴的距离	

续表

属性名	分类	描　　述	缺省值
Top	位置	对象上边界距容器坐标系横轴的距离	
Width	位置	对象的宽度	
Height	位置	对象的高度	
Picture	外观	返回或设置对象中的图形	

- 名称(Name)：窗体名称。系统为应用程序的第一个窗体的缺省命名是Form1。Name属性在程序代码中被作为对象的标识名。由于在程序代码中要引用窗体名称以识别不同的窗体对象，所以在自行命名窗体时，必须遵循一定的规则：一个窗体名必须以一个字母开头，可包含数字和下划线，但不能包含空格和标点符号，窗体名（其他控件对象名同）长度不得超过40个字符。
- Caption：窗体标题属性。窗体标题是出现在窗体标题栏的文本内容。缺省名使用窗体名，特别注意，它和窗体名是不同的，标题字符的个数不得超过255个。
- BackColor与ForeColor：窗体的背景色与前景色属性。用鼠标单击该属性右侧带有省略号的按钮，可从弹出的调色板上选定颜色。
- BorderStyle：窗体边框风格属性。设定值及相关的VB内部常量及不同风格详见表3-2。

表3-2

设定值	常　　量	风　　格
0	vbBSNone	窗口无外框
1	vbFixedSingle	单线外框,运行时窗口大小不可改变
2	vbSizable	（缺省值）双线外框,运行时可改变窗口大小
3	vbFixedDouble	双线外框,运行时窗口大小不可改变
4	vbFixedToolWindow	包含一个"关闭"按钮,标题栏字体缩小,窗口大小不可改变,在Windows 95任务栏不会显示
5	vbSizableToolWindow	包含一个"关闭"按钮,标题栏字体缩小,窗口大小可以改变,在Windows 95任务栏不会显示

- Enabled：活动属性。缺省值为"True"；当设置为"False"时，窗口将不能被访问。其他控件也具有本属性。
- Visible：可视属性。缺省值为"True"；当设置为"False"时，窗口将不可见。
- Left、Top、Height和Width：决定窗体位置与大小。屏幕(Screen)是窗体对象的容器，其左上角被设定为坐标原点，往右为X轴正方向，往下为Y轴正方向。Left和Top是窗体左上角的坐标；Height和Width是窗体的高度和宽度，单位均为特维。
- Font：Font属性用于设置或改变窗体上正文的字体、字形、字号等。
- Picture：图片属性。用于设置窗体上显示的图片。

2. 方法

窗体可以调用多个方法，常用的有：

- Hide：隐藏方法。
- Move：移动方法。
- Print：输出(打印)方法。
- PrintForm：打印窗体方法。
- Refresh：刷新方法。
- Show：显示方法。
- Cls：清除方法,用于清除窗体上显示的文本。

3. 事件

窗体可以响应的事件也有许多,常用的有：
- Click：单击事件。
- DblClick：双击事件。
- Load：装载事件。
- Resize：在窗体被改变大小时,会触发本事件。
- Activate：激活事件,当窗体变为当前窗口时,引发本事件。
- Deactivate：失去激活事件,当窗体失去激活状态,即另一个窗体成为当前窗口时,引发本事件。

窗体还可以响应 KeyDown、KeyUp、KeyPress 等键盘事件和 MouseDown、MouseUp 等鼠标事件。

3.1.1 定制窗体属性

有两种定制窗体(或其他对象)的方法。一种是在设计态通过属性窗口为其设定各种属性值；另一种是在程序代码中设置或改变属性值。

注意：对象的有些属性(如"名称"属性)设定好后,将不允许再通过程序代码重新设定或改变；而有些属性则只能通过程序代码进行设置或改变(这些属性不会出现在属性窗口)。

在设计态为窗体(或其他对象)设置属性值的方法如 1.4 节所述。应注意的是：在属性窗口列出的属性中大多可采用系统缺省值。

在程序代码中则使用如下格式的代码行(赋值语句)来改变属性值：

[Object.]Property = Expression

式中,Object 是对象名,对当前对象的属性赋值时可以缺省；Property 是属于该对象的某个属性名；Expression 是为该属性赋予的值。

假设窗体 Form1 设计时设定的标题值为"示例",如果要将其标题在运行时改为"运行示例",则可使用如下代码：

Form1.Caption = "运行示例"

因为 Caption 属性值是一个字符串,所以要用西文引号引起来。如果本行代码用于改变本窗体的 Caption 属性值,其对象名还可省略。

在例 1-1 中,代码

Label1.Caption = "欢迎学习 VB!"

就是为对象 Label1 的 Caption 属性赋了个新值"欢迎学习 VB!"。

在运行该程序,执行到这行代码时,对象 Label1 的 Caption 属性,即这个标签的标题就会改为新的值。

使用程序代码为窗体、图片框等对象的 Picture 属性加载图片文件时,需要通过 LoadPicture 函数实现:

[对象名.]Picture = LoadPicture("图片文件名")

例如:

Form1.Picture = LoadPicture("D:\image\pic.jpg")

Font 属性有多个子属性,在设计态,用鼠标单击属性窗口 Font 属性行右端的按钮,即可打开一个字体设置对话框,用户可通过该对话框进行必要的设置;用户也可使用以下形式的程序代码,在运行程序时改变其设置:

[对象名.]Font.Name = <字体名>
[对象名.]Font.Size = <字体大小>
[对象名.]Font.Italic = True
……

3.1.2 窗体的显示、隐藏、装载和卸载

1. 窗体的显示与隐藏

在程序代码中,使用方法 Hide 和 Show 可以隐藏或显示窗体。

前已述及,方法可使对象执行一个动作或任务。使用方法的格式如下:

[Object.]Method

或   [Object.]Method [Arg1,Arg2,…]

后一种方法是带有参数的方法。式中,Object 是对象名,Method 是方法名。

因此,如要显示窗体,可在程序中加入以下代码:

Formname.Show [Style]

其中,Formname 是要显示的窗体名。

Show 方法的 Style 参数决定窗体是有模式的(vbModal)还是无模式的(vbModaless)。有模式窗体不允许用户同时与应用程序的其他窗体交互,比如 Windows 程序中的命令执行确认窗口就是有模式的;无模式窗体则允许用户与一个程序的其他窗口自由交互,比如 VB 环境中的工程、属性和代码窗口等,都是无模式窗口。Style 参数的缺省值是无模式的。

如要隐藏窗体,可在程序中加入以下代码:

Formname.Hide

其中,Formname 是要隐藏的窗体名。

2. 装载窗体和 Load 事件

使用装载语句可把窗体(或其他对象)载入内存,但并不显示它。装载语句的格式如下:

Load Object

其中,Object 是对象名。

由于 VB 程序在执行时,会自动装载窗体,所以没有必要对窗体使用 Load 语句。但系统自动装载窗体时,将引发窗体的 Load 事件;在使用 Show 方法显示窗体时,也会自动将尚

未载入内存的窗体装入内存,并引发窗体的 Load 事件。

【例 3-1】 窗体的显示与隐藏的示例程序。

图 3-1 是窗体 1 与窗体 2 设计时的画面,窗体 1 与窗体 2 的 Caption 属性分别被设为"窗体示例"与"窗体 2";窗体中的标签对象的 Caption 属性分别被设为"窗体 1"与"窗体 2",Font 属性的字体则均设为隶书、大小为三号。

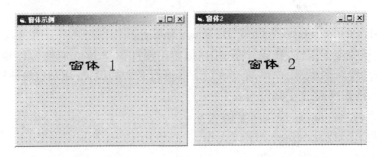

图 3-1

在窗体 1 的"代码编辑器"窗口中输入以下程序代码:

```
Private Sub Form_Click( )
    Frm2. Show                '显示窗体 2
    Frm1. Hide                '隐藏窗体 1
End Sub
Private Sub Form_Load( )
    Label1. Font. Name = "幼圆"        '改变标签对象字体
    Label1. Font. Bold = True         '设置文字为粗体
End Sub
```

在窗体 2 的"代码编辑器"窗口中输入以下程序代码:

```
Private Sub Form_Click( )
    Frm2. Hide                '隐藏窗体 2
    Frm1. Show                '显示窗体 1
End Sub
Private Sub Form_Load( )
    Caption = "窗体示例"               '改变窗体 2 的标题
    Label1. Font. Italic = True       '设置标签文字为斜体
End Sub
```

图 3-2 左边的窗口画面是本程序执行时窗体 1 的画面。由于执行了窗体装载事件过程的代码,标签文字的字体变成了加粗的"幼圆";若单击窗体 1,由于执行了窗体的隐藏方法,则窗体 1 将隐藏,再执行窗体的显示方法,窗体 2 会显示出来,但在显示时又由于执行了窗体 2 的装载事件过程的代码,它的标题变成了"窗体示例";窗体中的文字则变为斜体;若再单击窗体 2,又会出现窗体 1 的画面。

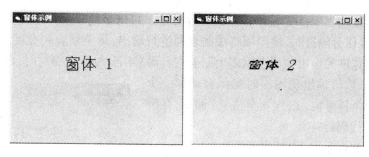

图 3-2

代码行中的注释：

在代码行中可以添加一些说明文字，一般称为"注释"。单引号"'"是注释的引导符。上面的代码段中的"'改变标签对象字体"就是注释。注释与程序的执行无关。

3．卸载窗体与 Unload 事件

使用卸载语句可把窗体（或其他对象）从内存卸载。卸载语句的格式如下：

    Unload Object

其中，Object 是对象名。

卸载将使该对象的所有属性重新恢复为设计态时设定的初始值；卸载还将引发对象的 Unload 事件。如果卸载的对象是程序唯一的窗体，则将终止程序的运行。

4．End 语句

在 Windows 下，用户可通过使用菜单中的"关闭"命令或单击应用程序窗口上的关闭按钮来关闭窗口，并结束程序的运行。但当希望由程序来控制其结束，而不是由用户的操作来控制时，在程序代码中可使用 End 语句，形式如下：

    End

执行该语句将终止应用程序的执行，并从内存卸载所有窗体。

示例：设程序窗体 Form1 上有一个"关闭"按钮（Name 属性为 CmdClose），单击该按钮将窗体卸载，如前所述，此时将引发卸载事件，在响应这个事件的代码段中即可使用 End 语句，以此来控制程序的运行。

```
Sub CmdClose_Click( )
    Unload Me                'Me 是系统保留字,代表当前窗体
End Sub
Sub Form_Unload( )
    ［程序结束前,需要执行的代码］
    End
End Sub
```

3.1.3 Print 方法

Print 方法用于将文本输出到窗体、图片框或打印机对象上。如果 Print 方法不带有对象名时，它将把输出内容输出到当前窗体上。

Print 方法的基本使用形式如下：

    ［Object．］Print p1 ＜s＞p2 ＜s＞…

式中,p1,p2,…是输出项;s是输出项之间的分隔符,s可以是逗号或分号。

当采用逗号作分隔符时,输出项将按制表列进行输出,每个制表列宽度为14个西文字符,超过制表列宽度的输出项可占据多个制表列。而采用分号作分隔符时,两个输出项将按紧凑格式输出。数值输出项输出时尾部自动加一个空格,头部加一个符号位(正数为空格)。例如,在例1-1中增加一个代码行:

  Print "欢迎学习 VB!","OK!"

再运行程序,结果将如图3-3所示。

在调试程序时,使用调试对象(Debug)的 Print 方法,可将文本输出到调试程序用的"立即"窗口(第9章中将介绍)。

图 3-3

3.1.4 Move 与 Cls 方法

Move 方法用于移动窗体或其他对象的位置,在移动的同时,还可改变对象的大小。Move 方法的使用形式如下:

  [Object.]Move Left[,Top,Width,Height]

其中,Object 为对象名,当前对象可以省略,Left 为对象移动后的 Left 属性值,Top、Width、Height 分别为对象移动后相应的 Top、Width、Height 属性值。如果移动时后3个参数无须改变,则可省略。

在窗体模块中输入以下程序代码,即可使该窗体显示在屏幕中央:

  Private Sub Form_Load( )
    Move(Screen.Width – Form1.Width)/2,(Screen.Height – Form1.Height)/2
  End Sub

Cls 方法用于清除窗体或图片框对象上显示的文本,其使用形式如下:

  [Object.]Cls

3.2 Visual Basic 的常用控件

3.2.1 概述

所有的 Windows 应用程序窗口或对话框都是由诸如文本框、列表框、命令按钮、滚动条、命令菜单等组成的。VB 通过控件工具箱提供了这些和用户进行交互的可视化部件,即控件。程序开发人员可以以最简便的操作,在窗体上安排所需的控件,完成应用程序的用户界面设计。

通过例1-1,我们已经了解了使用控件工具箱为窗体添加控件的基本操作。通过鼠标简单的拖动,用户还可随意改变控件在窗体上的大小和位置(图3-4);在一个控件被选定时,属性窗口还会自动列出该控件的属性列表,以便用户进行设置或改变。

如果希望删除窗体上的某些控件,可以用鼠标在窗体上拖动,拖动得到的方框应把这些控件包围在内,松开鼠标,选定的对象周边出现小方块,然后按"删除"键即可(图3-5)。

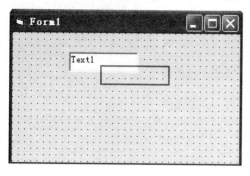

图 3-4

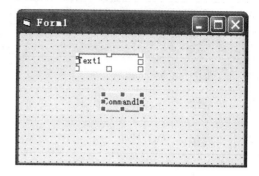

图 3-5

不同版本的 VB,控件箱提供的基本控件数量有所不同。表3-3是 VB 6.0 企业版的控件一览表。

表3-3

序号	图标	名 称	功 能
1		Pointer 指针	用于改变控件大小和位置等
2		PictureBox 图片框	显示文本、图形或图像
3		Label 标签	用于说明
4		TextBox 文本框	用于文本输入或显示
5		Frame 框架	用于组合控件
6		CommandButton 命令按钮	单击执行命令
7		CheckBox 复选框	用于多项选择
8		OptionButton 选项按钮	用于从多个选项中单选其一
9		ComboBox 组合框	列表框与文本框的组合
10		ListBox 列表框	列出多个选项供选择
11		HScrollBar 水平滚动条	产生水平滚动条作为数量或速度的指示器
12		VScrollBar 垂直滚动条	产生垂直滚动条作为数量或速度的指示器
13		Timer 计时器	用于定时
14		DriveListBox 驱动器列表框	显示用户系统中所有有效磁盘驱动器的列表
15		DirListBox 文件夹列表框	以树型结构形式显示文件夹列表
16		FileListBox 文件列表框	显示选定文件类型的文件列表
17		Shape 图形	用于显示矩形、正方形、椭圆、圆形、圆角矩形或圆角正方形

续表

序号	图标	名称	功能
18		Line 线条	用于显示水平线、垂直线或对角线
19		Image 图像	显示图形或图像
20		Data 数据控件	用于访问数据库
21		OLE 控件	用于引入支持 OLE 的对象

3.2.2 常用基本控件

1．文本框(TextBox)

文本框用于输入、编辑或显示文本。文本框常用的属性、方法和事件有：

(1) 属性

- Name(名称)：文本框名称，命名规则同窗体名(以下同)。
- Text：文本属性，该属性的值就是文本框中显示的文本，它可以是用户输入的内容，也可以是通过程序代码使其显示的内容。单行最多可以有 2048 个字符，多行不超过 32KB。
- PasswordChar：口令属性。本属性的缺省值为空字符串，表示用户可以看到输入的字符；如果将该属性的值设为某个字符(如＊)，则表示本文本框用于输入口令时，用户输入的字符将被显示为设定的符号，但系统仍然可以正确地获取用户实际输入的内容。
- MaxLength：最大长度属性。返回或设置文本框可输入的字符个数。本属性的缺省值是 0，表示本文本框可接受系统规定个数的字符。
- MultiLine：多行属性。本属性值若为"True"(真)，则可显示多行文本；若为"False"(假)，就只能显示一行文本。该属性不能在程序中改变。
- ScrollBars：滚动条属性。缺省值为 0—None(无滚动条)；若设为 1—Horizontal，表示有水平滚动条；若设为 2—Vertical，表示有垂直滚动条；若设为 3—Both 表示水平与垂直滚动条两者都有。本属性只有在 MultiLine 属性为 True 时才有效。
- Alignment：对齐属性。缺省值为 0，文本左对齐；若设为 1，为右对齐；若设为 2，则为居中。
- SelText、SelStart、SelLength：选取属性。在文本框中选取的文本即为 SelText 属性的值，SelStart 属性值是选取文本的起始位置，SelLength 为选取文本的长度(字符个数)。

文本框的属性还包括：BorderStyle、Enabled、ForeColor、Font 等，它们的意义和窗体中的同名属性完全相同；但 Left、Top、Height、Width 等属性表示的则是本控件(包括其他控件)在窗体坐标系中的坐标及大小(窗体坐标系的原点是窗体工作区的左上角)。

(2) 方法

SetFocus：设置焦点。焦点是对象接收用户鼠标或键盘输入的能力。除文本框对象外，后述的命令按钮、列表框、单选按钮、复选框等都可成为焦点。通过本方法可使指定的文本框(或其他对象)成为焦点。此时，该文本框中具有一个闪动的光标，可接收用户的输入。

第3章 Visual Basic 的界面设计

（3）事件
- Change：在文本框的 Text 属性，即文本的内容发生变化时，就引发本事件。
- GotFocus：当本文本框获得焦点时，引发本事件。
- LostFocus：当光标离开本文本框时，引发本事件。
- KeyUp 与 KeyDown：当用户按下或松开键盘上某个按键时，引发本事件。
- KeyPress：当用户按了键盘上某个按键时，引发本事件。

2．标签（Label）

标签主要用于在窗体上增加文字说明。比如用作窗体的状态栏，为文本框、列表框等添加注释文字等。标签控件常用的属性、方法和事件有：

（1）属性

除了与正文文字的字体、字形、字号、文字颜色以及与标签位置和大小有关的属性（其意义与前面讲过的对象属性相同，今后不再赘述）之外，还有：

- Name（名称）：标签名称。
- Caption：标题属性。本属性值即为标签所显示的文本内容，标签对象标题属性的文本内容长度没有限制。
- Alignment：对齐属性。缺省值为0，将 Caption 文本左对齐；若设为1，为右对齐；若设为2，则为居中。
- AutoSize：大小自适应属性。当取值为"True"（真）时，可根据文本大小自动调整标签大小；反之，标签大小不能改变，过长的文本将被截短。
- BackStyle：背景风格属性。缺省值为"1"，不透明；设为"0"为透明，即标签后的背景色或图片是可见的。

（2）方法

Move：移动方法。

（3）事件

提供文字说明的标签可以接受 Click（单击）、DblClick（双击）等事件，但很少使用这些事件。

3．命令按钮（CommandButton）

用户用鼠标单击命令按钮，就表示要执行一条命令，但具体产生的动作则由相应的事件过程中的程序代码决定。命令按钮常用的属性、方法和事件有：

（1）属性

除了与上述控件及窗体共同的一些属性之外，命令按钮还有几个属性十分重要。

- Caption：标题属性。它的取值就是显示在按钮上的文字，字符个数不得超过255。
- Cancel：取消属性。当本属性值设为"True"时，按"Esc"键即等同于单击本按钮。对话框中常用的"取消"（Cancel）按钮的 Cancel 属性一般就被设为 True。
- Default：缺省属性。本属性值设为"True"的按钮，将作为本窗口界面上的"缺省"按钮。在具有多个命令按钮的窗体界面上，只能设置一个"缺省"按钮。在程序运行时，即使窗体界面的焦点不在本按钮上，按回车键即等同于单击本按钮（一般用于"确定"按钮），如图3-6所示。
- Enabled：活动属性。当本属性为"True"值时，该按钮处于"活动状态"，即可操作状态；若为 False 时，该按钮将变灰，表示处于不可操作状态。

- Style 与 Picture：风格与图片属性。Style 属性的缺省值为"0"，表明按钮的风格为标准格式，即按钮表面显示 Caption 属性设置的文本；若设为"1"，则为图形风格，按钮上显示的图形可通过 Picture 属性为按钮设置。后面介绍的复选框和选项按钮控件也具有相同功能的本属性。DisabledPicture 与 DownPicture 属性则分别用于设置按钮无效时与按钮处于按下状态时显示的图形。

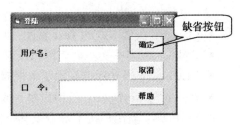

图 3-6

（2）方法

SetFocus：设置焦点。

设置为焦点的按钮将有一个边框（图 3-7），可按回车键执行该按钮所代表的动作。

图 3-7

（3）事件

对于命令按钮来说，最基本也是最重要的事件就是 Click，即鼠标单击。

【例 3-2】 一个使用命令按钮的程序示例。

图 3-8 是本程序执行中的两个不同形式的画面。上面的窗口画面是开始执行时的画面，按钮 1 处于活动状态，而按钮 2 处于不活动状态，单击按钮 1 或直接按回车键，则显示图 3-7 下边的窗口画面，按钮 1 变为不活动状态，而按钮 2 则成为活动状态；单击按钮 2，窗口画面又会恢复到初始状态。

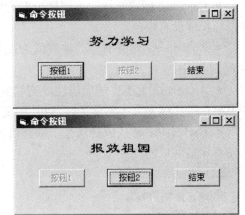

图 3-8

本程序的程序代码如下：

```
Private Sub Command1_Click( )
    Label1.Caption = "报效祖国"
    Command2.Enabled = True        '使按钮2变为活动状态
    Command2.SetFocus              '使按钮2成为焦点
    Command1.Enabled = False       '使按钮1变为不活动状态
End Sub
Private Sub Command2_Click( )
    Label1.Caption = "努力学习"
    Command1.Enabled = True        '使按钮1变为活动状态
    Command1.SetFocus              '使按钮1成为焦点
    Command2.Enabled = False       '使按钮2变为不活动状态
End Sub
Private Sub Command3_Click( )
    Unload Me
End Sub
```

4. 列表框(ListBox)和组合框(ComboBox)

列表框用于列出可供用户选择的项目表列。用户用鼠标单击,被选中的项目即可加亮显示;当表列项目很多时,列表框还会自动附加一个垂直滚动条。组合框将文本框和列表框结合在一起,在列表框中所选项目的文本会自动填入文本框。

(1) 列表框与组合框的常用属性

列表框与组合框大部分常用属性都是相同的。其中主要有:

- List:表属性。用于保存列表内容。使用以下形式来访问表列:

  [对象名.]List(列表项序号)

其中的对象名即为列表框或组合框的 Name 属性值;列表项的序号由上到下依次为0,1,2,3,…。

- ListCount:列表项数目属性。显然,最后一个列表项的序号应为 ListCount - 1。
- ListIndex:列表项索引属性。其值为最后选中的列表项序号,如果未选任何项目,则其值为 -1。
- Text:列表项正文属性。其值为最后选中的列表项的文本,它与 List(Object.ListIndex)相同,对于组合框,则为文本框中的文本。
- Sorted:排序属性。取值为"True"时,各列表项将按 ASCII 代码依次排序;取值为"False"时,将不排序。

专属于列表框的属性有:

- Columns:列表框显示形式属性。取值为0时,逐行显示列表项,可能有垂直滚动条,取值为大于0的值时,列表项可占多列显示。
- MultiSelect:复选属性。缺省取值为0,只允许单选;取值1为简单复选,使用鼠标单击或按下空格键在列表中选中或取消选中项;取值2为扩展复选,按下"Shift"并单击鼠标或按下"Shift"以及一个箭头键,可在以前选中项的基础上扩展选择到当前选中项。按下"Ctrl"并单击鼠标,可在列表中选中或取消选中项。
- Selected:选择属性。当某一列表项被选中时,该列表项的本属性值将为 True,否则为 False。本属性的表示方法同 List 属性。注意:本属性只能在程序代码中使用。
- Style:风格属性。当取值为0时,为标准格式;当取值为1时,在列表项前,会自动增加一个用于表示可以复选的"□"符号。在程序运行时,用户可通过在□上点击,选中多个列表项(图3-9)。

图 3-9

组合框的 Style 属性的设置值可决定组合框的类型和功能。取值0为缺省值,系统将创建一个带有下拉式列表框的组合框。其表框的右侧附有一个带向下箭头的按钮[图3-10(a)],单击该按钮,就会显示出下拉式列表框。从表列中单击选中的项目文本,文本就填入最上部的文本框中;但用户也可直接将文本输入文本框。取值1,系统将创建一个由文本框和列表框直接结合在一起的简单组合框[图3-10(b)]。取值2,系统创建的是外观与 Style =0 类似形式的组合框,但其文本框不允许输入或编辑文本,只能显示从列表中选择的文本[图3-10(c)]。

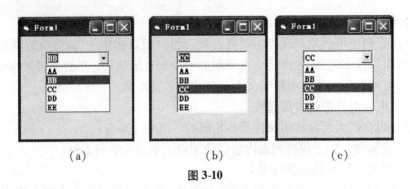

(a)   (b)   (c)

图 3-10

（2）方法
- AddItem：添加列表项方法。使用下面的格式为列表框或组合框添加列表项：

  ［Object.］AddItem ＜列表项文本＞［,插入位置序号］

  若不指定插入位置,则插入到表列末尾。
- Clear：删除表列所有列表项方法。
- RemoveItem：删除列表项方法。使用格式如下：

  ［Object.］RemoveItem 删除项序号

（3）事件

虽然列表框与组合框可以响应单击 Click 和双击 DblClick 事件,但很少使用双击事件。

图 3-11 是一个使用列表框的程序示例。窗体上有一个列表框和一个文本框,列表框中是一组职工类型名,单击其中之一,在文本框中即可显示出选定的类型名。

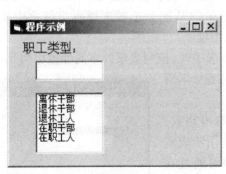

图 3-11

图 3-12

列表框中的数据可以通过列表框的 List 属性输入（图 3-12）,当然,也可通过 AddItem 方法来增加或设置列表项。

单击列表项的程序代码如下：

```
Private Sub List1_Click( )
    Text1.Text = List1.List(List1.ListIndex)
End Sub
```

或

```
Private Sub List1_Click( )
```

Text1.Text = List1.Text
End Sub

本例窗体界面也可以改用组合框。若设置组合框的 Style 属性为 0 或 1,则不需任何代码即可实现上述功能。

【例 3-3】 统计考试成绩的程序示例。

图 3-13 与图 3-14 是一个使用列表框的程序示例。窗体上有一个列表框和三个文本框,文本框前有用于说明输入内容的标签,列表框中加入的表项是数据的标题,窗体上还有四个命令按钮。

图 3-13   图 3-14

运行程序,在三个文本框中分别输入学生姓名、理论考试成绩与上机考试成绩后,单击"统计"按钮,程序就会把学生姓名、理论与上机考试成绩以及计算得到的总成绩一并作为列表项写入列表框;再单击"下一个"按钮,清除文本框输入的内容,并把文本框 1 设为焦点,等待新的输入;单击"清除"按钮,清除文本框与列表框中所有内容,为新的输入作准备;单击"结束"按钮,程序结束运行。

以下是程序代码,其中个别代码行的用法后面将详细介绍:

```
Private Sub Command1_Click( )
    '"统计"按钮的单击事件过程
    List1.AddItem Text1.Text & " " & Text2.Text & " " & Text3.Text & " " & _
        Val(Text2.Text) + Val(Text3)              '添加列表项
    Command1.Enabled = False                      '命令按钮 1 停止活动
    Command2.Enabled = True                       '命令按钮 2 激活
    Command2.SetFocus                             '焦点移到命令按钮 2
End Sub
Private Sub Command2_Click( )
    '"下一个"按钮的单击事件过程
    Text1.Text = ""                               '将文本框 1 的内容设为"空"
    Text2.Text = ""                               '将文本框 2 的内容设为"空"
    Text3.Text = ""                               '将文本框 3 的内容设为"空"
    Command2.Enabled = False
    Command1.Enabled = True
    Text1.SetFocus                                '文本框 1 获得焦点
End Sub
```

```
        Private Sub Command3_Click( )
            '"清除"按钮的单击事件过程
            List1.Clear                                    '清除列表框
            Text1.Text = ""
            Text2.Text = ""
            Text3.Text = ""
            Text1.SetFocus
            List1.AddItem "姓名    理论    上机    总成绩"    '增添标题项
        End Sub
        Private Sub Command4_Click( )
            End
        End Su
```

5. 图像控件(Image)和图片框(PictureBox)

图像控件用于显示一个图形,该图形可以是来自硬盘上的位图文件(.bmp)或图标文件(.ico),图像控件还可以随意调整图形的大小;图片框功能更强,不仅可以显示图形和文本,还可用于创建动画图形。

图片框控件的属性要比图像控件的多很多。这些属性大多与在程序运行时激活的"绘图"方法有关。另外,图片框控件还可像窗体一样作为其他控件的容器。有关图片框与图像控件的应用将在第 11 章介绍。

图像和图片框控件可响应的事件与窗体基本相同,不再赘述。

图片框控件的方法主要有 Cls 和 Refresh 等。可使用图片框控件的 Print 方法在图片框中显示文本或数据处理的结果。例如,使用名为 Pic1 的图片框控件显示"学习 VB"文字的代码是:

        Pic1.Print "学习 VB"

Cls 方法用于清除图片框显示的文字和图形。

6. 选项按钮(Option Button)、复选框(CheckBox)与框架控件(Frame)

选项按钮用于从一组互斥的选项中选取其一。选项按钮的外观有两种:○—表示未选择;⦿—表示被选中。在选择了一个之后,组中其他项的选项按钮都自动变成未选择的。

复选框用于从一组可选项中同时选中多个选项。复选框的外观也有两种:□—表示未选择;☑—表示被选中。

在窗体上可以容纳若干个选项组。可利用框架控件或前已述及的图片框控件,作为选项组的"包容器",把各个选项组区分开来(图3-10)。

框架控件可从功能上把在其范围之内的相关控件组织在一起。框架的属性、可响应的事件与窗体基本相同,方法有 Move、Refresh 等。

在窗体上创建选项组的常用操作步骤如下:

① 在窗体上首先创建框架,设置框架的 Caption 属性,注意框架的标题将出现在框架的边框上;

② 在框架内创建选项按钮组(或复选框组)。如果移动框架的位置,创建好的选项组将跟随框架一起移动。

选项按钮和复选框均有一个 Value(取值)属性。

当选项按钮被选中时,Value 取值为"True";未被选中时,则取值为"False"。

复选框的 Value 属性,则有三个可能取值:0——(缺省值)未选中;1——选中;2——变灰,表示暂时不能访问。

Alignment 是对齐属性。缺省值为 0,Caption 文本在控件右侧,即文本是左对齐的,控件是右对齐的;若设为 1,Caption 文本在控件左侧,即文本是右对齐的,控件是左对齐的。

选项按钮和复选框均可响应单击事件;方法则有 Move、Refresh 等。

【例 3-4】 应用选项按钮、复选框及框架控件的示例程序。

图 3-15 是本程序设计时的界面。文本框用于输入示例文字,大小和字体两个框架构成两个选项组,分别用于设置文字的大小与字体。由图可见,表示"12 号"字及"宋体"字的两个选项按钮的 Value 属性被设置为 True;表示字形的"斜体"与"粗体"两个复选框的 Value 属性均为 0。

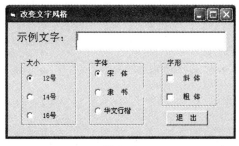
图 3-15

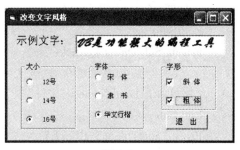
图 3-16

图 3-16 是程序运行时的画面。单击不同的选项按钮或复选框,输入的示例文字的大小、字体与字形将随之改变。由于在程序代码中,需要对各个选项也就是用户的选择状况进行确认,程序代码中包含了进行逻辑判断的语言成分,有关这些语言成分的使用,后续章节将详细介绍。本程序的程序代码如下:

```
Private Sub Check1_Click( )
    If Check1. Value = 1 Then
        Text1. Font. Italic = True         '当"斜体"被选中时,设斜体属性为 True
    ElseIf Check1. Value = 0 Then
        Text1. Font. Italic = False        '当"斜体"被取消时,设斜体属性为 False
    End If
End Sub
Private Sub Check2_Click( )
    If Check2. Value = 1 Then
        Text1. Font. Bold = True           '当"粗体"被选中时,设粗体属性为 True
    ElseIf Check2. Value = 0 Then
        Text1. Font. Bold = False          '当"粗体"被取消时,设粗体属性为 False
    End If
End Sub
Private Sub Command1_Click( )
    End
End Sub
```

```
Private Sub Option1_Click( )
    '当"12 号"字被选中时,设文字大小属性为 12
    Text1. Font. Size = 12
End Sub
Private Sub Option2_Click( )
    '当"14 号"字被选中时,设文字大小属性为 14
    Text1. Font. Size = 14
End Sub
Private Sub Option3_Click( )
    '当"16 号"字被选中时,设文字大小属性为 16
    Text1. Font. Size = 16
End Sub
Private Sub Option4_Click( )
    '当"宋体"字被选中时,设文字字体名称属性为宋体
    Text1. Font. Name = "宋体"
End Sub
Private Sub Option5_Click( )
    '当"隶书"字被选中时,设文字字体名称属性为隶书
    Text1. Font. Name = "隶书"
End Sub
Private Sub Option6_Click( )
    '当"华文行楷"字被选中时,设文字字体名称属性为华文行楷
    Text1. Font. Name = "华文行楷"
End Sub
```

7. 计时器控件(Timer)

计时器控件可以通过设置时间间隔,当经过设定的时间后,随着引发的 Timer 事件,有规律地执行 Timer 事件过程中的程序代码。

与其他控件不同,加入窗体的计时器控件,在程序运行时是不可见的。

计时器控件的属性很少,最重要的是:

Interval:时间间隔属性,单位为千分之一秒。

Enabled:活动属性,取值为 True 或 False。

计时器控件没有方法,可以响应的事件仅有 Timer。

计时器的使用可参看例 3-5。

8. 滚动条控件(HScrollBar 与 VScrollBar)

HScrollBar 和 VScrollBar 分别是水平滚动条和垂直滚动条。滚动条由框架、滚动块和两端的滚动箭头组成(图 3-17)。主要用于作为渐变数据的输入工具,或数量、速度的指示器,也可以附在窗体或图片框等对象上协助观察数据或确定位置。但滚动条控件只能提供滑块位置的变化等信息,并不能直接移动其他控件对象。

图 3-17

(1) 滚动条的常用属性

• Value：值属性。返回或设置滚动条的当前位置。其取值始终介于 Max 和 Min 属性值之间(包括这两个值)。

• Max 和 Min：滚动块位置设置值属性。其取值范围均为 -32768 ~ 32767。Max 的缺省值为 32767,Min 的缺省值为 0。Max 属性返回或设置当滑块处于垂直滚动条底部或水平滚动条最右位置时 Value 属性的最大设置值,Min 属性返回或设置当滑块处于垂直滚动条顶部或水平滚动条最左位置时 Value 属性的最小设置值。通常在设计时设置 Max 和 Min,但也可在运行时动态设置该属性值。如果希望滚动条显示的信息从较大值向较小值变化,那么应将 Min 属性值设得比 Max 属性值大。

• SmallChange：最小变动值属性。返回或设置当单击滚动条两端滚动箭头时,滚动条控件的 Value 属性的改变量。

• LargeChange：最大变动值属性。返回或设置当用户用鼠标单击滚动条滚动箭头和滑块间区域时,滚动条控件的 Value 属性的改变量。

SmallChange 和 LargeChange 两个属性取值均可以指定 1 ~ 32767 之间的整数,缺省值为 1。

(2) 滚动条的常用事件

• Scroll 事件：按住鼠标并拖动滚动块时,将触发 Scroll 事件。

• Change 事件：鼠标单击滚动箭头或单击滚动条空白区域或释放拖动的滚动块时都会触发该事件,也可通过代码修改 Value 属性值触发该事件。

【例3-5】 一个利用水平滚动条设置文本框的前景色与背景色的程序。

```
Option Explicit
Dim R As Integer, G As Integer, B As Integer
Private Sub HScroll1_Change(Index As Integer)
    R = HScroll1(0).Value
    G = HScroll1(1).Value
    B = HScroll1(2).Value
    Label4(Index) = HScroll1(Index).Value
    Text1.BackColor = RGB(R, G, B)
End Sub
Private Sub HScroll1_Scroll(Index As Integer)
    R = HScroll1(0).Value
    G = HScroll1(1).Value
    B = HScroll1(2).Value
    Label4(Index) = HScroll1(Index).Value
    Text1.BackColor = RGB(R, G, B)
End Sub
Private Sub HScroll2_Change(Index As Integer)
    R = HScroll2(0).Value
    G = HScroll2(1).Value
    B = HScroll2(2).Value
```

```
            Label8(Index) = HScroll2(Index).Value
            Text1.ForeColor = RGB(R, G, B)
        End Sub
        Private Sub HScroll2_Scroll(Index As Integer)
            R = HScroll2(0).Value
            G = HScroll2(1).Value
            B = HScroll2(2).Value
            Label8(Index) = HScroll2(Index).Value
            Text1.ForeColor = RGB(R, G, B)
        End Sub
```

图3-18为程序执行时的画面。窗体上使用了水平滚动条控件数组(后述)。

图 3-18

3.3 制作菜单

命令菜单是Windows应用程序窗口基本的组成元素之一。命令菜单列出了程序的各种操作命令,利用VB,可以很简便地创建程序菜单。

3.3.1 菜单概述

Windows程序界面中的菜单由以下元素组成(图3-19):

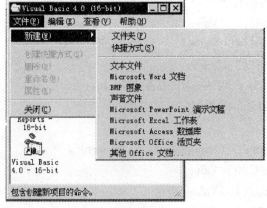

图 3-19

菜单条：菜单条总是位于窗口的标题条下，它包括每个菜单的标题，如"文件"、"编辑"和"帮助"等。

菜单：菜单就是通常在用鼠标单击菜单条上的菜单标题时，出现的命令列表。

菜单项：菜单中的每一个表项称为一个菜单项。菜单项也就是菜单命令。按照Windows标准用户界面设计原则，每个菜单至少要包括一个命令。

子菜单：子菜单又称"级联菜单"，是从一个菜单项分支出来的菜单。凡是带有子菜单的菜单项，都有一个箭头，表明选取本命令，将出现一个子菜单。

弹出式菜单：在Windows中，单击鼠标右键时出现的与当前操作有关联的菜单，即是"弹出式菜单"。它的内容是基于上下文的。

3.3.2 创建菜单

窗体上的菜单是通过菜单编辑器创建的。使用"工具"菜单中的"菜单编辑器"命令或单击VB窗口工具栏上的"菜单编辑器"按钮，屏幕上出现"菜单编辑器"对话框（图3-20）。

对话框中各个项目的意义和功能如下：

● "标题"文本框。用以输入菜单标题或菜单命令的名称即设置菜单或菜单项的Caption属性，这些名字将出现在菜单条或菜单之中。如果要在菜单的两个菜单命令项之间加一条分隔线，可在标题文本框中键入一个连字符（-）。

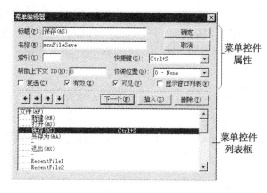

图 3-20

若想要通过键盘访问菜单，可在标题名称中某个字母前插入&符号。在运行程序时，菜单标题名称中的该字母会带有下划线（&符号是不可见的），同时按"Alt"键和该字母键就可打开该命令菜单。若要在菜单中显示&符号，则应在标题中连续输入两个&符号。

● "名称"文本框。用以输入一个命令项对象的名称，也就是为菜单命令设置它的"Name"属性，以便在程序代码中，可以使用它来引用该命令，因此，它并不会出现在菜单中。

● "索引"文本框。用以指定一个数字值来确定菜单项对象在控件数组中的位置（Index属性）。该位置与控件的屏幕位置无关。

● "快捷键"列表框。用以为菜单项选定快捷键。

● "帮助上下文ID"文本框（HelpContextID属性）。用于指定一个唯一的数值作为帮助文本的标识符。在"HelpFile"（帮助文件）属性指定的帮助文件中可用该数值查找适当的帮助主题。

● "协调位置"（NegotiatePosition属性）。这是一个与OLE功能有关的属性，一般取0值即可。

"菜单编辑器"对话框中还有四个复选项，用以设置菜单对象有关的属性值：

● "复选"复选框（Checked属性）。选中此选项，则在初次打开菜单时，该菜单项的左边将显示"√"。通常用它来指出可切换的命令选项的开关状态。

● "有效"复选框（Enabled属性）。选中此选项，本菜单命令项在菜单打开时，将以清晰的文字形式出现,即是说可以立即使用(用鼠标单击,命令就执行);如不选,则此菜单命令出现时是暗淡的,将不响应鼠标事件。

- "可见"复选框(Visible 属性)。选中此选项,菜单项在菜单中才是可见的。
- "显示窗口列表"复选框(WindowList 属性)。当菜单要包括一个所有打开的 MDI(多文档界面)子窗口的列表时,应当选中此选项。
- "左箭头"与"右箭头"按钮。用于改变菜单命令的级别,以创建子菜单。每单击一次"右箭头"按钮,都把选定的菜单项向右移一个等级;单击"左箭头",则把选定的菜单项向上移一个等级。VB 允许最多创建四级子菜单。
- "上箭头"与"下箭头"按钮。用于移动菜单项在菜单中的位置。每单击一次"上箭头",就把选定的菜单项在同级菜单内向上移动一个位置;单击"下箭头",则把选定的菜单项在同级菜单内向下移动一个位置。
- 菜单列表框。"菜单编辑器"对话框中,还有一个"菜单列表框"。该列表框显示菜单项的分级列表,并以缩进方式将子菜单项的分级位置显示出来。
- "下一个"按钮。在输入完一个菜单项后,单击"下一个"按钮,可向菜单增加新的菜单项。
- "插入"按钮。单击"插入"按钮,可在菜单列表框中当前选定行的上方插入一个新的菜单项。
- "删除"按钮。单击"删除"按钮,则可从菜单列表框中删除当前选定行。

在菜单全部设计完成后,单击"确定"按钮,关闭"菜单编辑器"对话框,窗体上将出现创建的菜单条。

菜单虽然创建好了,我们还要为每个菜单项编写相应的事件过程代码。菜单命令应对单击事件作出响应。因此可在设计态下,打开"代码"窗口,为菜单项的单击事件增加必要的代码。

若单击"取消"按钮,对话的内容将被取消,"菜单编辑器"对话框关闭。

3.3.3 创建弹出式菜单

弹出式菜单是当用户鼠标光标位于窗体或某个对象上时,单击鼠标右键出现的菜单,也称为"便捷式菜单"。弹出式菜单也是通过菜单编辑器创建的,不过其顶层菜单项的"可见"(Visible)属性必须设为 False(不选)。

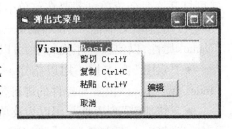

图 3-21

在对象的 MouseDown 事件过程中,使用窗体对象的 PopupMenu 方法,即可在单击鼠标右键时,显示弹出式菜单(图 3-21)。

图 3-22 是制作弹出式菜单的"菜单编辑器"对话框。下面是显示该菜单的事件过程:

```
Private Sub Text1_MouseDown(Button As Integer, Shift As Integer, _
    X As Single, Y As Single)
    If Button = 2 Then Form1.PopupMenu popM1, 4
End Sub
```

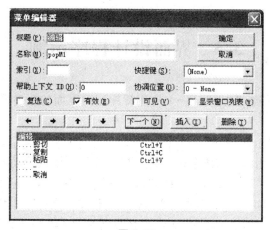

图 3-22

程序代码中的 Button = 2 的意义是：只有单击鼠标右键时，才会出现弹出式菜单，后面的 4 用于规定菜单出现的位置（鼠标光标位置），popM1 是顶级菜单项的名称。在第 7 章有关于对象的 MouseDown 事件过程的详细介绍。

3.4 多窗体界面程序设计

一般简单的应用程序大多只使用一个窗体界面，称为单窗体程序。但一个大型工程，对应于不同的操作，往往需要多个不同的窗体。具有多个窗体界面的程序，每个窗体都可以有自己的界面元素和相应的程序代码，可以完成不同的操作。

在一个工程里，用户可以通过"添加窗体"的操作，增添新的窗体。新窗体的界面设计与代码设计可在新窗体编辑窗口与"代码编辑器"窗口中进行，其操作方法与单个窗体的设计完全相同。

1. 添加窗体

多窗体程序的第一个窗体，是在创建一个新工程时，由系统直接创建的。其他窗体既可通过"工程"（Project）菜单中的"添加窗体"（Add Form）命令创建；也可以单击工具栏中的"添加窗体"按钮（图 3-23）创建。每创建一个窗体，该窗体就作为一个对象添加到工程中，在工程资源管理器窗口中的窗体文件夹中可看到新增窗体名和缺省的文件名。

2. 多窗体程序的运行

如果不进行专门设置，多窗体应用程序执行时会自动从用户创建的第一个窗体开始运行。但用户也可以通过设置，将多个窗体中的任意一个设置为启动窗体（即程序运行时最先显示的窗体）。启动窗体的设置方法将在第 7 章中介绍。

图 3-23

3.5 界面设计程序示例

下面是一个程序实例,介绍设计一个应用程序用户界面的全过程。其中,也包括有创建菜单的操作。

【例3-6】 一个演示程序。

本程序的用户界面由四个窗体组成。图3-24是示例程序的启动窗口,也是一个程序的标题画面,由一个图片框、一个标签和一个计时器控件组成;图3-25是程序的主窗口,包含有菜单和三个命令按钮,用户可通过菜单或命令按钮执行程序1或程序2,图3-26则分别是两个简单应用程序的工作窗口。四个窗体的Name属性分别为Form1、Form2和Frm2、Frm3。

图 3-24

图 3-25

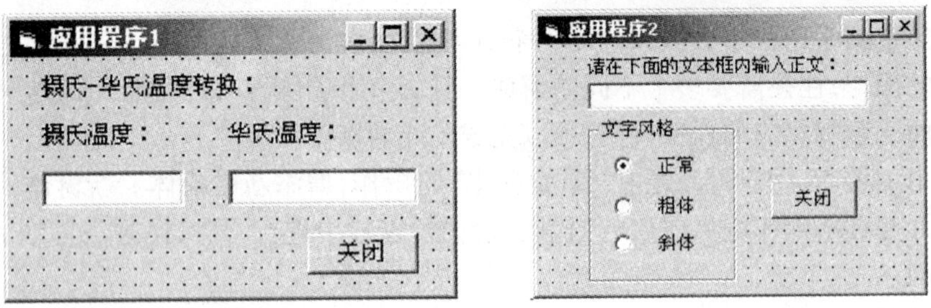

图 3-26

窗体Form1中的程序代码如下:

```
Private Sub Form_load( )
    Timer1.Interval = 5000          '设计时器控件的Interval属性为5000毫秒
End Sub
Private Sub Timer1_Timer( )
    Form1.Hide                      '窗体Form1隐藏
    Form2.Show                      '显示窗体Form2
    Timer1.Enabled = False          '计时器停止活动
End Sub
```

窗体Form2中的程序代码如下:

```
Private Sub Command1_Click( )
    Form2.Hide                      '窗体Form2隐藏
    Frm2.Show                       '显示窗体Frm2
```

```
End Sub
Private Sub Command2_Click( )
    Form2.Hide                          '窗体Form2隐藏
    Frm3.Show                           '显示窗体Frm3
End Sub
Private Sub Command3_Click( )
    End                                 '结束程序运行
End Sub
Private Sub M1_1_Click( )
    Form2.Hide
    Frm2.Show
End Sub
Private Sub M1_2_Click( )
    Form2.Hide
    Frm3.Show
End Sub
Private Sub M1_4_Click( )
    End
End Sub
```

窗体 Frm2 中的程序代码如下：

```
Option Explicit
Dim s As Single, c As Single, answer As Integer
Private Sub Command1_Click( )
    Unload Me
    Form2.Show
End Sub
Private Sub Text1_Change( )
    c = Val(Text1.Text)
    If Text1.Text = "0" Then
        Text2.Text = "32"
    ElseIf c > 0 Then
        s = (c * 9#/5) + 32
        Text2.Text = Str$(s)
    Else
        answer = MsgBox("非法数据!", vbOKOnly + vbExclamation, "提示信息")
        If answer = vbOK Then
            Text1.Text = ""
            Text2.Text = ""
        End If
```

                End If
            End Sub
窗体 Frm3 中的程序代码如下：
        Private Sub Command1_Click( )
            Unload Me
            Form2.Show
        End Sub
        Private Sub Option1_Click( )
            If Option1.Value Then
                If Text1.Font.Bold = True Then Text1.Font.Bold = False
                If Text1.Font.Italic = True Then Text1.Font.Italic = False
            End If
        End Sub
        Private Sub Option2_Click( )
            If Option2.Value Then
                Text1.Font.Bold = True
                Text1.Font.Italic = False
            End If
        End Sub
        Private Sub Option3_Click( )
            If Option3.Value Then
                Text1.Font.Italic = True
                Text1.Font.Bold = False
            End If
        End Sub

习　　题

一、选择题

1. 下列说法正确的是_____。
   A. 属性是对象的特征，所有的对象都有相同的属性
   B. 属性值只能在属性窗口中设置
   C. 在程序中可以用赋值语句给对象的任何一个属性赋值
   D. 对象的运行时属性不出现在对象属性窗口中
2. 有程序代码如下：
      Form2.Caption = "Help"
   试问：Form2、Capion 和 Help 分别代表_____。
   A. 对象、值、属性　　　　　　　　　　B. 值、属性、对象

C. 对象、属性、值 　　　　　　　　D. 属性、对象、值

3. Print 方法可在_____上输出数据。① 窗体、② 文本框、③ 图片框、④ 标签、⑤ 列表框、⑥ "立即"窗口。

　　A. ①③⑥　　　B. ②③⑤　　　C. ①②⑤　　　D. ③④⑥

4. 在一个多窗体程序中,可以仅将窗体 Form2 从内存中卸载的语句是_____。

　　A. Form2.Unload　　　　　　　B. Unload Form2

　　C. Form2.End　　　　　　　　D. Form2.Hide

5. 下列对于某对象的 SetFocus 与 GotFocus 描述正确的是_____。

　　A. SetFocus 是事件,GotFocus 是方法　　B. SetFocus 和 GotFocus 都是事件

　　C. SetFocus 和 GotFocus 都是方法　　　D. SetFocus 是方法,GotFocus 是事件

6. 设计界面时,要使一个文本框具有水平和垂直滚动条,应先将其_____属性置为 True,再将 ScrollBars 属性设置为 3。

　　A. MultiLine　　　　　　　　　B. AutoSize

　　C. Alignment　　　　　　　　　D. RightToLeft

7. 窗体上有若干命令按钮和一个文本框,程序运行时焦点置于文本框中,为了在按下回车键时执行某个命令按钮的 Click 事件过程,需要将该按钮的_____属性设置为 True。

　　A. Enabled　　　B. Default　　　C. Cancel　　　D. Visible

8. 在列表框 List1 中有若干列表项,可以删除选定列表项的语句是_____。

　　A. List1.text = ""　　　　　　　B. List1.List(List1.ListIndex) = ""

　　C. list1.Clear　　　　　　　　　D. List1.RemoveItem List1.ListIndex

9. 下列语句错误的是_____。

　　A. Label1.Caption = "Hello"　　　B. Text1.Caption = "Hello"

　　C. Command1.Caption = "Hello"　　D. Frame1.Caption = "Hello"

10. 要将焦点设置在某个控件上,可以采取_____。

　　A. 使用鼠标直接点击该控件

　　B. 使用"Tab"键将焦点移到该控件

　　C. 程序中调用该控件的 SetFocus 方法

　　D. 以上都可以

11. 下列有关滚动条控件(ScrollBar)的说法错误的是_____。

　　A. 只能在设计时设置 Max 与 Min 属性值

　　B. Value 属性返回滚动条内滑块当前所处位置的值

　　C. 拖动滚动条内滑块时,将触发滚动条的 Scroll 事件

　　D. 单击滚动箭头时,将触发滚动条的 Change 事件

12. 下列使用方法的代码正确的是_____。

　　A. Label1.SetFocus　　　　　　　B. Form1.Clear

　　C. Text1.SetFocus　　　　　　　D. Combo1.Cls

13. 下列关于菜单的说法错误的是_____。

　　A. 每一个菜单项就是一个对象,并且可设置自己的属性和事件

　　B. 菜单项不可以响应 DblClick 事件

C. VB 6.0 允许创建超过四级的子菜单

D. 程序执行时,如果要求菜单项是灰色,不能被用户选择,则应设置菜单项的 Enabled 属性为 False

14. 下列关于菜单的说法错误的是_____。

A. 可以为菜单项选定快捷键

B. 若在"标题"文本框中键入连字符(-),则可在菜单的两个菜单命令项之间加一条分隔线

C. 除了 Click 事件之外,菜单项还可以响应其他事件

D. "菜单编辑器"对话框的"名称"文本框用于输入菜单项的名称

二、填空题

1. 窗体的属性可分作_____类。Caption 属性决定窗体_____的文字,名称(Name)属性用于在程序代码中_____窗体对象。

2. 以下窗体名中属于非法窗体名的是_____。① aform、② 3frm、③ f_1、④ frm 5、⑤ f_1*。

3. VB 提供了_____种窗体边框风格。

4. 在桌面上存在多个窗口时,当一个窗口由非当前窗口转换为当前窗口时,会引发该窗体的_____事件。当改变该窗口大小时,会引发_____事件。

5. 给列表框 List1 添加列表项的方法是_____,清除所有列表项的方法是_____。

6. VB 的常用控件中,只有 Caption 属性,而没有 Text 属性的控件有_____。只有 Text 属性,却没有 Caption 属性的控件有_____。

7. 除窗体之外,可作为其他控件容器的还有_____控件。

8. 常用控件中具有 Value 属性的控件有_____。其中取值类型为逻辑型的是_____,取值类型为数值型的是_____。

三、问答题

1. 对象的属性是否只能在设计界面时在属性窗口中进行设置?属性窗口中的属性列表是否包括了一个对象的所有属性?

2. 哪些控件对象可以获得焦点?某程序的界面上有多个文本框,还有命令按钮,如果没有特别设置,在程序启动时,哪个控件将具有焦点?

3. 将复选框的 Value 属性设为 2,其效果与把它的 Enabled 属性设为 False 有何异同?若把一个控件的 Visible 属性设为 False,意味着什么?

四、练习题

1. 设计一个学生注册的程序界面(参考界面如图 3-27 所示)。

2. 仿照例 3-4,编写一个不使用文本框,可直接将界面上的标签的文字字体、字形、大小根据选项进行变化的程序。

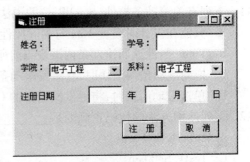

图 3-27

3. 设计一个应用程序的菜单,菜单包括以下项目:
   "文件(F)"菜单:打开(O)…Ctrl+O
   　　　　　　　保存(S)… Ctrl+S
   　　　　　　　退出(E) Ctrl+E
   "编辑(E)"菜单:取消(D) Ctrl+D
   　　　　　　　剪切(X) Ctrl+X
   　　　　　　　复制(C) Ctrl+C
   　　　　　　　粘贴(V) Ctrl+V
   　　　　　　　查找(F)…
   "视图(V)"菜单:大图标
   　　　　　　　小图标
   　　　　　　　列表
   "帮助(H)"菜单:帮助主题

第4章 数据、表达式与简单程序设计

数据是程序处理的对象,表达式是写在程序中的用于进行数据运算的式子。学习和掌握数据的使用、数据的输入与输出以及最简单、最常用的赋值语句,再学会如何正确地书写程序,就可以开始编写一些简单的应用程序了。

4.1 Visual Basic 程序代码的组织方式

通过上面几章的学习,可以看出,一个 VB 程序由窗体界面和程序代码两部分组成。通过程序代码,窗口界面的各个对象以及应用中的其他元素被联系在一起。

程序的代码部分由若干被称为"过程"的代码行及向系统提供某些信息的说明语句组成。过程及说明又被组织在所谓的"模块"之中。

4.1.1 过程

所谓"过程",正如前几章从示例中看到的,就是具有特定书写格式、包含若干可被作为一个整体执行的代码行的一个代码组。根据执行的方式,可把"过程"分为"事件过程"和"通用过程"两类(编者注:VB 还有一类"属性过程",因超出本书内容范围,不再介绍,感兴趣的读者可自行参阅 VB 手册)。

1. 事件过程

Visual Basic 程序是由事件驱动的,所以事件过程是 VB 程序中不可缺少的基本过程。我们为窗体以及窗体上的各种对象编写的用来响应由用户或系统引发的各种事件的代码行就是"事件过程"。

事件过程由 VB 中的事件调用。也就是说,当指定的事件发生时,该过程即会被激活执行。

事件过程存储在被称为"窗体模块"的文件中(扩展名.frm),而且在缺省情况下,是"私有的"(Private)。换言之,事件过程在未加特别说明时,仅在该窗体内有效。

前面列举的程序示例中的程序代码都是事件过程。

事件过程的代码框架是由 VB 系统自动提供的,用户在"代码编辑器"窗口中可通过单击"对象"下拉列表框选择要编写代码的具体对象,单击"过程"下拉列表框选择具体的事件,代码窗口就给出该对象响应相关事件的过程框架,在框架内加入代码即可(图 4-1)。在保存窗体时,窗体的外观会和编写的事件代码一起保存。

2. 通用过程

一个应用程序可以具有若干个窗体,每个窗体又可能拥有相同或不相同的对象,但是这些不同窗体中的对象却有可能引发相同的操作或需要进行某些共同的处理,也就是说,一个应用中的多个窗体可以共享一些代码,或者一个

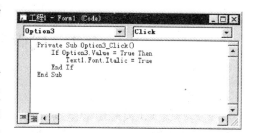

图 4-1

窗体内不同的事件过程可共享一些代码。这些可被共享的代码构成的过程被称为"通用过程"。

通用过程是由事件过程或其他通用过程调用而执行的。这些过程在缺省情况下,是"公有的"(Public),也就是说,通用过程可被所有的窗体共享。有关通用过程的设计及调用,将在第 7 章中详细介绍。

4.1.2 模块

模块是 VB 用于将不同类型过程代码组织到一起而提供的一种结构。在 VB 中具有三种类型的模块,即窗体模块、标准模块和类模块。

1. 窗体模块

应用程序中的每个窗体都有一个相对应的窗体模块。窗体模块不仅包含有用于处理发生在窗体中的各个对象的事件过程,而且包含有窗体及窗体中各个控件对象的属性设置以及相关的说明。

如果某些通用过程仅供本窗体内的其他过程共享,则它也可包含在该窗体模块之中。

2. 标准模块

在应用程序中可被多个窗体共享的代码,应当被组织到所谓的"标准模块"之中。标准模块文件的扩展名是.bas。

标准模块中保存的过程都是通用过程。除了这些通用过程之外,标准模块中还包含有相关的说明。

特别值得一提的是,标准模块中代码并不限于用于一个应用程序,还可供其他应用程序重复使用。

创建标准模块最简便的方法如下:

单击工具栏上添加窗体按钮右侧向下的箭头,并在出现的选项表中选择"添加模块"(图 4-2),然后再在出现的"代码编辑器"窗口中输入代码即可。

3. 类模块

类模块包含用于创建新的对象类的属性、方法的定义等。有关类模块的详细内容,感兴趣的读者可参阅有关的 VB 手册。

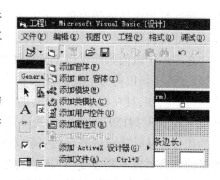

图 4-2

4.2 代码行的书写规则

1. 语句

语句是构成 VB 程序的最基本成分。一个语句或者用于向系统提供某些必要的信息（如程序中使用的数据类型等），或者规定系统应该执行的某些操作。

语句的一般形式如下：

<语句定义符> ［语句体］

语句定义符用于规定语句的功能；语句体则用于提供语句所要说明的具体内容或者要执行的具体操作。但 VB 中一些语句可以没有语句定义符。

VB 程序是按行书写的。一个代码行不得超过 1023 字节。一个语句可写在一行上；也可以通过在行的末尾加上"续行标志"（ _：一个空格加一个下划线字符），而分写在多行上，但最多只能有 25 个继续行；另外，也可在一个代码行上写入多个语句，但语句之间需要用冒号"："分隔。下面是两种情况的示例：

一个语句分写在多行上：

  Dim student_name As String, student_number As String, computer As _
    Integer, english As Integer

一行写多个语句：

  x = 10 ：y = "Visual Basic"：z = 20

2. 书写规范

语句输入时，可以不区分大小写字母，一个代码行输入完后，按回车键，光标自动移向下一行，同时，系统还会自动把语句中所有系统可识别的"保留字"的第一个字母改为大写字母，其余为小写字母。

比如，Rem 是系统保留字，所以不论输入的是 ReM、还是 rem 或 REM 等，系统都会自动变换成 Rem。

4.3 Visual Basic 的数据

数据是程序处理的对象。VB 具有强大的数据处理能力，它的具体表现就是 VB 程序不仅可以处理各种数制的数，而且具有丰富的数据类型。

在程序中取值始终保持不变的数据称为"常量"，常量可以是具体的数值，也可以是专门说明的符号；以符号形式出现在程序中，且取值可以发生变化的数据称为"变量"。在程序执行前已知，且在程序重复执行时，不发生变化的量，可把它的取值直接写入程序。例如，圆周率的值 3.14159，在进行相关运算时总是不变的，就可直接写入程序。变量则是存储单元的代号。从计算机的外部设备输入的数据，必须送入变量中保存；而在程序执行过程中，变量的内容可以不断改变（存入新的数据）。

与数学上表示未知数的"变量"不同，程序中的变量在任一时刻都有一个确定的"值"

（即该时刻所存储的数据），变量在参加运算等处理时，是用它所存储的数据进行运算的。

4.3.1 数据类型

VB 支持的数据类型多达 12 种。表 4-1 列出了这些数据类型的名称、存储大小及数据的取值范围。

变体型数据是 VB 的缺省数据类型，它可以存储各种类型的数据。

表 4-1

数据类型	存储大小	取值范围
Integer（整数）	2 Byte	−32768 ~ 32767
Long（长整数）	4 Byte	−2147483648 ~ 2147483647
Single（单精度数）	4 Byte	−3.402823E38 ~ −1.401298E-45 1.401298E−45 ~ 3.402823E38
Double（双精度数）	8 Byte	−1.79769313486232E308 ~ −4.94065645841247E−324； 4.94065645841247E−324 ~ 1.79769313486232E308
Byte（字节型数）	1 Byte	0 ~ 255
Boolean（逻辑型数）	2 Byte	True 或 False
String（变长字符串型数）	10Byte + 串长度	0 ~ 约 20 亿个字符
String（定长字符串型数）	串长度	1 ~ 约 65400 个字符
Date（日期型数）	8 Byte	0100 年 1 月 1 日 ~ 9999 年 12 月 31 日
Currency（货币型数）	8 Byte	−922,337,203,685,447.5808 ~ 922,337,203,685,447.5807
Object（对象型数）	4 Byte	任何对象引用
Variant（变体型数）	≥16 Byte	数值型可达 Double 型的范围；字符型可达变长字符串型的串长度

VB 提供多种数据类型的目的是为了提高程序代码的运行效率。不论是常量还是变量，如果不加说明，系统均按变体型数据处理。表面上看，对于编程者似乎要简单一些，但实质上，由于在机器内部，以定点数形式表示的整数和以浮点数形式表示的实型数不仅处理的效率差别很大，而且由于数制转换（计算机内部采用的是二进制数）可能带来较大的误差。另外，由上表还可看出，采用变体型数所占用的内存也要比其他类型更多。所以在程序中，正确地选择使用数据类型非常重要。由于 VB 处理整型数的速度最快，且没有数制转换误差，所以可以使用整型数的地方都应尽量使用整型数；在进行带小数点的数据运算时，常常会因数制转换而产生不精确的运算结果，所以如需要比较高的数据计算精确度，应使用双精度数据类型；货币类型的计算则比双精度数和单精度数的计算精度更高。

由于不同类型的数据在计算机内部存放的形式及占用的存储单元个数不同，因此，各自能够表示的数据范围也有所不同。如果需要处理的数值超出了相应数据类型数据的表示范围，将产生"数据溢出"错误。

4.3.2 常量

1. 数值常量

一般的数值常量由正负号、数字和小数点组成,正数的正号可以省略。在 VB 程序中,除人们最常用的十进制数外,还可以使用八进制数和十六进制数。

十进制数的表示形式与人们日常使用的形式基本相同。不带小数点的数称为"整数"。VB 中的整数又分为整数和长整数。从表 4-1 可知,整数用 2 个字节存放,表示范围较小;长整数用 4 个字节存放,表示的范围较大。

带小数点的数称为"实型数"或"浮点数"。根据占用的存储量的大小,又分为单精度数和双精度数。由于双精度数占用的存储空间比单精度数大一倍,所以不仅表示的数据范围要比单精度数大得多(见上节),数据的有效数字也要多得多。

在计算机程序中,很大或很小的数通常以指数形式表示,10 的幂次则以字母 E 或字母 D 代表。也就是说,浮点数值可表示为 mmmEeee 或 mmmDeee 两种形式,其中 mmm 是尾数,而 eee 是指数。在老的 VB 版本中,用 D 将数值文字中的尾数部分和指数部分分隔开,系统将把该值作为双精度数据类型来处理;而用 E 分隔尾数和指数部分,系统会把该数据作为单精度数据类型来处理。在 VB 6.0 中,所有的实型常数,一律按双精度类型存储。

例如:

123   -227   35742   (整数)
1758624   -3765410   (长整数)
123.4   -752.678   1.234E5   -9.654E6   1.234E-5   -9.654E-6(按双精度数存储)
3.1415926535   -5732.12345   3.14159265D8   -8.573264907D-15(双精度数)

VB 中允许使用八进制数和十六进制数,它们都是无符号整数。八进制数的表示方法是在数字前面加"&O";十六进制数的表示方法是在数字前面加"&H"。例如:

&O137   表示这是一个八进制数 137,它相当于十进制数 95。
&H137   表示这是一个十六进制数 137,它相当于十进制数 311。

2. 字符常量

把一串字符用引号括起来,就构成一个字符常量。例如,"Visual Basic"、"How are you!"、"aB"、"1235"等都是合法的字符常量。

字符常量容纳的字符数(长度),最多可达 65535 个。

3. 逻辑型常量

逻辑型常量只有两个取值:True(真)或 False(假)。

4. 日期常量

日期型常量的一般表示形式是:mm/dd/yyyy,如 1998 年 6 月 15 日可表示为:#6/15/1998#。

注意:为了与字符串型常量相区分,日期常量要用"#"括起来。

5. 符号常量

常量在程序中也可用符号来表示。以符号形式表示的常量称为"符号常量"。代表常量的符号称作"常量名"。常量名是一个长度不超过 255 个字符,只能由字母、数字和下划线组成且首字符必须是字母的字符串。常量名中的字母不区分大小写。

如在程序中使用自定义符号常量,则应用 Const 语句先行说明。

Const 语句的形式如下:

[Public|Private] Const <常量名> [As Type] = <数值>

Public 选项只能用在标准模块中,用以说明可在整个应用程序中使用的常量;Private 选项则用于说明在模块范围内使用的常量,它们均不能在过程中使用;Type 用于指定常量的数据类型。另外,也可以在说明时,通过数据类型符号规定常量的类型。例如:

```
Const Tax    As Single = 1.05         'Tax 是单精度数值常量
Public Const Country$ = "CHINA", Fax_Num& = 36134484
'$ 和 & 是用于说明数据类型的符号,Country 是字符串型常量
'Fax_Num 是长整型常量
```

有关数据类型符号详见下一节。

VB 还在其内部定义了许多符号常量,在使用程序代码为窗体及各种控件的某些属性赋予新的取值时,就可以直接使用相应的内置符号常量。通过 VB 帮助即可查找和使用它们。

4.3.3 变量

1. 变量名及类型说明

变量名的命名规则如下:

- 首字符必须是字母;
- 长度不超过 255 个字符;
- 在作用域内必须唯一;
- 作为变量名的字符串内不得包括点号和用于类型说明的字符 %、&、!、#、@、$。

有时为了提高程序的可读性,可在变量名之前加上一个约定的前缀,用于表示变量的数据类型。约定的前缀见表 4-2。

表 4-2

数据类型	前缀	数据类型	前缀
整型	int	长整型	lng
单精度型	sng	双精度型	dbl
逻辑型	bln	货币型	cur
日期型	dt	字串型	str
变体型	vnt	字节型	byt

2. 变量作用域与变量说明语句

未加说明类型而使用的变量,系统按变体型处理。由于变体型变量要占用较多的内存,并影响程序运行的效率,所以,变量在使用之前,最好用变量说明语句说明其类型。

根据变量说明方式的不同,变量的有效作用范围也不同。变量的有效作用范围称为变量作用域。

(1) 变量作用域

VB 有三个作用域等级,如表4-3所示。

表 4-3

等 级	范 围
局部	在过程中说明,仅在说明它的过程中有效
窗体/模块	在窗体或模块中说明,在定义该变量的模块或窗体的所有过程内均有效
全局(公有)	在模块或窗体中说明,在工程内的所有过程中都有效

(2) 变量说明语句

可使用四种说明语句说明变量的类型:

    Dim   <变量名> As <类型>[,<变量名> As <类型>]…
    Public   <变量名> As <类型>[,<变量名> As <类型>]…
    Private <变量名> As <类型>[,<变量名> As <类型>]…
    Static   <变量名> As <类型>[,<变量名> As <类型>]…

其中,Public 语句用于说明全局变量,Private 语句用于说明窗体/模块级变量,它们都只能用在模块的通用部分;Static 用于说明过程级的静态变量,而 Dim 语句既可用于说明模块级的变量(在模块的通用部分使用),也可用于说明过程级的变量(在过程内使用),因此较为常用。有关静态变量的使用将在第 7 章述及。

模块级和公有级的变量应在代码窗口中的(通用)(声明)部分进行说明。例如:

    Private Count As Integer

或

    Public Name As String,age As Integer

局部变量仅在使用它的过程中说明:

    Private Sub Command1_Click( )
        Dim Count As Integer
        …
    End Sub

在说明一个变量后,系统自动为该变量赋予一个初始值。若变量为数值型,则初始值为 0;若变量为字符串型,则初始值为空串;逻辑型变量的初始值为 False。

另外,系统还会自动转换在代码行中输入的变量名,以与说明的变量名相匹配。例如,说明语句如下:

    Dim MyCountry As String

在程序中输入:

    mycountry = "NanJing"

VB 将其自动转换成:

    MyCountry = "NanJing"

VB 的这种功能,可帮助使用者输入和使用正确的变量名。

在变量类型说明语句中,必须对每个需要说明的变量逐个使用 As Type 说明其类型,未加说明的变量将按变体类型处理。例如：

  Dim a,b As Integer

中的 a 是变体类型,b 是整型。

  在变量说明语句中除可使用 As Type 子句说明变量的数据类型外,也可以采用在变量名后加上一个用于规定变量类型的说明字符,来规定变量的类型。VB 规定的类型说明字符见表 4-4。

表 4-4

说明字符	示例	意义
%	x%	表示 x 是整型变量
&	x&	表示 x 是长整型变量
!	x!	表示 x 是单精度型变量
#	x#	表示 x 是双精度型变量
@	x@	表示 x 是货币型变量
$	x $	表示 x 是字符型变量

  例如,在过程

    Private sub Form_Click( )

     Dim k&,Country $

     k = 1

     Country ="china"

     Print k,Country

    End Sub

中的变量 k 和 Country 被分别说明为长整型和字符串型。

  类型说明字符也适用于常量。例如,1235！就是一个单精度类型常量。2& 是一个长整型常量。

  按照缺省规定,字符串型变量的长度是可变的,也就是说,通过对字符串赋予新的数据,它的长度可增可减。但也可以将字符串变量说明为具有固定长度。方法如下：

    Dim ＜变量名＞ As String * size

例如,为了声明一个长度为 50 字符的字符串,可用以下语句：

    Dim EmpName As String * 50

  如果赋给字符串变量的字符少于 50 个,则用空格将 EmpName 的不足部分填满。如果赋予字符串变量的字符长度太长,则 VB 会直接截去超出部分的字符。

  因为定长字符串用空格填充尾部多余的空间,所以在处理定长字符串时常常需要使用后面将要述及的用于删除空格的 LTrim 和 RTrim 函数。

  标准模块中的定长字符串变量可说明为 Public 或 Private。在窗体和类模块中,则只允许将定长字符串变量说明为 Private。

  （3）Option Explicit 语句

  在模块中使用 Option Explicit 语句,系统将检查模块中所有未加说明的变量,一旦发现有这样的变量存在,就会产生一个出错信息,提示使用者改正错误。

例如，变量 curSalary 用于存放一个人用于计税的工资数据，若不使用 Dim 语句进行说明，一旦在程序中因为疏忽，变量名错输入为 curSalry，就会得到错误的结果。但使用了 Option Explicit 语句，就可以通过系统自动检测发现并排除类似的错误。

Option Explicit 语句可使用以下方法输入：

① 激活"代码编辑器"窗口；

② 从"对象"列表中选择"General"或(通用)；

③ 从"过程"列表中选择"Declarations"或(声明)；

④ 在代码编辑栏中输入：

　　Option Explicit

最方便的方法是使用 VB 系统中的"工具"菜单中的"选项"命令，在打开的对话框的"编辑器"选项卡中，选中"要求变量说明"，单击确定后退出 VB 系统，再重新打开 VB 系统，代码编辑器中就会自动加入本语句。

4.4　运算符与表达式

VB 中的运算符和表达式可分为算术运算符与算术表达式、关系运算符与关系表达式和逻辑运算符与逻辑表达式三类。

4.4.1　算术运算符与算术表达式

1. 算术运算符

VB 的算术运算符有以下几种：

^	乘方	
+	加	
-	减(负号)	
*	乘	
/	除	
\	整除	例：8\6　结果等于 1
Mod	取余运算	例：8 Mod 6　结果等于 2
&	字符串连接运算	例："Visual" & "Basic" 结果是 VisualBasic

算术运算符的运算次序如下：

　　　　^ → -(负号) → * 和 / → \ (整除) → Mod → + 和 - → &

2. 算术表达式

把常量、变量等运算元素用算术运算符连接起来的式子称为"算术表达式"。在算术表达式中，可以使用圆括号来改变运算次序。例如：

　　　　a * b / (c * d)

　　　　3.14159265 * r^2

　　　　(p * (p-a) * (p-b) * (p-c))

等都是合法的算术表达式。带有括号的算术表达式在运算时将优先进行括号内的运算。如有多层括号,则先进行最内层括号内的运算。并列优先级的运算(如 * 和/),则自左向右进行。

4.4.2 关系运算符与关系表达式

关系运算用于对两个数据进行比较,比较结果为逻辑值"True"或"False"。

1. 关系运算符

VB 常用的关系运算符如表 4-5 所示。

表 4-5

运算符	功　能
<	小于
<=	小于等于
>	大于
>=	大于等于
<>	不等于
=	等于
Is	用来比较两个对象的引用变量

2. 关系表达式

关系表达式就是用关系运算符把两个比较对象连接起来的式子。比较对象可以是变量、常量和算术表达式。例如:

　　a < 32

　　x + y >= z/2

　　b $ <> "Basic"

　　object1 Is object2

等都是合法的关系表达式。

关系表达式的运算是采用"按值比较"的方法,即先求出运算符两边的表达式的"值"(若是变量,则取其当前值),如果两端的值满足条件,则结果为"True",否则为"False"。

字符型数据的关系运算是依照字符的 ASCII 代码,自左至右按照"逐个比较,遇大则大,长大短小,完全相同,才是相等"的原则进行。例如:

　　"aBcd" > "abc"

的运算结果是 False,因为字母"B"的 ASCII 代码小于字母"b"。

4.4.3 逻辑运算符与逻辑表达式

逻辑运算是对逻辑值进行的运算。

1. 逻辑运算符

VB 常用的逻辑运算符有:

Not:逻辑非。例如,若 a = True 则 Not a = False。

And:逻辑与。例如,若 a、b 均为逻辑值,则只有 a、b 同为 True 时 a And b 为 True。

Or：逻辑或。例如，若 a、b 均为逻辑值，只要 a、b 中有一个为 True 时 a Or b 为 True。
Xor：逻辑异或。例如，若 a、b 均为逻辑值，a、b 中只有一个为 True 时 a Xor b 为 True。
逻辑运算的优先次序如下：

   Not → And → Or → Xor

2. 逻辑表达式

逻辑表达式是用逻辑运算符把逻辑量连接起来的式子。例如：

   a >= 2 * 3.14159 * r And x <> 5 Or Not b　　（设 b 为逻辑变量）

   x > 2 Or Text1.Text = "Microsoft"

等都是合法的逻辑表达式。逻辑表达式主要用于表示一些复杂的判断条件。

4.4.4　运算规则

在表达式中，当运算符不止一种时，要先处理算术运算符，接着处理关系运算符，最后处理逻辑运算符。而这几种运算符内的优先次序，则按前面各小节所列次序进行。比如系统在求一个包含有关系运算、算术运算的比较复杂的逻辑表达式的值时，将先求算术表达式的值，再进行关系运算求出关系表达式的值，最后进行逻辑运算。当然，如果表达式包含有括号时，最内层的括号将最优先处理。

在运算时，如果进行算术运算的两个运算对象的类型相同，它们的运算结果也将是同一类型。例如，执行下面的代码：

   Dim x As Integer, y As Integer

   x = 324：y = 324

   print x * y

系统会给出"数据溢出"的出错提示，其原因就在于 x 与 y 相乘时，结果已超出了整数可表示的范围。

如果不同数据类型的数据进行运算，结果的类型为两个运算对象中存储长度较长的那个对象的类型。比如一个整型数与一个长整型数进行运算，结果就是长整型；一个整型数与一个单精度数进行运算数相除，结果为单精度型；但一个长整型数与一个单精度型数运算，结果则为双精度型，依次类推。

上例中若把 x 或 y 任一个说明为长整型，则计算可以正常进行。

注意：除法运算是个例外，除了两个单精度数相除，结果为单精度型，其他数值类数据相除，结果均为双精度型。

4.5　赋值语句

1. 赋值语句的形式

赋值语句的一般形式如下：

   var = <表达式>

其中，var 表示某个变量名或属性名。当系统执行一个赋值语句时，将先求出赋值操作符"="右边表达式的值，然后再把该值保存到"="左边的变量中。这就是所谓的"赋值"。

使用赋值语句可使变量或某个对象的某属性获得一个新值。例如：

x = "This is a flower"
number% = 72
Lable1. Caption = "Filename is:"
Text1. Font. Size = 12   '改变字号
Y = (a + b)/2

使用赋值语句还可以获取一个对象返回的当前属性值。在应用程序中,常常需要知道一个对象当前的属性值,以决定下一步要做些什么处理。比如在文本框中输入需要处理的数据,再利用赋值语句把它赋给某个变量。一般形式如下：

var = Object. Property

式中,var 是变量名,Object 是对象名,Property 是该对象的某个属性名。特别注意：属性也存在数据类型,所以在获取对象的属性值时,最好使用具有相同数据类型的变量(或使用转换函数进行类型转换)。

在程序中,赋值语句以及各种操作对象的方法语句等,都是顺序执行的。

2. 不同数据类型数据的赋值

如果一个赋值语句左边变量的数据类型与右边表达式的数据类型不同,系统将视具体情况作出不同的处理：

- 如果变量与表达式都是数值类型,系统先求出表达式的值,在将其转换为变量类型后再赋值。
- 如果变量为字符型,而表达式为数值类型(算术表达式),则系统将把表达式的值转换为字符型赋给变量。
- 如果变量为逻辑型,而表达式为数值类型,则所有的非0值,系统都转换为True赋给变量,0则转换为False赋给变量。
- 把一个逻辑值True赋给一个整型变量,变量的值将为-1；把逻辑值False赋给整型变量,变量的值为0。
- 把一个逻辑值True赋给一个字符变量,变量的值将为True；把逻辑值False赋给字符变量,变量的值为False。
- 把一个字符型的非数字串数据赋给数值变量,系统将给出数据类型不匹配的错误提示,并停止执行。

图 4-3 是一个说明不同数据类型数据赋值方式的简单程序示例。

示例程序的变量 b、n、s 分别被说明为逻辑型、整型与字符型。当给逻辑型变量赋以不同的整数时,程序正常执行,只有在给一个整型变量赋以字符型数据时,程序才给出了"类型不匹配"的错误信息。

图 4-3

4.6　Visual Basic 公共函数

所谓公共函数是由系统提供的,可在任何一个 VB 程序中随时使用的程序段。每个程序段用于进行某个特定的运算或处理,如求某个数的平方根,把某个数据类型的数据变换成另一种类型等。

每个函数都有系统规定的函数名。例如,Sqr 就是求平方根函数的函数名。

使用函数称为函数调用。函数调用形式如下:

　　<函数名>(p1,p2,…)

其中,p1,p2,…是调用函数时的自变量序列,自变量的个数、排列次序和数据类型应和函数规定的参数相同。例如,要求 2.5 的平方根,只要在程序中的算术表达式中写上 Sqr(2.5)即可。在一个包含有函数的表达式进行运算时,系统将优先进行函数调用(运算)。

公共函数是 VB 的重要组成部分。利用 VB 提供的帮助功能,可以方便地获取各个函数的功能和用法,请读者自行练习。

4.6.1　算术函数

算术函数用于完成各类算术运算。表 4-6 是 VB 常用的算术函数。

表 4-6

函数名	功　　能
Sqr(x)	求平方根值,x≥0
Log(x)	求自然对数,x>0
Exp(x)	求以 e 为底的幂值,即求 e^x
Abs(x)	求 x 的绝对值
Hex[$](x)	求 x 的十六进制数值
Oct[$](x)	求 x 的八进制数值
Sgn(x)	求 x 的符号,当 x>0,返回 1;当 x=0,返回 0;当 x<0,返回 −1
Rnd[(x)]	产生一个在[0,1)区间均匀分布的随机数,若 x=0,则给出的是上一次利用本函数产生的随机数
Sin(x)	求 x 的正弦值,x 单位是弧度
Cos(x)	求 x 的余弦值,x 单位是弧度
Tan(x)	求 x 的正切值,x 单位是弧度
Atn(x)	求 x 的反正切值,函数返回的是主值区间的弧度值

上面的 Log 函数是求自变量 x 的自然对数;Exp 函数是求自然对数的底 e 的幂值,即求 e^x。使用时还应注意函数的定义域(如平方根函数 Sqr 自变量 x 必须大于等于 0 等)以及函数与自变量的数据类型。另外,三角函数的自变量单位是弧度,因此,在使用三角函数求角

度的函数值时,应当把角度值转换为弧度值。以下是上述函数应用的部分示例:

  Print sqr(2.5)　　　　　　　　　　'在窗体上输出 2.5 的平方根
  X = 2.5 : Y = Log(X)　　　　　　　'将 2.5 的自然对数值赋给变量 Y
  X = 30 : Print Sin(X * 3.14159/180)　'在窗体上输出 sin30°的值

4.6.2　字符函数

字符函数用于实现字符变量或常量的处理。表 4-7 是 VB 常用的字符函数。

表 4-7

函数名	功　　能
Len(x)	求 x 字符串的长度(字符个数)
Left[$](x,n)	从 x 字符串左边起取 n 个字符
Right[$](x,n)	从 x 字符串右边起取 n 个字符
Mid[$](x,n1,n2)	从 x 字符串左边第 n1 个位置开始向右起取 n2 个字符
UCase[$](x)	将 x 字符串中所有小写字符改为大写字符
LCase[$](x)	将 x 字符串中所有大写字符改为小写字符
LTrim[$](x)	去掉 x 左边的空格
RTrim[$](x)	去掉 x 右边的空格
InStr([n,]x,"字符串")	从 x 的第 n 个位置起查找给定的字符串,返回该字符串在 x 中的位置,n 的缺省值为 1
String[$](n,"字符")	得到由 n 个给定字符组成的一个字符串
Space[$](n)	得到 n 个空格

注意:函数名中用方括号括起来的 $ 可有可无。上面的 Len 函数,功能是返回自变量 x 字符串的长度,也就是 x 中的字符个数,如果 x 是字符串;Left、Right 和 Mid 函数的功能是分别从字符串变量 x 的左边、右边或中间取若干个字符,请特别注意各个自变量的意义;UCase 与 LCase 函数用于变换自变量 x 中字符的大小写;LTrim 与 RTrim 函数分别用于去掉 x 中左边或右边的空格;InStr 函数又称为查找函数,用于在 x 字符串中查找给定字符串是否存在,如果存在,则返回其最先出现的位置,若不存在,则返回 0。例如,执行语句:

  St = "Visual Basic"
  Print Len(St),Left(St,6),LTrim(Right(St,6)),Mid(St,5,8)
  Print InStr(St,"Bas")

结果如下:

  12　　　　Visual　　　Basic　　　al Basic
  8

4.6.3　转换函数

转换函数用于实现不同类型数据的转换。表 4-8 是 VB 常用的转换函数。

表 4-8

函数名	功能
Str[$](x)	将数值型数据 x 转换成字符串(含符号位)
Val(x)	将字符串 x 中的数字转换成数值(双精度型)
Chr[$](x)	返回以 x 为 ASCII 代码值的字符
Asc(x)	给出字符 x 的 ASCII 代码值(十进制数)
Int(x)	取小于等于 x 的最大整数
Fix(x)	将数值型数据 x 的小数部分舍去
CInt(x)	将数值型数据 x 的小数部分四舍五入取整 *
CBool(x)	将任何有效的字符串或数值转换成逻辑型
CByte(x)	将 0~255 之间的数值转换为字节型
CDate(x)	将有效的日期字符串转换成日期
CCur(x)	将数值型数据 x 转换成货币型数据
CLng(x)	将数值型数据 x 转换成长整数,小数部分四舍五入
CDbl(x)	将数值型数据 x 转换成双精度数
CSng(x)	将数值型数据 x 转换成单精度数
CVar(x)	将数值型数据 x 转换成变体型,x 若为数值型,则取值范围同双精度数;x 若为字符型,则取值范围同字符型数
CStr(x)	将 x 转换成字符串型,若 x 为数值型,则转为数字字符串(对于正数,符号位不予保留)

Str 函数的功能是将作为自变量的数值转换成字符形式存储;而 Val 函数则把作为自变量的字符串中的数字转换成可以进行计算的数值形式。例如:

St = Str(25.14) : a = Val("25.14fab")

则变量 St 中保存的是"25.14"(注意,前面有一个表示符号位的空格);单精度变量 a 中保存的是数值 25.14。

Chr 函数的自变量为 0~255 之间的整数,使用该函数,将返回与该数值对应的 ASCII 代码字符;Asc 函数的自变量则为一个字符,使用它将返回该字符对应的 ASCII 代码对应的十进制数值。例如:

Print Chr(65), Asc("b")   结果为: A   98

Int 函数也称为取整函数,取小于或等于自变量 x 的最大整数。例如:

Print Int(3.7), Int(3.4), Int(-4.8), Int(-4.3)   结果为: 3 3 -5 -5

Fix 函数也称为截断函数,将取掉自变量的小数部分,仅返回整数部分值。例如:

Print Fix(3.7), Fix(3.4), Fix(-4.8), Fix(-4.3)   结果为: 3 3 -4 -4

注意:Int 函数与 Fix 函数返回值的类型仍为双精度型。

转换函数中以字母"C"开头的函数,称为 C 族函数。在表达式运算或给变量赋值时,当

出现数据类型不匹配的状况,系统总是按 C 族函数的方式自动进行类型转换,再进行运算处理。例如:

  Dim a As Integer

则语句 a = 3.7 与 a = CInt(3.7)结果完全相同。

  函数 CInt 与 CLng 的运算规则是:当小数部分 > 0.5 时,则进位加 1;当小数部分 < 0.5 时,则舍去;若小数部分 = 0.5,则以整数位得到偶数进行取舍。例如:

  Print CInt(3.51),CInt(3.49),CInt(2.5),CInt(3.5) 结果是:4 3 2 4

设运算结果 x = 18.75348,若希望输出时保留小数点后三位,可使用以下表达式:

  Int(x * 1000 + 0.5)/1000 或 CInt(x * 1000)/1000

另外,请注意函数 CStr 与 Str 的区别。在进行转换时,CStr 函数不会在一个正数前增添表示正号的符号位。

4.6.4 日期与时间函数

表 4-9 是 VB 提供的与日期和时间有关的函数。

表 4-9

函数名	功 能
Date[$]	返回系统当前的日期
Time[$]	返回系统当前的时间
Now	返回系统当前的日期和时间
Year(x)	X 应为一有效的日期变量、常量或字符表达式,本函数返回一个表示 x 的年号的整数
Month(x)	X 应为一有效的日期变量、常量或字符表达式,本函数返回一个表示 x 的月份的整数
Day(x)	X 应为一有效的日期变量、常量或字符表达式,本函数返回 1~31 之间的整数,表示是一个月的第几日
Weekday(x[,c])	X 应为一有效的日期变量、常量或字符表达式,c 是用于指定星期几为一个星期第一天的常数,缺省时表示一周的星期天为第一天

除了上面列举的函数之外,VB 还提供了许多用于其他处理的函数。比如用于输入与输出的函数、用于处理数组的函数、用于处理文件操作的函数等。这些函数在任何程序中都可以不需说明直接使用,非常方便。读者可以通过 VB 的帮助系统查阅到各种函数的功能及使用方法的信息。在使用函数时应特别注意以下几点:

- 必须准确地掌握函数的功能;
- 必须使用正确的函数名;
- 必须注意函数及各个自变量的数据类型、各个自变量的意义和允许的数值范围。

4.6.5 格式化函数 Format

格式化函数 Format[$]是专门用于将数值、日期和时间数据按指定格式输出的函数。

它的一般形式如下：
    Format[$](<算术表达式> ,fmt$)
式中 fmt$ 是用于格式控制的字符串。
    格式控制字符有：
    #、0、.、,、%、$、–、+、(、)、E+、E–
其中,#、0 是数位控制符;.、, 是标点控制符;E+ 和 E– 是指数输出控制符;其他是符号控制符。
    设双精度型变量 x = 123456.78,下面是采用不同格式字符组成的格式控制字符串输出 x 的示例：
    Print Format(x,"00000000.0000")
    Print Format$(x,"############")
    Print Format$(x,"###,###,###.#")
    Print Format$(x,"########%")
    若执行上述代码,窗体显示如下：
    00123456.7800
    123457
    123,456.8
    12345678%
    第一行由于 x 的位数少于控制字符串的位数,所以自动在前后补 0;第二行由于 x 的位数少于控制字符串的位数,但无小数点,所以先四舍五入取整后输出(左对齐,不留空格);第三行增加了千分位分隔符和小数点,使 x 四舍五入到一位小数后输出;第四行则强制以百分数形式输出(x 乘 100 后再加上百分号)。
    其他控制字符的作用及用法,读者可自行练习。
    有关日期数据的格式控制字符及用法,也请参阅 VB 手册或随机帮助文档。
    Format 函数仅用于控制数据的外部输出形式,不会改变数据在计算机内部的存储形式。

4.7 InputBox 函数与 MsgBox 函数

4.7.1 InputBox 函数

InputBox 函数用来接受用户通过键盘输入的数据。该函数返回值的类型为字符类型。InputBox 函数使用的形式如下：
    v = InputBox(Prompt[,Title][,Default][,x,y][,Helpfile,Context])
式中,v 可以是变体型变量或字符串型变量,也可以是数值型变量(若输入内容不可转换成数值型数据,将会产生运行错误)。
    在调用 InputBox 函数时,屏幕上将产生一个带有提示信息的对话框,用户输入数据后按回车键或用鼠标单击"确定"按钮,即可把输入的数据赋给变量;按"Esc"键或单击"Cancel"按钮,则返回空串。

InputBox 函数的各个参数的意义如下：
- Prompt：提示用的文字信息。
- Title：对话框标题(字符型)，缺省时，为工程名。
- Default：显示在用户编辑框中的缺省值，缺省时，返回空值。
- x,y：对话框在屏幕上显示时的位置，单位是特维，(x,y)是对话框左上角点的坐标。
- Helpfile、Context：帮助文件名及帮助主题号。有本选项时，在对话框中自动增加一个帮助按钮。

请看一个简单的应用示例：

```
Private Sub Cmd1_Click( )
    Dim N_student As String
    N_student = InputBox("请输入你的学号：","程序示例",230001)
    If Left(N_student,2) = "23" Then
        Print "你是工程系的学生!"
    Else
        Print "你不是工程系的学生!"
    End If
End Sub
```

图 4-4 是本程序执行含有 InputBox 函数的语句时显示的画面。文本框中显示的是缺省值，使用程序的人也可输入新的学号，输入后单击"确定"按钮，程序继续执行。

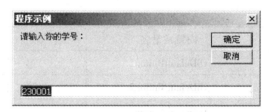

图 4-4

4.7.2　MsgBox 函数

MsgBox 函数用于向用户发布提示信息，并要求用户作出必要的响应。MsgBox 函数的形式如下：

　　MsgBox(Prompt[,Buttons][,Title][,Helpfile,Context])

式中各个参数的意义如下：
- Prompt：提示用的文字信息；
- Buttons：这是一个由 4 个数值常量组成的式子，形式为 $c_1 + c_2 + c_3 + c_4$，用于决定信息框中按钮的个数和类型以及出现在信息框中的图标类型，各个参量的可选值及其功能见表 4-10(凡有 0 值的参量，0 值为缺省值)。

表 4-10

(a)

c1 的取值	内置常量名	意 义
0	VbOkOnly	只显示"确定"按钮
1	VbOkCancel	显示"确定"和"取消"按钮
2	VbAbortRetryIgnore	显示"终止"、"重试"和"忽略"按钮
3	VbYesNoCancel	显示"是"、"否"和"取消"按钮
4	VbYesNo	显示"是"和"否"按钮
5	VbRetryCancel	显示"重试"和"取消"按钮

(b)

c2 的取值	内置常量名	意 义
16	VbCritical	显示关键信息图标
32	VbQuestion	显示警示疑问图标
48	VbExclamation	显示警告信息图标
64	VbInformation	显示通知信息图标

(c)

c3 的取值	内置常量名	意 义
0	vbDefaultButton1	第一个按钮为缺省按钮
256	vbDefaultButton2	第二个按钮为缺省按钮
512	vbDefaultButton3	第三个按钮为缺省按钮

(d)

c4 的取值	内置常量名	意 义
0	vbApplicationModel	应用程序模式,用户在当前应用程序继续执行之前,必须对信息框做出响应;信息框位于最前面
4096	VbSystemModel	系统模式,所有应用程序均挂起,直到用户响应该信息框为止

- Title:信息框标题(字符型),缺省时,为空白。
- Helpfile、Context:帮助文件名及帮助主题号。有本选项时,在信息框中自动增加一个帮助按钮。

MsgBox 函数根据用户选择单击的按钮而返回不同的值,参见表 4-11。

表 4-11

按钮名	内置常量	取 值
OK(确定)	vbOK	1
Cancel(取消)	vbCancel	2
Abort(终止)	vbAbort	3
Retry(重试)	vbRetry	4
Ignore(忽略)	vbIgnore	5
Yes(是)	vbYes	6
No(否)	vbNo	7

MsgBox 函数有以下几种使用方法：

① 使用赋值语句。例如：

　　ans = MsgBox("非法数据!",48,"提示信息")

② 使用 Print 方法。例如：

　　Print MsgBox("非法数据!",48,"提示信息")

③ 也可以把它作为一个语句使用。例如：

　　MsgBox "非法数据!",48,"提示信息"

图 4-5

三种方法在执行时都可以获得如图 4-5 所示画面。但第二、三种用法将得不到用户点击不同按钮的返回值(或没有返回值)。

习　题

一、选择题

1. 下列叙述错误的是＿＿＿＿。

　A. 以.frm 为扩展名的文件是窗体模块文件

　B. 以.bas 为扩展名的文件是标准模块文件

　C. 窗体模块文件包含该窗体及其窗体上相关控件的属性信息

　D. 标准模块文件可包含事件过程、通用过程等内容

2. 数学表达式 $\dfrac{x^5 - \cos 29°}{\sqrt{e^x + \ln y} + 5}$ 对应的 VB 表达式是＿＿＿＿。

　A. (x ^ 5 − cos(29))/Sqr(e ^ x + ln(y)) +5

　B. (x ^ 5 − cos(29))/(Sqr(Exp(x) + log(y)) +5)

　C. (x ^ 5 − cos(29 ∗ 3.14159 / 180))/(Sqr(Exp(x) + log(y)) +5)

　D. (x ^ 5 − cos(29 ∗ 3.14159 / 180))/(Sqr(e ^ x + log(y)) +5)

3. 数学表达式 $\sqrt{xy^3} + \left| \dfrac{e^x + \sin^3 x}{x - y} \right|$ 对应的 VB 表达式是＿＿＿＿。

　A. Sqr(x ∗ y^3) + Abs(Exp(x) + sin(x)^3/(x − y))

B. Sqr(x * y^3) + Abs((Exp(x) + sin(x)^3)/(x - y))

C. Sqr(x * y^3) + Abs(Exp(x) + sin(x)^3/x - y)

D. Sqr((x * y)^3) + Abs((Exp(x) + sin(x)^3)/(x - y))

4. 已知 X < Y, A > B, 则下列表达式中结果成立的是_____。

   A. Sgn(X - Y) + Sgn(A - B) = -1　　B. Sgn(X - Y) + Sgn(A - B) = -2

   C. Sgn(Y - X) + Sgn(A - B) = 2　　D. Sgn(Y - X) + Sgn(A - B) = 0

5. 下列能够正确表示条件"X ≤ Y < Z"的 VB 逻辑表达式是_____。

   A. X ≤ Y < Z　　B. X ≤ Y Or Y < Z

   C. X <= Y And Y < Z　　D. X <= Y < Z

6. 下面的表达式中运算结果为 True 的是_____。

   A. "abcrd" <= "ABCRD"　　B. Int(134.69) <= CInt(134.69)

   C. 3 > 2 > 1　　D. Mid("Visual", 1, 4) = Right("lausiV", 4)

7. 若使逻辑表达式 x > y Xor y < z 结果为 True,则在下列选项中 x、y、z 的取值应为_____。

   A. x = 3、y = 3、z = 4　　B. x = 2、y = 1、z = 2

   C. x = 1、y = 3、z = 2　　D. x = 2、y = 2、z = 2

8. 下列语句中不能正常执行(正常执行是指系统不给出出错提示)的是_____。

   A. Print 32765 + 3　　B. Print 5 + 7 = 14

   C. Print 256 / 128　　D. Print "14" + 32

9. 设变量 A 为长整型,则下面不能正常执行的语句是_____。

   A. A = 32768 * 2　　B. A = 2 * 1.5 * 16384

   C. A = 16384 * 2　　D. A = 190 ^ 2

10. 设变量 I 和 J 是整型变量,K 是长整型变量。I 已赋值 32763,J 和 K 分别赋值 5。若接着执行以下语句,可正确执行的是_____。

    A. I = I + K　　B. J = I + K

    C. K = I + J + K　　D. K = K + I + J

11. 表达式 3 * 5 ^ 2 Mod 23\3 的值是_____。

    A. 2　　B. 5　　C. 6　　D. 10

12. 下列字符运算表达式中,其功能与函数 Mid(s, i, i) 相同的是_____。

    A. Left(s, i) & Right(s, Len(s) - i)

    B. Left(Right(s, Len(s) - i + 1), i)

    C. Left(Right(s, i), Len(s) - i + 1)

    D. Left(s, Len(s) - i) & Right(s, i)

13. 设 x 为字符型变量,n 为整型变量,下列关于 Mid 函数用法的叙述错误的是_____。

    A. Mid(x, n) 表示从字符串 x 的第 n 个位置开始向右取所有字符

    B. 通过给 Mid 函数赋值,可以替换字符串中指定位置的内容

    C. Mid(x, n, 1) 的取值与 Left(x, n) 的取值相同

    D. 使用 Mid 函数可提取字符串中指定位置、指定个数的字符

14. 表达式 InStr(4, "abcabca", "c") + Int(2.5) 的值为_____。
    A. 7   B. 8   C. 5   D. 9

15. 执行语句代码 Print Format(7543.568, "##,##0.00"),以下答案中正确的是_____。
    A. 7543.57   B. 7,543.56
    C. 7,543.57   D. 7,543.56

16. 下列语句错误的是_____。
    A. N = InputBox("输入 N:", , 5)   B. InputBox("输入 N:", , 5)
    C. MsgBox "请回答"   D. K = MsgBox("请回答")

17. 下列关于 MsgBox 函数的说法正确的是_____。
    A. MsgBox 函数有返回值,且返回值类型为数值型
    B. MsgBox 函数没有返回值
    C. MsgBox 函数有返回值,且返回值类型为字符型
    D. 通过 MsgBox 函数中的第一个参数,可以设置信息框中的图标以及按钮的个数与类型

18. 下列有关 MsgBox 语句的说法正确的是_____。
    A. MsgBox 语句的返回值是一个整数
    B. 执行 MsgBox 语句并出现信息框后,不用关闭信息框即可执行其他操作
    C. MsgBox 语句的第一个参数不能省略
    D. 如果省略 MsgBox 语句的第三个参数(Title),则信息框的标题为空

二、填空题

1. 如果编写的过程要被多个窗体及其对象调用,可将这些过程放在_____模块中。
2. 事件过程由_____调用执行,通用过程由_____调用执行。
3. VB 的数据类型有_____种。
4. 下列常量中属于字符串型常量的有_____,日期型常量的有_____,表示形式不正确的是_____。
   ① "I am a student."、② "江苏南京"、③ #02/25/1999#、④ #January 1, 1993#、⑤ "02/25/1999#、⑥ #January 1, 1993"
5. 下列符号名中可作为 VB 合法的变量名的有_____。
   ① blnFrag、② _a5b、③ lngNum、④ Area_Triangle、⑤ User&Input、F. 5Name。
6. 变量作用域包括_____个等级。可用于说明过程级变量的语句定义符有_____。
7. 数学式 $\dfrac{a}{b+\dfrac{c}{d}}$ 对应的算术表达式是_____。
8. 数学式 $\sqrt[3]{x}+\sqrt{x^2+1}$ 对应的算术表达式是_____。
9. 数学式 $\ln(y+\cos^2 x)$ 对应的算术表达式是_____。
10. 数学式 $\dfrac{1}{2}\left(\dfrac{d}{3}\right)^{2x}$ 对应的算术表达式是_____。
11. 数学式 $\left|\dfrac{e^x+\sin^3 x}{x+y}\right|$ 对应的算术表达式是_____。

12. 数学式 $\ln\left(\dfrac{e^{xy}+|\tan^{-1}z+\cos^3 x|}{x+y-z}\right)$ 对应的算术表达式是_____。

13. 根据图 4-6 填空：

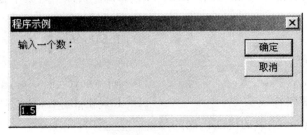

图 4-6

　　　　z = InputBox(_____,_____,_____)

14. 根据图 4-7 填空：显示如下信息框的 MsgBox 函数是_____。

图 4-7

三、编程题

编写一个输入三角形的两个边长以及夹角的角度数，求三角形的面积的程序。①

---

① 读者可参照书中例题或依据题目要求自行设计编写程序题的界面(以下同)

第5章 选择分支与循环

选择分支与循环是非常重要的两种基本算法结构。选择分支可依据判决条件的满足与否,控制程序去执行不同的操作;循环可依据循环控制条件控制给定操作的重复执行。它们又统称为"控制结构"。只有学习和熟练地掌握了控制结构的相关语句,才能学会设计出解决一般实际问题的应用程序。

5.1 分支结构与分支结构语句

选择分支结构是程序的基本算法结构之一。VB 提供了实现分支结构的相关语句。

5.1.1 If-Then-Else-End If 结构语句

本结构语句的一般形式如下:
  If e Then
    [A 组语句]
  Else
    [B 组语句]
  End If

本结构语句执行过程与图 2-3(b)完全一致。其中 e 为判决条件,它可以是逻辑变量、关系表达式或逻辑表达式。当 e 的值为 True 时,就执行 A 组语句,接着执行 End If 的下一条语句;否则就执行 B 组语句,接着执行 End If 的下一条语句。

图 2-3(b)中的算法结构,还有多种变形。比如图 5-1 和图 5-2 的结构,前者称为不对称分支;后者称为多分支。

图 5-1 的结构可用以下的结构语句实现:
  If e Then
    A 组语句
  End If

当 A 组语句仅有一个时,图 5-1 的结构还可以简化为:
  If e Then <语句>

例如,程序代码

```
        If Text1.Text = "" Then          '当文本框中文本为空时,则使文本框成为焦点
            Text1.SetFocus
        End If
```
就可以简化为
```
                                         '当文本框中文本为空时,则使文本框成为焦点
        If Text1.Text = "" Then Text1.SetFocus
```
二者执行结果完全相同。

图 5-2 的结构则可用下面的结构语句实现:
```
        If e1 Then                       '如果 e1 为 True 则执行 A1 组语句
            A1 组语句
        ElseIf e2 Then                   '如果 e1 为 False,而 e2 为 True,则执行 A2 组语句
            A2 组语句
            …
        End if
```

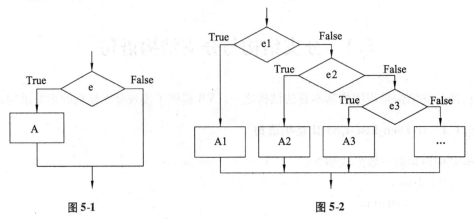

图 5-1　　　　　　　　　　　图 5-2

【例 5-1】 已知三角形三个边的长度,设计求此三角形面积的程序。

问题分析:设三角形的三个边分别为 a、b、c,从数学上已知,只有当 $a+b>c$ 且 $a+c>b$ 且 $b+c>a$ 时,三角形存在,其面积

$$S = \sqrt{p(p-a)(p-b)(p-C)}$$

式中:

$$p = (a+b+c)/2$$

算法说明:根据问题分析,可得到图 5-3 的算法流程图。用户界面设计如图 5-4 所示。程序界面主要由四个文本框和三个命令按钮组成,五个标签用于说明,为简便起见,窗体和各个控件对象的 Name 属性均使用缺省名。在 a:、b:、c:三个标签后的文本框中输入三角形边长数据,单击"计算"按钮,给出计算结果。如果给出的数据构不成三角形,则在计算结果的文本框中给出"数据错误"的信息。单击"清除"按钮,将清除文本框中已有数据,为下一次计算做准备。单击"结束"按钮,则关闭程序。

依据图 5-3 的算法,设计程序代码如下(用户界面各元素的属性设置略):

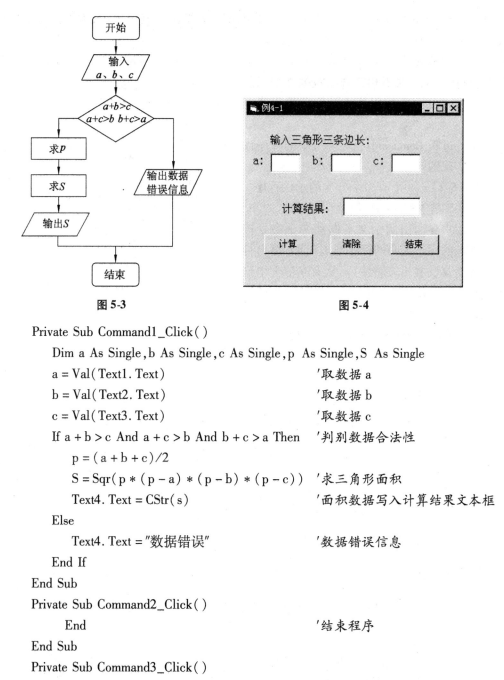

图 5-3　　　　　　　　　　图 5-4

```
Private Sub Command1_Click( )
    Dim a As Single,b As Single,c As Single,p As Single,S As Single
    a = Val(Text1.Text)                      '取数据 a
    b = Val(Text2.Text)                      '取数据 b
    c = Val(Text3.Text)                      '取数据 c
    If a + b > c And a + c > b And b + c > a Then   '判别数据合法性
        p = (a + b + c)/2
        S = Sqr(p * (p - a) * (p - b) * (p - c))    '求三角形面积
        Text4.Text = CStr(s)                 '面积数据写入计算结果文本框
    Else
        Text4.Text = "数据错误"               '数据错误信息
    End If
End Sub
Private Sub Command2_Click( )
    End                                      '结束程序
End Sub
Private Sub Command3_Click( )
    Text1.Text = ""                          '清除原有数据
    Text2.Text = ""
    Text3.Text = ""
    Text4.Text = ""
    Text1.SetFocus                           '将 Text1 置为焦点
End Sub
```

程序说明：使用文本框接受输入的数值型数据时,由于文本框的 Text 属性是字符串型的,所以使用了转换函数 Val(x)将由文本框输入的数据转换成数值型;而将计算结果赋给文本框的 Text 属性时,又使用了 CStr(x)函数将数值型数据转换成字符串型。但由于赋值语句执行时,也会对不相符合的数据类型强制进行转换,因此,不使用这些转换函数程序也能执行。

事件过程 Command1_Click()中的程序代码用于实现图 5-3 的算法。

【例 5-2】 一个有多个分支的示例程序。

图 5-5 是本程序的算法流程图。

设用户界面由两个文本框和一个命令按钮及相应的用于说明的标签组成(读者可自行设计界面及设置相关属性)。从文本框 1 中输入测试数据,单击命令按钮,在文本框 2 中给出测试结果。程序代码如下:

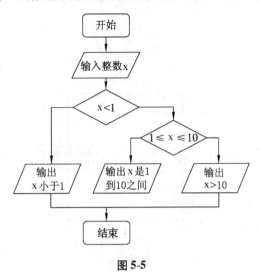

图 5-5

```
Private Sub Command1_Click()
    Dim x As Integer
    x = Val(Text1.Text)
    If x < 1 Then
        Text2.Text = "这是小于 1 的数"
    ElseIf x <= 10 Then
        Text2.Text = "这是 1 到 10 之间的数"
    Else
        Text2.Text = "这是大于 10 的数"
    End If
End Sub
```

5.1.2 IIf 函数

IIf 函数的功能是根据自变量中表达式的值,返回不同的结果。IIf 函数的调用形式如下:

IIf(exp,truepart,falsepart)

其中,自变量 exp 为表达式,当 exp 的值为 True 时,函数返回 truepart 部分表达式的值,否则返回 falsepart 部分表达式的值。

例如,执行语句

St = IIf(x > 1000,"x 大于 1000","x 小于等于 1000")

当 x 的当前值大于 1000 时,函数返回"x 大于 1000",否则返回"x 小于等于 1000"。

5.1.3 Select-Case-End Select 结构语句

本结构语句提供了实现多分支结构的另一种方法。它的一般形式如下:

```
Select Case e
    Case c1
        A 组语句
    Case c2
        B 组语句
    …
    Case Else
        n 组语句
End Select
```

其中,e 称为测试表达式,可以是算术表达式或字符表达式;c1,c2,…是测试项,它们可取三种形式:

(1) 枚举形式:<表达式 1>,<表达式 2>,…。例如,3,5,7.2;"a","b","z"(当测试表达式是字符表达式时)。

(2) 区间形式:<表达式 1> To <表达式 2>。例如,8 To 20;"B" To "H"(当测试表达式是字符表达式时)。

(3) 关系形式:Is <关系运算符><表达式>。例如,Is > 20;Is <= "P"等。

要注意 Case 后面的测试项中不能出现 Select Case 后的<测试表达式>中的变量。测试项还可以是这三种形式的组合,例如:

  4,7 To 9,Is > 30

本结构的执行方式是:先求测试表达式的值,接着逐个检查每个 Case 语句的测试项,如果测试表达式的值满足某个 Case 语句中的某个测试项,系统就执行该 Case 语句下的那组语句;若没有一个测试项满足要求,就执行 Case Else 下的语句。本组语句执行完后,跟着执行 End Select 语句的下一条语句。

例 5-2 的程序代码也可使用本结构语句实现:

```
Private Sub Command1_Click( )
    Dim x As Integer
    x = Val(Text1.Text)
    Select Case x
        Case Is < 1
            Text2.text = "这是小于 1 的数"
        Case 1 To 10
            Text2.Text = "这是 1 到 10 之间的数"
        Case Else
            Text2.Text = "这是大于 10 的数"
    End Select
End Sub
```

5.2 循环结构与循环结构语句

循环结构也是程序的基本算法结构。所谓循环,就是重复地执行某些操作。前面已介绍了两种基本的循环结构:当型结构和直到型结构,并给出了两种循环结构的图形表示[图2-3(c1)和图2-3(c2)]。实际上,每种循环结构又有两种不同的执行方式。图5-6和图5-7分别是当型循环和直到型循环不同执行方式的流程图。由图5-6和图5-7可以看出,每种循环结构的两种形式的区别是一个是先进行判断,再根据判决结果执行或不执行(即结束循环)循环体;另一个则是先执行一次循环体,再进行判别,以决定是否再次执行循环体。

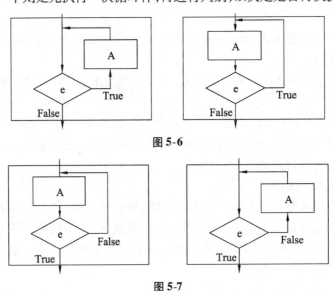

图 5-6

图 5-7

VB 提供了相应的语句用于实现各种类型的循环。

5.2.1 Do-Loop 循环结构语句

Do-Loop 循环结构语句有四种形式:

```
Do While e              Do
  …                       …
  [Exit Do]               [Exit Do]
  …                       …
Loop                    Loop While e

Do Until e              Do
  …                       …
  [Exit Do]               [Exit Do]
  …                       …
Loop                    Loop Until e
```

前两种形式分别对应图 5-6 中的两种当型结构；后两种形式则分别对应图 5-7 中的两种直到型结构。在 Do 语句和 Loop 语句之间的语句即为循环体语句。循环体中，可以包括一个或多个 Exit Do 语句，如果程序执行到 Exit Do 语句时，就会直接退出循环，转而执行 Loop 语句的下一条语句。

Exit Do 语句最常用的形式是与 If-Then 语句相结合，即

    If e Then Exit Do

在执行循环体时，如果条件 e 被满足，则执行 Exit Do 语句直接退出循环。

【例 5-3】 设计采用欧几里德算法求解两个自然数的最大公约数的程序。

问题分析及界面设计：本问题的算法前面已经给出，界面则可参照例 5-1 设计。由于输入的数据 M 和 N 要求是自然数，所以在程序中应加入对数据的合法性进行检验的部分；考虑到程序的应用范围，数据类型可选用长整型。

本例中使用了求余（数）运算符 Mod。在使用 Mod 运算符时，切记应在它的前后各加一个空格，而不要把用 Mod 运算符连接的两个变量与运算符混在一起，造成错误。如求 m 除以 n 的余数，应写成：

    m Mod n

设计好的用户界面（图 5-8）及程序代码如下：

图 5-8

```
    Private Sub Command3_Click( )
        End                                '结束程序
    EndSub
    Private Sub Command2_Click( )
        Text1.Text = "               '清除文本框 1
        Text2.Text = ""                    '清除文本框 2
        Text3.Text = ""                    '清除文本框 3
        Text1.SetFocus                     '将文本框 1 设为焦点
    End Sub
    Private Sub Command1_Click( )
        Dim m As Long, n m As Long, r As Long
        m = Val( Text1.Text )              '取数据 M
        n = Val( Text2.Text )              '取数据 N
        If m < 1 Or n < 1 Then             '检验数据合法性
            Text3.Text = "数据错误!"
        Else
            Do                             '求最大公约数
                r = m Mod n
                m = n
                n = r
            Loop Until r = 0
```

```
                Text3.Text = CStr(m)              '输出最大公约数
            End If
        End Sub
```

VB 还提供了另一种实现当型循环的结构语句:
　　While e
　　　<循环体语句>
　　Wend
当条件 e 为 True 时,可重复执行循环体语句。

5.2.2　For-Next 循环结构语句

如果事先已知循环次数,则可使用 For-Next 循环结构语句。它的一般形式如下:
```
        For v = e1 To e2 [Step e3]
            …
            [Exit For]
            …
        Next v
```
式中,v 是循环控制变量,应为整型或单精度型。e1、e2 和 e3 是控制循环的参数,e1 为初值,e2 为终值,e3 为步长。当 e3 = 1 时,step e3 部分可以省略。For 语句和 Next 语句之间的诸语句即为循环体。

For-Next 循环结构语句的执行方式如下:
- 执行 For 语句,系统将做以下操作:
  ◇ 计算 e1、e2 和 e3 的值(如果 e1、e2、e3 为算术表达式)。
  ◇ 给 v 赋初值。
  ◇ 进行判别:判断 v 的值是否超过 e2,即当 e3 > 0(步长为正数)时,判 v > e2 否;当 e3 < 0(步长为负数)时,判 v < e2 否,如果未超过,则执行循环体;如果超过了,则退出循环,去执行 Next 语句的下一语句。
- 执行 Next 语句,系统执行下述操作:
  ◇ v 增加一个步长,即执行 v = v + e3;转而执行判别操作。

图 5-9 是 For-Next 循环执行方式的流程图。

注意:三个循环参数 e1、e2 和 e3 中包含的变量如果在循环体内被改变,不会影响循环的执行次数;但循环控制变量若在循环体内被重新赋值,则循环次数有可能发生变化。

For-Next 循环的正常循环次数可用下式计算:
　　循环次数 = Int((e2 - e1)/e3) + 1
例如,执行下面的程序代码:
　　Private Sub Form_Click()

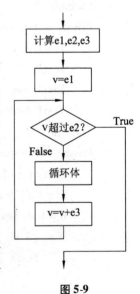

图 5-9

```
Dim i As Integer
For i = 1 To 10 Step 2
    Print i;
Next i
Print : Print "i = "; i
End Sub
```

窗体上的显示如图 5-10 所示。它表明循环一共执行了 5 次,退出循环时,i 的取值为 11。

由于数据在计算机内部均是以二进制数形式存储的,十进制整数可准确转换为二进制数形式,而带小数点的十进制数在转换为单精度数或双精度数时则多半存在数制转换误差。如果使用非整型数做循环控制变量,循环参数也使用非整型数,那么循环次数就有可能发生意

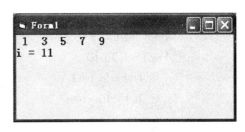

图 5-10

想不到的变化。所以应尽可能避免使用非整型数控制循环的执行。注意,若循环控制变量为整型,而循环参数 e1、e2、e3 的值为实数时,系统将按 CInt 函数的方式,将其转换为整数后,再分别作为循环的初值、终值和界长。

【例 5-4】 编写一个程序求 1~10 这十个数的和与连乘积。

求若干个数之和或若干个数的连乘积,可采用"累加"与"累乘"法进行。累加法是设置一个存放和数的变量,称为"累加器",它的初始值设为 0,累加过程通过循环实现,在循环体中,和数与累加器相加后再赋值给累加器;累乘的算法与累加类似,不过设置的是"累乘器",它的初始值应设为 1,在循环体内,乘数应与累乘器相乘。在求乘积时,应注意乘积的大小,设置适当的数据类型。

图 5-11

图 5-11 是程序执行时的画面,程序代码如下:

```
Option Explicit
Private Sub Form_Click( )
    Dim I As Integer, sum As Integer, fact As Long
    sum = 0                                    '累加器置 0
    Print "sum = ";
    For I = 1 To 10
        sum = sum + I                          '累加
        If I < 10 Then
```

```
            Print I; " + ";
        Else
            Print I; " = ";
        End If
    Next I
    Print sum
    fact = 1                                    '累乘器置 1
    Print "fact = ";
    For I = 1 To 10
        fact = fact * I                         '累乘
        If I < 10 Then
            Print I; " * ";
        Else
            Print I; " = ";
        End If
    Next I
    Print fact
End Sub
```

【例 5-5】 编写一个从由字母和数字组成的字符串中找出所有大写字母并逆序输出的程序。

图 5-12 是本程序的运行界面。从一个字符串中找出符合要求的字符是采取对字符串的每一个字符逐个筛选的方法实现的,本例利用 Mid 函数从字符串中提取出单个字符,利用循环控制处理过程,循环的终值使用 Len 函数;对于符合要求的字符采用连接运算组成新字符串;逆序输出则是通过从后往前逐个提取字符再连接。程序代码如下:

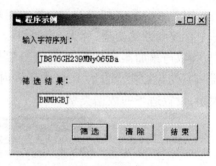

图 5-12

```
Option Explicit
Private Sub Cmd1_Click( )
    Dim s As String, d As String, t As String
    Dim i As Integer
    Text1.SetFocus
    s = Text1.Text                              '取输入字符串
    For i = 1 To Len(s)                         '筛选大写字符
        If Mid(s,i,1) >= "A" And Mid(s,i,1) <= "Z" Then
            t = t & Mid(s,i,1)
        End If
    Next i
    For i = Len(t) To 1 Step -1                 '字符逆序排列
```

```
        d = d & Mid(t,i,1)
    Next i
    Text2.Text = d                              '在文本框输出
End Sub
Private Sub Cmd2_Click( )
    Text1.Text = ""
    Text2.Text = ""
    Text1.SetFocus
End Sub
Private Sub Cmd3_Click( )
    End
End Sub
Private Sub Form_Load( )                        '显示程序功能的提示信息
    MsgBox "本程序的功能是将输入文本框中输入的字母、数字字符串中的 _
        大写字母挑出并按逆序输出",,"示例程序"
End Sub
```

5.2.3 循环嵌套

无论是 Do-Loop 循环,还是 For-Next 循环,都可以在大循环中套小循环。必须注意:小循环一定要完整地被包含在大循环之内,而不得相互交叉。请看示例:

```
Private Sub Form_Click( )
    For i = 1 To 9
        For j = 1 To 9
            Print i; "*"; j; "="; i*j;
        Next j
        Print
    Next i
End Sub
```

执行本程序,窗体上将显示九九乘法表。

【例 5-6】 一个模拟摇奖的程序。设有 100 个人中签,要从中找出中奖人。由机器自动随机产生 1000 个 1~100 间的数据,第 1000 个随机数据即为中奖人的号码。

问题分析:问题的关键是如何产生 1~100 之间的随机整数。VB 提供了一个可以产生 0~1 之间均匀分布的随机数的随机函数 Rnd(x),通过查看 VB 的帮助可知,Rnd(x)的使用方法是:

    Rnd[(number)]

其中,可选的 number 参数是单精度数或任何有效的数值表达式。

如果使用参数且参数 number < 0,则得到相同的随机数;若参数 number > 0,则得到随机序列的下一个随机数;若参数 number = 0,则返回上一次生成的随机数。不使用 number 的结果与 number > 0 相同。也就是说,number 的值决定了 Rnd 生成随机数的方式。

对最初给定的种子都会生成相同的数列,因为每一次调用 Rnd 函数都用数列中的前一个数作为下一个数的种子。

在调用 Rnd 函数之前,可先使用无参数的 Randomize 语句初始化随机数生成器,该生成器具有从系统计时器获得的种子。

为了生成某个范围内的随机整数,可使用以下公式:

Int((upperbound – lowerbound + 1) * Rnd + lowerbound)

这里,upperbound 是随机整数范围的上限,而 lowerbound 则是随机整数范围的下限。

根据 Rnd(x) 函数的用法,如要产生 1~100 之间的随机整数,使用下面的算术表达式即可:

Int((100 – 1 + 1) * Rnd + 1)

界面及算法设计:根据题意,设计用户界面如图 5-13 所示,各对象的属性设置略。

本程序算法比较简单,使用 For-Next 循环产生 1000 个 1~100 间的随机整数即可。但为了获得摇奖的效果,每产生一个随机数,再利用一个 For-Next 循环起到延时作用,降低数据显示的速度,以便可以较容易地看清数据变化的状况;使用 Refresh 方法,使文本框中的文本不断改变。程序代码如下:

图 5-13

```
Private Sub Command1_Click()
    Dim intranum As Integer, i As Integer, j As Integer, a As Integer
    Randomize                                '随机化语句
    For i = 1 To 1000
        intranum = Int(100 * Rnd) + 1        '产生 1~100 间的随机整数
        a = 0
        For j = 1 To 10000                   '延时
            a = a + 1
        Next j
        Text1.Text = CStr(intranum)
        Text1.Refresh                        '文本框刷新
    Next i
    Text1.Text = CStr(intranum)
End Sub
Private Sub Command2_Click()
    End
End Sub
```

本程序采用了两重嵌套的循环,请读者自行分析循环执行的过程。

【例 5-7】 一个简易的函数计算器程序。

图 5-14 是程序设计时的界面。为了保证"计算器"在各种操作状况下都正常工作,程序需要考虑在用户没有往文本框中输入数据或输入的数据超出函数的定义域时的出错处理。

程序中使用的 IsNumeric(s)函数用于检测自变量 s 是否是一个可转换成数值的数字串,如果是,则返回逻辑值 True,否则返回 False。

图 5-15 是程序执行中的几个画面。

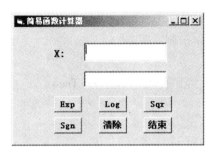
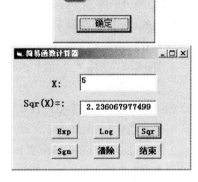

图 5-14　　　　　　　　　图 5-15

程序代码如下:

```
Option Explicit
Dim X As Single
Private Sub Cmd1_Click()
    If Text1.Text = "" Then
        MsgBox "请输入 X 值!",48 + vbOKOnly,"程序示例"
        Text1.SetFocus
    ElseIf IsNumeric(Text1.Text) Then
        X = Val(Text1.Text)
        Label2.Caption = "Exp(X) = :"
        Text2.Text = Str(Exp(X))
    Else
        MsgBox "输入数据错误!",48 + vbOKOnly,"程序示例"
        Text1.Text = ""
    End If
End Sub
Private Sub Cmd2_Click()
    If Text1.Text = "" Then
        MsgBox "请输入 X 值!",48 + vbOKOnly,"程序示例"
        Text1.SetFocus
    ElseIf IsNumeric(Text1.Text) And Val(Text1.Text) > 0 Then
        X = Val(Text1.Text)
        Label2.Caption = "Log(X) = :"
        Text2.Text = Str(Log(X))
```

```
        Else
            MsgBox "输入数据错误!",48,"程序示例"
            Text1.Text = ""
            Text1.SetFocus
        End If
End Sub
Private Sub Cmd3_Click( )
        If Text1.Text = "" Then
            MsgBox "请输入 X 值!",48,"程序示例"
            Text1.SetFocus
        ElseIf IsNumeric(Text1.Text) And Val(Text1.Text) >0 Then
            X = Val(Text1.Text)
            Label2.Caption = "Sqr(X) = :"
            Text2.Text = Str(Sqr(X))
        Else
            MsgBox "输入数据错误!",48,"程序示例"
            Text1.Text = ""
            Text1.SetFocus
        End If
End Sub
Private Sub Cmd4_Click( )
        If Text1.Text = "" Then
            MsgBox "请输入 X 值!",48,"程序示例"
            Text1.SetFocus
        ElseIf IsNumeric(Text1.Text) Then
            X = Val(Text1.Text)
            Label2.Caption = "Sgn(X) = :"
            Text2.Text = Str(Sgn(X))
        Else
            MsgBox "输入数据错误!",48,"程序示例"
            Text1.Text = ""
            Text1.SetFocus
        End If
End Sub
Private Sub Cmd5_Click( )
        Text1.Text = ""
        Text2.Text = ""
        Label2.Caption = ""
        Text1.SetFocus
```

End Sub
Private Sub Cmd6_Click( )
　　End
End Sub

【例 5-8】　编写一个按扣除五险一金后的月收入额,计算个人收入调节税的应用程序。计税公式如下:

$$tax = \begin{cases} 0, & income \leq 3500 \text{ 或离退休} \\ (income - 3500) \times 0.03, & 3500 < income \leq 5000 \\ (income - 3500) \times 0.10 - 105, & 5000 < income \leq 8500 \\ (income - 3500) \times 0.20 - 555, & 8500 < income \leq 12500 \\ (income - 3500) \times 0.25 - 1005, & 12500 < income \leq 38500 \\ (income - 3500) \times 0.30 - 2755, & 38500 < income \leq 58500 \\ (income - 3500) \times 0.35 - 5505, & 58500 < income \leq 83500 \\ (income - 3500) \times 0.45 - 13505, & income > 5000 \end{cases}$$

式中,income 为纳税人的月收入。

根据计税方法,设计程序的运行画面如图 5-16 所示,程序代码如下:

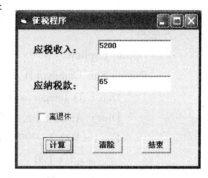

图 5-16

```
Option Explicit
Private Sub Cmd计算_Click( )
    Dim tax As Single, income As Single
    income = Text1.Text
    If Check1.Value = 1 Or income <= 3500 Then
        tax = 0
    ElseIf income <= 5000 Then
        tax = (income - 3500) * 0.03
    ElseIf income <= 8500 Then
        tax = (income - 3500) * 0.1 - 105
    ElseIf income <= 12500 Then
        tax = (income - 3500) * 0.2 - 555
    ElseIf income <= 38500 Then
        tax = (income - 3500) * 0.25 - 1005
    ElseIf income <= 58500 Then
        tax = (income - 3500) * 0.3 - 2755
    ElseIf income <= 83500 Then
        tax = (income - 3500) * 0.35 - 5505
    Else
        tax = (income - 3500) * 0.45 - 13505
    End If
    Text2.Text = tax
```

```
End Sub
Private Sub Cmd清除_Click( )
    Text1.Text = ""
    Text2.Text = ""
    Text1.SetFocus
End Sub
Private Sub Cmd结束_Click( )
    Unload Me
End Sub
```

【例5-9】 编写程序,找出所有三位水仙花数。所谓水仙花数,是指各位数字的立方和等于该数本身的数。例如,$153 = 1^3 + 5^3 + 3^3$,所以153是一个水仙花数。

算法说明:从某个数据集合中查找具有特定性质的数据的基本算法是"穷举法",也就是说,可对该数据集合的每一个数据进行检查判别,再将符合特定条件的数据筛选出来。

由于本题要对组成一个数的各位数字进行判别,因此具体设计程序时,可有两种不同的作法。两种作法的程序代码分别如下:

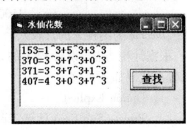

图 5-17

方法一:
```
Option Explicit
Private Sub Command1_Click( )
    Dim I As Integer, a As Integer, b As Integer
    Dim c As Integer, st As String
    For I = 100 To 999
        a = I \ 100
        b = (I Mod 100) \ 10
        c = I Mod 10
        If I = a^3 + b^3 + c^3 Then
            st = I & " = " & a & "^3 +" & b & "^3 +" & c & "^3"
            List1.AddItem st
        End If
    Next I
End Sub
```

方法二:
```
Option Explicit
Private Sub Command1_Click( )
    Dim I As Integer, a As Integer, b As Integer, c As Integer
    Dim st As String
    For a = 1 To 9
        For b = 0 To 9
            For c = 0 To 9
```

                I = a * 100 + b * 10 + c
                If I = a^3 + b^3 + c^3 Then
                    st = I & " = " & a & "^3 + " & b & "^3 + " & c & "^3"
                    List1. AddItem st
                End If
            Next c
        Next b
    Next a
End Sub

两种算法的结果完全相同。它们的差别仅在于对构成三位数的数字的处理方法。图 5-17 是程序的界面,使用了列表框来显示计算结果。

【例 5-10】 编写程序,利用牛顿迭代法求方程 $xe^x - 1 = 0$ 在 $x_0 = 0.5$ 附近的一个根,要求精确到 10^{-7}。

算法说明:牛顿迭代法是求解一元超越方程的常用算法。设要求解的方程为 $f(x) = 0$,并已知一个不够精确的初始根 x_0,则有

$$x_{n+1} = x_n - f(x_n)/f'(x_n) \qquad n = 0,1,2,3,\cdots$$

上式称为牛顿迭代公式。式中,$f'(x)$ 是 $f(x)$ 的导函数。利用迭代公式,可以依次求出 x_1,$x_2, x_3, \cdots$,当 $|x_{n+1} - x_n| \leq \varepsilon$ 时的 x_{n+1} 即为要求的根。

图 5-18 是程序执行的几个画面。程序代码如下:

```
Option Explicit
Private Sub Cmd1_Click( )
    Dim x As Single, x1 As Single, Eps As Single
    x = InputBox("输入初始值 x:","牛顿迭代法")
    Eps = InputBox("输入允许误差 Eps:","牛顿迭代法")
    Do
        x1 = x
        x = x1 - (x1 * Exp(x1) - 1)/(Exp(x1) * (x1 + 1))
    Loop Until Abs(x - x1) <= Eps
    Text1. Text = Str(x)
End Sub
Private Sub Cmd2_Click( )
    End
End Sub
```

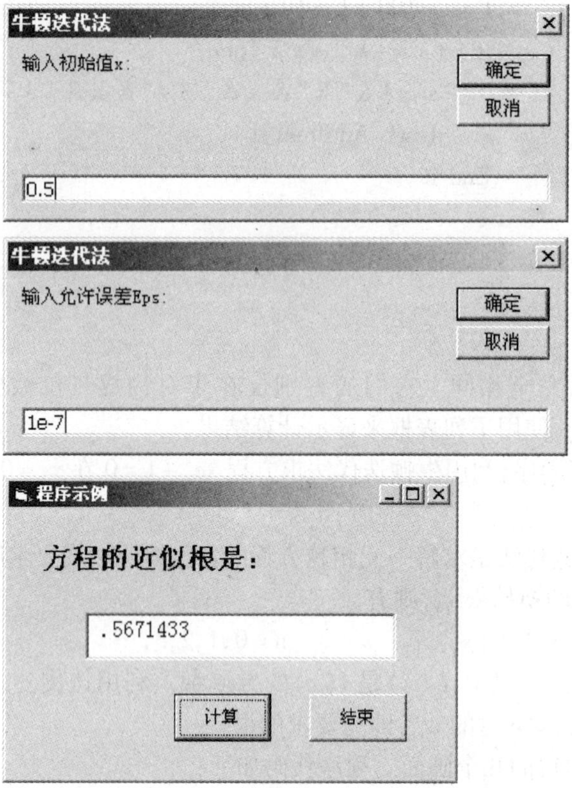

图 5-18

【例 5-11】 将一个二进制数的原码转换成补码。

Mid 函数有一种特殊的用法,它可以如同一个变量一样用在赋值语句中,实现用指定的字符替换字符串中指定位置字符的功能。本示例使用了 Mid 函数的这一用法。图 5-19 是程序执行的画面。

程序代码如下:

图 5-19

```
Option Explicit
Private Sub CmdRun_Click( )
    Dim Source As String , I As Integer
    Dim D As String * 1
    Source = Text1.Text
    If Mid( Source , 1 , 1 ) <> "1" Then
        Text2.Text = Source
        Text3.Text = Source
    Else
        For I = Len( Source ) To 2 Step  - 1       '求负数反码
            If Mid( Source , I , 1 ) = "1" Then
                Mid( Source , I , 1 ) = "0"
```

```
            Else
                Mid(Source, I, 1) = "1"
            End If
        Next I
        Text2.Text = Source
        D = "1"                                              '进位标志
        For I = Len(Source) To 2 Step -1                     '求负数补码
            If Mid(Source, I, 1) = "1" And D = "1" Then
                Mid(Source, I, 1) = "0"
                D = "1"
            ElseIf Mid(Source, I, 1) = "0" And D = "1" Then
                Mid(Source, I, 1) = "1"
                D = "0"
            End If
        Next I
        Text3.Text = Source
    End If
End Sub
Private Sub CmdClear_Click( )
    Text1.Text = ""
    Text2.Text = ""
    Text3.Text = ""
    Text1.SetFocus
End Sub
Private Sub CmdEnd_Click( )
    End
End Sub
```

习 题

一、选择题

1. 针对语句 If i = 0 Then j = 0,下列说法正确的是_____。
    A. i = 0 和 j = 0 均为赋值语句
    B. i = 0 和 j = 0 均为关系表达式
    C. i = 0 为关系表达式,j = 0 为赋值语句
    D. i = 0 为赋值语句,j = 0 为关系表达式
2. 下列关于 If 分支结构语句的说法正确的是_____。
    A. 有 If 一定有与之配对的 End If
    B. 有 If 一定有与之配对的 ElseIf

  C. 有 If 一定有与之配对的 Else   D. 有 End If 一定有与之配对的 If

3. 下列 Case 语句错误的是_____。
  A. Case 0 To 10   B. Case Is > 10
  C. Case Is > 10 And Is < 50   D. Case 3, 5, Is > 10

4. 以下 Case 语句中,能正确描述 Y 的绝对值大于 6 的是_____。
  A. Case Abs(Y) > 6   B. Case -6 To 6
  C. Case Not(-6 To 6)   D. Case Is < -6, Is > 6

5. 在 Select Case X 结构中(X 为 Integer 类型),如果判断条件为 X = 5,正确的 Case 语句应该是_____。
  A. Case X = 5   B. Case Is 5
  C. Case 5   D. Case = 5

6. 在 Select Case X 结构语句中(X 为 Integer 类型),能正确描述 5≤X≤10 的 Case 语句是_____。
  A. Case Is >= 5, Is <= 10   B. Case 5 <= X <= 10
  C. Case 5 <= X, X <= 10   D. Case 5 To 10

二、填空题

1. 执行下面程序,单击 Cmd1,则窗体上显示的内容是_____。
  Private Sub Cmd1_Click()
    Dim a As Integer, b As Integer
    a = 1 : b = 0
    Do While a <= 5
      b = b + a * a
      a = a + 1
    Loop
    Print a, b
  End Sub

2. 执行下面程序,单击 Cmd1,则窗体上显示内容的第一行是_____,最后一行是_____。
  Private Sub Cmd1_Click()
    Dim ch As String, I As Integer
    ch = "DEF"
    For I = 1 To Len(ch)
      Ch = Mid(ch, 2 * I - 1, 1) & Left(ch, Len(ch))
      Print ch
    Next I
  End Sub

3. 执行下面程序,单击 Cmd1,则窗体上显示的内容是_____。
  Private Sub Cmd1_Click()
    Dim p As Integer, I As Integer

```
        p = 1
        For I = 1 To 5
            p = p + (2 * I - 1) / (2 * I + 1)
            If p >= 20 Then Exit For
        Next I
        Print I, p
    End Sub
```

4. 执行下面程序,单击 Cmd1,则窗体上显示的内容是_____。

```
    Private Sub Cmd1_Click( )
        Dim p As Integer, I As Integer, n As Integer
        p = 2 : n = 20
        For I = 1 To n Step p
            p = p + 2
            n = n - 3
            I = I + 1
            If p >= 10 Then Exit For
        Next I
        Print I, p, n
    End Sub
```

5. 补充完善程序,使下面的程序段中的 Do 循环正好执行 3 次。

```
    Dim i As Integer
    Do
        Print i
        i = i + 1
    Loop Until _____
    …
```

如果将 Loop 语句中的 Until 改为 While,则填空内容应改为_____。

6. 下面程序的功能是求 y 的近似值,计算精确到公式第 n 项小于等于 10^{-6} 为止。请完善程序。y 的计算公式如下:

$$y = \frac{x}{1!} + \frac{x^2}{2!} + \frac{x^3}{3!} + \cdots + \frac{x^n}{n!} + \cdots \quad |x| \leq 1, n = 1, 2, 3, \cdots$$

```
Option Explicit
Private Sub Command1_Click( )
    Dim x As Single, y As Single, n As Integer
    Dim fz As Single, fm As Single, p As Single
    x = Val(Text1.Text)
    fz = 1 : fm = 1
    y = 0
    _____
```

　　　　Do
　　　　　　fz = fz * x
　　　　　　fm = fm * n
　　　　　　p = fz / fm
　　　　　　y = _____
　　　　　　n = n + 1
　　　　Loop _____
　　　　Text2.Text = Str(y)
　　End Sub

7. 下面程序的功能是利用递推法分别求出数列前 n 项($n=0,1,2,3,\cdots$)之和。
$$S = a_0 + a_1 + \cdots + a_n + \cdots$$

其中,$a_0 = 1, a_n = a_{n-1} \cdot \dfrac{x(3-2n)}{2n}, \quad n = 1, 2, 3, \cdots$。

计算到级数第 n 项的绝对值小于等于 0.001 为止。请完善程序。程序参考界面如图 5-20 所示。

　　Private Sub Command1_Click()
　　　　Dim x As Single, n As Integer, i As Integer
　　　　x = Val(Text1.Text)
　　　　a = 1
　　　　s = a
　　　　List1.AddItem "s(" & "0) = " & Str(s)
　　　　Do
　　　　　　i = i + 1
　　　　　　_____
　　　　　　s = s + a1
　　　　　　List1.AddItem "s(" & CStr(i) & ")=" & Str(s)
　　　　　　If Abs(a1) <= 0.001 Then
　　　　　　　　Text2.Text = i
　　　　　　　　_____
　　　　　　Else
　　　　　　　　a = _____
　　　　　　End If
　　　　Loop
　　End Sub

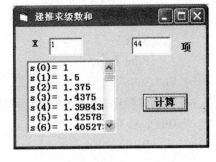

图 5-20

8. 本程序的功能是利用无穷级数求 cosx 的近似值。已知:
$$\cos(x) = 1 - \frac{x^2}{2!} + \frac{x^4}{4!} - \frac{x^6}{6!} + \cdots + (-1)^n \frac{x^{2n}}{(2n)!} \quad n = 0, 1, 2, \cdots$$

计算到第 n 项的绝对值小于等于 10^{-7} 为止。请完善程序。程序参考界面如图 5-21 所示。

```
Option Explicit
Private Sub Command1_Click()
    Dim x As Single, n As Integer, s As Single
    Dim a As Single
    x = Text1
    _____
    a = 1
    n = 1
    Do
        a = _____
        s = s + a
        n = n + 2
    Loop _____
    Text2 = s
End Sub
```

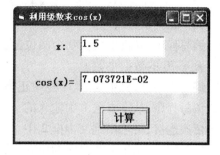

图 5-21

9. 下面程序段中的 For-Next 循环中的循环体会执行_____次。

```
Dim n As Integer, y As Integer
y = 3
For n = y To y * 4 Step y + 1
    y = y + 1
    Print "n = "; n, "y = "; y
Next n
…
```

10. 下面程序段中的 For-Next 循环中的循环体会执行_____次，在窗体上输出的最后一行的内容是_____。

```
Dim i As Integer
For i = 1.5 To 4.5 Step -1.5
    Print i
Next i
Print i
…
```

三、编程题

1. 编写程序，求下列多表达式函数的值。

$$y = \begin{cases} 2-x, & x \leq 0 \\ x+2, & 0 < x \leq 2 \\ x^2, & 2 < x \leq 5 \\ 25-x, & x > 5 \end{cases}$$

2. 编写程序，求两个正整数的最小公倍数。
3. 编写程序，输入正整数 n，求其对应的二进制数。

4. 编写程序,求用 InputBox 函数输入的 10 个数的和数和连乘积。
5. 编写程序求下面数列的和,计算精确到 $a_n \leq 10^{-5}$ 为止。

$$y = \frac{1}{2} + \frac{1}{2 \times 4} + \frac{1}{2 \times 4 \times 6} + \cdots + \frac{1}{2 \times 4 \times 6 \times \cdots \times 2n} + \cdots$$

式中,$n = 1, 2, 3, \cdots$。

6. 编写程序,随机生成 100 个两位整数,并统计出其中小于等于 40、大于 40 小于等于 70 及大于 70 的数据个数。
7. 编写程序,随机生成 20 个三位正整数,将其中的偶数与奇数分别输出到两个列表框中。
8. 编写程序,从文本框 1 中输入的一个由字母和数字组成的字符串中,找出所有的数字,并依次连接,再输出到文本框 2 中。
9. 编写程序,求出 100 之内的所有勾股数。所谓勾股数是指满足条件

$$a^2 + b^2 = c^2 \quad (a \neq b)$$

的自然数。

10. 编写程序,找出所有三位的升序数。所谓升序数,是指其个位数大于十位数,且十位数又大于百位数的数(依此类推)。例如,123 就是一个三位升序数。
11. 设计程序,用二分法求方程 $x^3 - x^4 + 4x^2 - 1 = 0$ 在区间 $[0, 1]$ 上的一个实根(精确到 10^{-7} 为止)。

【算法提示】若方程 $f(x) = 0$ 在区间 $[a, b]$ 上有一个实根,则 $f(a)$ 与 $f(b)$ 必然异号,即 $f(a) \times f(b) < 0$;设 $c = (a + b) / 2$,若 $f(a) \times f(c) > 0$,则令 $a = c$,否则令 $b = c$。当 $a - b$ 的绝对值小于或等于给定误差要求时,则 c 就是要求的根。

第6章

数　组

在实际工作中,经常需要处理大量、成组有序排列的数据。例如,要求编程读入某个班级 50 名学生的学号及其考试成绩,再按照考试成绩从高到低的顺序把他们的学号打印出来。解决此类问题,使用前面介绍的变量,将会非常困难,有时甚至是不可能的。因为这些变量(一般称为简单变量)之间相互独立,没有内在的联系,且与其所在的位置无关。

数组是程序设计语言提供的用于处理数据量大、类型相同且有序排列数据的重要工具。使用数组来存放这些数据,不仅可以解决诸如排序等采用简单变量难以解决的问题,而且可以简化程序的设计。

6.1　数组的概念

数组是一组具有相同类型、且按一定顺序排列的变量的集合。每个数组都有一个唯一的名字来标识,称为数组名。数组中的每个成员(变量)称为数组元素。

数组在计算机中占用一块连续的存储空间存储,各个数组元素按照一定的规则顺序排列。

6.1.1　数组命名与数组元素

数组名的命名规则与简单变量命名规则相同。数组名不是代表一个变量,而是代表有内在联系的一组变量。

一个数组内包含有若干个同一类型、按序排列的变量,它们是构成数组的元素,即数组元素。通常使用每个数组元素在数组中的排列位置序号来标识数组中的不同元素,这个序号称为"下标"。由于下标确定了数组元素在数组中的位置,所以可以用数组名和下标的组合唯一识别数组中的任意一个元素,这就是"数组元素名"。

数组元素名的一般形式如下:

　　数组名(下标1[,下标2,…])

在一个数组中,如果只需一个下标就可以确定一个数组元素在数组中的位置,则该数组称为一维数组。如果需要两个下标(行和列)才能确定一个数组元素在数组中的位置,则该数组称为二维数组。依次类推,N 维数组必须由 N 个下标才能确定一个数组元素在数组中的位置。因此确定数组元素在数组中的位置的下标的个数就是数组的维数。通常把二维以上的数组称为多维数组。

VB 规定数组的维数不得超过 60。

6.1.2 数组定义

在使用一个数组之前必须对数组进行定义(说明),确定数组的名称和它的数据类型、指明数组的维数和每一维的下、上界的取值范围,以便系统在内存中为数组分配足够的存储空间,用于存放数组所有的元素。

VB 中有两种类型的数组:固定大小数组和动态数组。在定义数组时就确定了它的大小,并且在程序运行过程中,不能改变其大小的数组称为固定大小数组。在定义数组时不指明数组的大小,仅定义了一个空数组,在程序运行时根据需要再确定它的大小,并且程序运行时还可以改变大小的数组,称为动态数组。

1. 数组说明语句

在程序中通过数组说明语句来定义数组。

数组说明语句的格式如下:

  Public ｜ Private ｜ Static ｜ Dim ＜数组名＞([＜维界定义＞])[As ＜数据类型＞]

其中,Public、Private、Static、Dim 是关键字。在 VB 中可以用这 4 个说明语句定义数组。与变量说明类似,在不同位置使用不同的关键字说明的数组其作用域将有所不同,见表 6-1。

表 6-1

语 句	适 用 范 围
Public	用于标准模块的通用部分,定义公用(全局)数组
Private 或 Dim	用于模块的通用部分,定义模块级数组
Dim	用在过程中,定义局部数组
Static	用在过程中,定义静态数组

＜维界定义＞的格式如下:

  [＜下界 1＞To]上界 1[[,＜下界 2＞To] 上界 2…]

格式中的下界 1 表示数组第一维的维下界,下界 2 表示第二维的维下界,以此类推。"下界"和关键字"To"可以缺省。若数组下标下界缺省,则其下标下界值由 Option Base 语句决定。Option Base 语句的格式如下:

  Option Base 0｜1

如果在程序中使用了 Option Basic 1 语句,则下标下界的缺省值是 1,等价于"1 To 上界";如果在程序中没有使用该语句或使用了 Option Basic 0 语句,则下标下界的缺省值是 0,等价于"0 To 上界"。

Option Base 语句,必须位于模块的通用部分,且只对缺省下标下界的数组说明有效。

(1) 一维数组的定义

  Public｜Private｜Static｜Dim ＜数组名＞([＜下界＞To]上界)[As ＜数据类型＞]

假设下列数组说明语句出现在模块通用部分,且程序缺省 Option Base 语句。

  Dim A(6) As Integer

  Private Name(2009 To 2012) As String * 8
  Dim C(-2 To 2) AS Single

  第一个数组说明语句定义了一个模块级的一维数组,其类型为整型,数组的名字为 A,缺省"下界 To",则等价于 Dim A(0 To 6) As Integer,因此该数组共有 7 个数组元素,分别是:A(0)、A(1)、A(2)、A(3)、A(4)、A(5)、A(6)。

  请注意,在语句 Dim A(6) As Integer 中的 A(6)与 A 数组的第 7 个元素 A(6)的书写形式虽然一样,但它们的含义是不同的,不要把它们混淆。出现在数组说明语句中的 A(6)是数组说明符,而出现在程序的其他地方的 A(6)则是数组元素的名字。

  第二个数组说明语句,定义了一个名为 Name、定长字符串类型的一维数组,其维界范围是 2009~2012,该数组的 4 个元素分别为:Name(2009)、Name(2010)、Name(2011)和 Name(2012),每个元素可存放 8 个字符。

  数组的维界可以是负数,第三个数组说明语句,定义了一个单精度类型的一维数组,它的维界范围是-2~2,具有 5 个元素,它们分别是 C(-2)、C(-1)、C(0)、C(1)、C(2)。

(2) 二维与多维数组的定义

  Public|Private|Static|Dim <数组名>([<下界1>To]上界1,[<下界2>To]上界2……)[As<数据类型>]

  假定在程序的通用部分有如下语句:

  Option Base Base 1
  Dim X(2,2) As Integer
  Dim Y(2,0 To 1) As Single
  Dim Z(2,2,2) As Integer

  第一个数组说明语句等价于 Dim X(1 To 2,1 To 2) As Integer。说明了一个 2 行 2 列(即 2×2)的整型二维数组 X,数组 X 有 X(1,1)、X(1,2)、X(2,1)、X(2,2)4 个元素。

  第二个数组说明语句定义了一个有 4 个元素的单精度型二维数组,4 个元素分别是 Y(1,0)、Y(1,1)、Y(2,0)、Y(2,1)。

  第三个数组说明语句定义了一个整型的三维数组,它的元素分别是:Z(1,1,1)、Z(1,2,1)、Z(2,1,1)、Z(2,2,1)、Z(1,1,2)、Z(1,2,2)、Z(2,1,2)、Z(2,2,2)。

  2. 数组的维下界与上界

  VB 规定维界的取值范围不得超过长整型(Long)数据的数据范围(-2147483648~2147483647),且维下界小于等于维上界,否则将产生错误。在定义固定大小数组时,维的上、下界说明必须是常数表达式,不得包含变量名。如果维界说明不是整数,VB 将会对其按 CLng 函数的方式进行舍入处理。例如,程序中有如下说明语句:

  Dim M As Integer
  Const N As Integer = 5
  Dim A(N) As Integer
  Dim B(1 To 6.6) As Integer
  Dim C(1 To 2 * 3) As Integer
  Dim D(0 To M) As Integer

  前三个数组说明语句都是正确的,分别定义了 A、B、C 三个一维数组。其中第一个数组说明语句中,用一个已定义的符号常数说明 A 数组的维上界,其值是 5。若在数组说明语句中使用符号常数说明数组的维界,那么该符号常数必须先定义后使用。

第二个数组说明语句定义 B 数组的维上界是 6.6,经过舍入处理后 B 数组的维上界是 7。

第三个数组说明语句用一个常数表达式说明 C 数组的维上界,系统首先计算出表达式的值,然后再根据表达式的值确定 C 数组的维上界是 6。

最后一个说明语句是错误的,因为 M 是一个整型变量,不能用来说明数组的维界。

3. 数组的类型

数组说明语句中 As <数据类型> 用来声明数组的类型。数组的类型可以是 Integer、Long、Single、Double、Date、Boolean、String(变长字符串)、String * length(定长字符串)、Object、Currency、Variant 和自定义类型。若缺省 As 短语,则表示该数组是变体(Variant)类型。例如:

  Option Base 1
  Dim Score(4),B(3,3) As Integer

这个数组说明语句定义的名为 Score 的一维数组由于缺省类型说明,因此是一个 Variant 类型数组,有 4 个元素;该语句还同时定义了一个有 3 行、3 列的二维整型数组 B。

4. 数组的大小

所谓数组的大小是指一个数组所包含的数组元素的个数,也称为数组的长度。用数组说明语句定义数组,指定了各维的下、上界取值范围,也就确定了数组的大小。

数组大小可按如下公式计算:

  数组的大小 = 第一维大小 × 第二维大小 × … × 第 N 维大小
  维的大小 = 维上界 - 维下界 + 1

例如,有如下数组说明语句(程序缺省 Option Base 语句):

  Dim A(6) As Integer
  Dim B(3,-1 To 4) As Single

则 A 数组的大小 = 6 - 0 + 1 = 7(个数组元素);B 数组的大小 = (3 - 0 + 1) × (4 - (-1) + 1) = 4 × 6 = 24(个数组元素)。

5. 数组的初始化

在程序执行时,系统将依据数组说明语句为数组分配存储空间,并且将数组初始化,即为每个数组元素赋初始值。

数值型数组的每个元素的初始值为零,变长字符类型数组的数组元素初始值为空字符串(长度为 0),定长字符类型数组的数组元素初始值为指定数量的空字符(Null 字符 ASCII 码值为 0,不是空格),布尔型数组的数组元素初始值为 False。

6.1.3 数组的结构

数组是具有相同数据类型的多个变量的集合,数组的所有元素按一定顺序存储在连续的存储单元中。下面分别讨论一维、二维和三维数组的结构。

1. 一维数组的结构

一维数组只能表示线性顺序,相当于一个一维表。也可以用一维数组表示数学中的向

量。例如:

Dim StrA(8) As Integer

数组 StrA 的逻辑结构示意如下:

StrA(8) = (StrA(0),StrA(1),StrA(2),…,StrA(6),StrA(7),StrA(8))

数组 StrA 在内存中的存放布局类似于图 6-1(a)。

由图 6-1(a)可知,一维数组在内存中存放的次序在形式上与数组的逻辑结构相同,按下标序号升序排列。

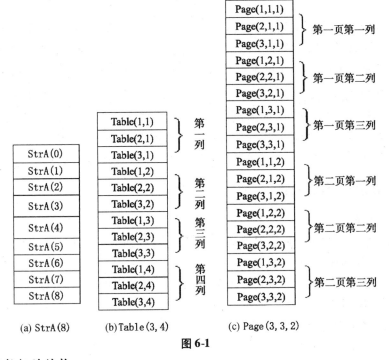

图 6-1

2. 二维数组的结构

二维数组的表示形式是由行和列组成的一个二维表,二维数组的数组元素需要用两个下标来标识,即要指明数组元素的行号和列号。通常可用二维数组表示数学中的矩阵。

Option Base 1

Dim Table(3,4) As Integer

上面的数组说明语句定义了一个二维数组,数组说明符的圆括号中的第一个数为行数,而第二个数为列数,表明数组 Table 有 3 行(1~3)、4 列(1~4)共计 12 个元素。二维数组 Table 的逻辑结构示意如下:

$$Table(3,4) = \begin{bmatrix} Table(1,1) & Table(1,2) & Table(1,3) & Table(1,4) \\ Table(2,1) & Table(2,2) & Table(2,3) & Table(2,4) \\ Table(3,1) & Table(3,2) & Table(3,3) & Table(3,4) \end{bmatrix} \begin{matrix} 第一行 \\ 第二行 \\ 第三行 \end{matrix}$$

$$\quad\quad\quad 第一列 \quad\quad 第二列 \quad\quad 第三列 \quad\quad 第四列$$

二维数组在内存中是"按列存放",即先存放第一列的所有元素,接着存放第二列的所有元素……,直到存放完最后一列的所有元素。数组 Table 的元素在内存中的存放形式见图 6-1(b)。

3. 三维数组的结构

三维数组是由行、列和页组成的三维表。三维数组也可理解为分为多页的二维表，即每页由一张二维表组成。三维数组的元素是由行号、列号和页号来标识的。

  Option Base 1

  Dim Page(3,3,2) As Integer

上面的数组说明语句定义了一个三维数组，圆括号中的第一个数为行数，第二个数为列数，第三个数是页数。三维数组 Page 有 2 页、3 行、3 列共 18 个元素。数组 Page 的逻辑结构形式如下：

$$\begin{bmatrix} Page(1,1,1) & Page(1,2,1) & Page(1,3,1) \\ Page(2,1,1) & Page(2,2,1) & Page(2,3,1) \\ Page(3,1,1) & Page(3,2,1) & Page(3,3,1) \end{bmatrix} \quad \begin{bmatrix} Page(1,1,2) & Page(1,2,2) & Page(1,3,2) \\ Page(2,1,2) & Page(2,2,2) & Page(2,3,2) \\ Page(3,1,2) & Page(3,2,2) & Page(3,3,2) \end{bmatrix}$$

     数组 Page 的第一页   数组 Page 的第二页

三维数组在内存中是按"逐页逐列"存放，即先对数组的第一页中的所有元素按列的顺序分配存储单元，然后再对第二页中的所有元素按列的顺序分配存储单元……直到数组的每一个元素都分配了存储单元。数组 Page 的元素内存存放形式见图 6-1(c)。

6.1.4 数组维界测试函数

1. LBound 函数

LBound 函数的功能是返回数组某维维下界的值，返回值为 Long 型。其格式如下：

  LBound(aname[,d])

参数 aname 为数组名，d 为维数。若缺省"维数"参数，则函数返回数组第一维的维下界的值或一维数组的下界。

例如，执行下面的程序段：

```
Private Sub Form_Click( )
    Dim A(5) As Integer, B(3 To 8, 200 To 208)
    Print LBound(A), LBound(B,1), LBound(B, 2)
End Sub
```

程序执行结果如下：

  0   3   200

其中，LBound(A)返回 A 数组的维下界的值 0，LBound(B, 1)和 LBound(B, 2)分别返回 B 数组的第一维的维下界的值 3 和第二维的维下界的值 200。

2. UBound 函数

UBound 函数的功能是返回数组某维维上界的值，返回值为 Long 型。其格式如下：

  UBound(aname[,d])

UBound 函数各个参数的意义同 LBound 函数，不同的是它返回的是数组维上界的值。

例如，执行下面的程序段：

```
Private Sub Form_Click( )
    Dim A(5) As Integer, B(3 To 8, 200 To 208)
    Print UBound(A), UBound(B,1), UBound(B, 2)
```

End Sub

程序执行结果如下：

    5   8   208

其中，UBound(A)返回 A 数组的维上界的值 5，UBound(B,1)和 UBound(B,2)分别返回 B 数组的第一维的维上界的值 8 和第二维的维上界的值 208。

6.2　数组的基本操作

对数组的操作主要是通过对数组元素的操作完成的。由于数组元素的本质仍是变量，只不过是带有下标的变量而已，在程序中，简单变量出现的地方，一般都可以用数组元素代替。数组元素可以被赋值，可以使用 Print 方法输出，也可以参加表达式运算。

与普通变量不同，数组元素是有序的，可以通过改变下标访问不同的数组元素。因此在需要对整个数组或数组中连续的元素进行处理时，利用循环进行处理是最有效的方法。

数组元素的引用形式如下：

    数组名(下标1[,下标2…])

例如，二维数组 A 的数组元素的引用形式可以是 A(I, J)或 A(I+1, J)等。

引用形式中的下标可以是常量、变量、数组元素或算术表达式，当下标的值为非整数时，将按 CInt 函数(或 CLng 函数)的方式将其转换为整数。系统会根据各个下标的实际取值确定它所代表的具体数组元素。如 I=3，J=5，则 A(I, J)也就是 A(3, 5)。

下标的值不能超出数组声明时的下、上界范围，否则就会产生"下标越界"的错误。

6.2.1　数组元素的赋值

1. 用赋值语句给数组元素赋值

在程序中用赋值语句给单个数组元素赋值。例如：

    Dim Score(3) As Integer
    Dim Two(1,1 to 2)
    Score(0) = 80
    Score(1) = 75
    Score(2) = 91
    Score(3) = 68
    Two(0,1) = Score(0)
    …

2. 通过循环逐一给数组元素赋值

从上面的例题中可以看出，如果引用数组的每个元素都要用常数指明其下标，会非常不便。实际上在程序中可利用变量作为下标来实现对数组元素的访问。例如，在上例中将 91 赋值给 Score(2)元素可用下面方式来实现：

    I = 2
    Score(I) = 91

若在一个 For 循环中用循环控制变量作为数组元素的下标,就可依次访问一维数组的每一个元素。同样使用双重的 For 循环,用内、外循环的循环控制变量分别作为第一维、第二维的下标就可依次访问二维数组的所有元素……依次类推,采用 N 重循环可以访问 N 维数组的所有元素。例如:

用一个单循环给一维数组赋值并将它的元素的值显示在文本框中:

```
Private Sub Form_Click( )
    Dim A(6) As Integer, I As Integer
    For I = 0 To 6
        A(I) = Int(99 * Rnd) + 1
        Text1 = Text1 & A(I) & " "         '一维数组的所有元素显示在文本框中
    Next I
End Sub
```

用二重循环给二维数组赋值,并将它的元素值分行显示在文本框中:

```
Private Sub Form_Click( )
Dim B(1 to 2,1 to 2) As Integer,J As Integer
    For I = 1 To 2
        For J = 1 To 2
            B(I,J) = I * 10 + J
            Text1 = Text1 & B(I,J) & " "    '将数组元素显示在文本框同一行上
        Next J
        Text1 = Text1 & vbCrLf              '输出一行数组元素后,换行
    Next I
End Sub
```

3. 用 InputBox 函数给数组元素赋值

```
Private Sub Form_Click( )
    Dim A(6) As Integer, I As Integer
    For I = 0 To 6
        A(I) = InputBox("给数组元素赋值","数组 A 赋值")
        Text1 = Text1 & A(I) & " "
    Next I
End Sub
```

在程序中,可以使用 InputBox 函数从键盘输入值赋给数组元素。但是,由于在执行 InputBox 函数时程序会暂停运行等待输入,并且每次只能输入一个值,占用运行时间长,所以 InputBox 函数只适合输入少量数据。如果数组比较大,采用 InputBox 函数给数组赋值就显得很不方便。另外,代码中的 Text1 等同于 Text1.Text。

4. 通过文本框给数组元素赋值

在程序运行中需要输入多个数据给数组元素时,可以先将数据输入到文本框,然后再将文本框中的数据分离出来,分别赋值给数组各个元素。

例如,在文本框中输入 9 个数据(数据之间用一个空格进行分隔),将它们按行依次赋

给一个3×3的二维数组。程序运行界面如图6-2所示。

```
Option Explicit
Option Base 1
Private Sub Command1_Click( )
    Dim A(3, 3) As Integer, I As Integer
    Dim J As Integer, L As Integer
    Dim Pos As Integer, S As String
    S = Text1.Text
    For I = 1 To 3
        For J = 1 To 3
            Pos = InStr(S, " ")                        '查找数据之间的分隔符
            If Pos <> 0 Then
                A(I, J) = Val(Mid(S, 1, Pos - 1))      '截取一个数据赋给数组元素
                S = Right(S, Len(S) - Pos)             '将已截取的数据从S中删除
            Else
                A(I, J) = Val(S)                       '将最后一个数据赋给数组元素
            End If
            Text2.Text = Text2.Text & A(I, J) & " "    '数组元素的值显示在文本框2中
        Next J
        Text2.Text = Text2.Text & vbCrLf               '分行
    Next I
End Sub
```

图6-2

*5. 使用Array函数赋值

除了使用循环给数组的每个元素赋值,还可以使用Array函数把一组数据赋值给一个Variant变量或Variant类型的动态数组。

Array函数的使用格式如下:

<变体变量名>|<Variant类型的动态数组名> = Array([数据列表])

其中<数据列表>是用逗号分隔的赋给数组各元素的数据的列表。

(1) 用Array函数给变体变量赋值

若用Array函数给变体变量赋值,则函数将该Variant变量创建成一个一维数组。这个数组的长度与数据列表中的数据个数相同。数组的维下界由Option Base语句决定,若程序中含有Option Base 1语句,则数组的下界是1,否则数组的下界是0。例如:

```
Option Base 1
Private Sub Form_Click( )
    Dim A As Variant
    A = Array(5, 4, 3, 2, 1)
    Print A(1); A(2); A(3); A(4); A(5)
    A = Array(1.5!,2.3!,3.6!,4.1!)
    Print A(1); A(2); A(3); A(4)
```

A ="NO Array"
Print A
End Sub

运行该程序,执行语句 A = Array(5,4,3,2,1),Array 函数就创建了一维数组 A ,数组元素的类型是 Integer。该数组的下标从 1 开始,共有 A(1)、A(2)、A(3)、A(4)、A(5)5 个元素,它们的值分别是 5、4、3、2、1。对 A 数组元素的引用与引用普通数组元素的方法相同。

在程序中再用赋值语句 A = Array(1.5!,2.3!,3.6!,4.1!)给 A 重新赋值,此刻 Array 函数将原来的数组改变成一个有 4 个元素、类型为 Single 的数组。

这里的 A 是一个包含数组的 Variant 变量,与类型是 Variant 的数组在概念上是完全不相同的。可以用普通的赋值语句给已包含数组的 Variant 变量 A 赋一个值,例如 A ="NO Array",执行该语句后,A 不再包含数组,又成为一个普通的 Variant 变量。

(2) 用 Array 函数给变体类型的动态数组赋值

用 Array 函数给一个 Variant 类型的动态数组赋值,则该动态数组的维界被重新定义。

用 Array 函数重定义的数组是一个一维数组,其长度与数据列表中数据的个数相同。维下界取值情况由程序中的 Option Base 语句决定。例如:

Option Base 1
Private Sub Form_Click( )
  Dim B( ) As Variant   '定义一个动态数组
  B = Array(1,2,3,4)
  Print B(1),B(2),B(3),B(4)
End Sub

执行语句 B = Array(1,2,3,4),B 数组被重定义为一个维下界为 1、维上界为 4 的一维动态数组,4 个元素的值分别为 1,2,3,4。

切记:Array 函数只能给 Variant 类型的变量或 Variant 类型的动态数组赋值。

*6. 使用数组赋值

正如可以将一个变量的值赋给另一个变量一样,也可以将一个数组的整个内容赋给另一个数组或者 Variant 变量。

用数组给数组赋值时,要遵循的规则是:

① 赋值号左边的数组是动态数组;

② 赋值号两边数组的数据类型必须相同。

数组赋值后,赋值号左边的数组的维数、每一维的维下界和维上界都和赋值号右边的数组相同。

用数组给 Variant 变量赋值时,要注意的是:

① 赋值号右边数组的类型不可以是长度固定的字符串类型;

② Variant 变量被赋值后,它就被创建成一个包含数组的 Variant 变量;

③ Variant 变量所包含数组的维数、每一维的维下界和维上界以及元素的类型都和赋值号右边的数组相同。

下面是给数组赋值的示例,程序运行画面如图 6-3 所示。

```
Option Explicit
Option Base 1
Private Sub Form_Click( )
    Dim A( ) As Integer, B(2, 3) As Integer, V As Variant
    Dim I As Integer, J As Integer
    Print "B 数组各元素值:"
    For I = 1 To 2
        For J = 1 To 3
            B(I, J) = Int(10 * Rnd)
            Print B(I, J);
        Next J
        Print
    Next I
    V = B                                     '将数组 B 赋值给变量 V
    Print "V 各元素值:"
    For I = 1 To UBound(V, 1)
        For J = 1 To UBound(V, 2)
            Print V(I, J);
        Next J
        Print
    Next I
    A = B                                     '将数组 B 赋值给数组 A
    Print "A 数组各元素值:"
    For I = 1 To UBound(A, 1)
        For J = 1 To UBound(A, 2)
            Print A(I, J);
        Next J
        Print
    Next I
    Print "A 的维界:"
    Print "第一维下界:"; LBound(A, 1); "第一维上界:"; UBound(A, 1)
    Print "第二维下界:"; LBound(A, 2); "第二维上界:"; UBound(A, 2)
End Sub
```

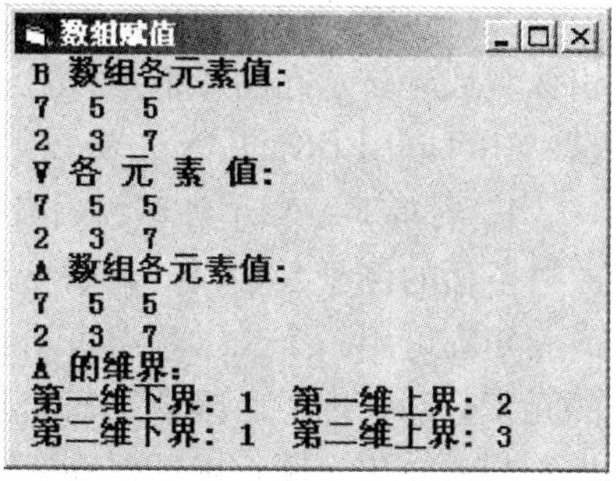

图 6-3

上例中,把二维数组 B 分别赋值给 Variant 变量 V 和整型动态数组 A。VB 对 V 和 A 所作处理如下:

将二维数组 B 赋值给 Variant 变量 V 时,把 Variant 变量 V 创建成一个和 B 数组大小一样、元素类型相同的二维数组,并把 B 数组的各元素一一复制到 V 的对应元素中。虽然对 V 的元素的访问方式与使用数组元素方式完全相同,但 V 仍然是一个 Variant 变量。

将二维数组 B 赋值给动态数组 A 时,重新定义动态数组 A,使 A 数组的维和维界以及大小和 B 数组相同,并把 B 数组的各元素一一复制给 A 数组的对应元素中。赋值语句执行后,动态数组 A 已重定义为一个 2×3 的数组。

6.2.2 数组元素的输出

数组元素的输出与普通变量的输出完全相同。可以使用 Print 方法将数组元素显示在窗体上或者显示在图片框中,也可将数组元素显示到文本框中或者输出到列表框。程序调试时还可以用 Debug.Print 将数组元素显示到"立即"(Immediate)窗口。

1. 利用 For-Next 循环控制数组元素的输出

下面的例子是生成一个如下形式的矩阵,并按矩阵元素的排列次序将矩阵输出。

矩阵可用一个二维数组表示,根据矩阵元素值的变化规律应对奇数行的元素与偶数行的元素分别处理。二维数组输出则通过二重 For 循环实现,用外循环控制行的变化,内循环控制列的变化。图 6-4 是程序运行的画面。

$$\begin{bmatrix} 11 & 12 & 13 & 14 & 15 \\ 20 & 19 & 18 & 17 & 16 \\ 21 & 22 & 23 & 24 & 25 \\ 30 & 29 & 28 & 27 & 26 \end{bmatrix}$$

图 6-4

程序代码如下:

```
Option Explicit
Option Base 1
Private Sub Cmd1_Click( )
    Dim A(4, 5) As Integer
    Dim K As Integer
    Dim I As Integer, J As Integer, S As String
    '生成数组
    K = 10
    For I = 1 To 4
        If I Mod 2 <> 0 Then            '处理奇数行
            For J = 1 To 5
                K = K + 1
                A(I, J) = K
            Next J
        Else
            For J = 5 To 1 Step -1       '处理偶数行
                K = K + 1
                A(I, J) = K
            Next J
        End If
    Next I
    '数组输出
```

```
            If Check1. Value <> 1 Then
                For I = 1 To 4
                    For J = 1 To 5
                        Picture1. Print A(I, J);      '将二维数组分行输出到图片框
                    Next J
                    Picture1. Print                   '在图片框中每输出一行后就换行
                Next I
            Else
                For I = 1 To 4
                    For J = 1 To 5
                        S = S & Str(A(I, J))          '将二维数组分行输出到多行文本框
                    Next J
                    S = S & Chr(13) & Chr(10)         '在文本框中每输出一行后就分行
                Next I
                Text1. Text = S
            End If
        End Sub
```

注意：上例中文本框的 MultiLine 属性必须设置为 True。语句中的 Chr(13) 是回车符，Chr(10) 是换行符。回车换行符也可改用系统常量 vbCrLf。也就是说，上面的语句 S = S & Chr(13) & Chr(10) 也可改写为 S = S & vbCrLf，二者效果相同。

*2. 用 For Each-Next 结构语句输出数组元素

For Each-Next 语句是专门用来为数组或对象集合中的每个元素重复执行一组语句而设置的。程序执行 For Each-Next 语句时，按数组元素在内存中的排列顺序依次处理每一个元素，并在到达数组或集合末尾时会自动停止循环，即循环次数与数组或集合中元素的个数相同。

For Each-Next 结构语句的一般形式如下：

```
For Each Element In  <array>│<object set>
    [语句组]
    [Exit For]
    [语句组]
Next [Element]
```

结构中 Element 是一个由用户提供的在 For Each-Next 结构内重复使用的 Variant 变量，它实际上代表的是数组中每一个元素或者对象集合中的每一个成员。

<array> 是要处理的数组名。<object set> 是这个循环要处理的对象集合名。在一个 For Each-Next 结构中只能处理两者中的一种。循环次数则由数组中的元素的个数或对象集合中的成员个数确定。

语句组就是需要重复执行的循环体，与 For-Next 循环一样，在循环体内可以包含若干 Exit For 语句，执行该语句，将退出循环。

下面是一个使用 For Each-Next 结构语句的示例程序，它的功能是找出 12 个能被 7 整

除的两位数,并分两行输出。程序代码如下:

```
Option Base 1
Private Sub Command1_Click( )
    Dim A(12) As Integer, V As Variant
    Dim I As Integer, Js As Integer
    Js = 14
    For I = 1 To 12              '找能被7整除的两位数并赋值给数组元素
        A(I) = Js
        Js = Js + 7
    Next I
    Js = 0
    For Each V In A              '按指定要求输出
        Js = Js + 1
        Print V;
        If Js Mod 6 = 0 Then Print
    Next V
End Sub
```

执行程序,在窗体上显示的结果如下:

  14 21 28 35 42 49
  56 63 70 77 84 91

下面程序代码的功能则是把如下的二维数组用 For Each-Next 结构输出:

  11 12 13
  21 22 23

```
Option Base 1
Private Sub Command1_Click( )
    Dim Exam(2, 3) As Integer, V As Variant
    Dim I As Integer, J As Integer
    For I = 1 To 2
        For J = 1 To 3
            Exam(I, J) = I * 10 + J
        Next J
    Next I
    For Each V In Exam
        Print V;
    Next V
End Sub
```

执行程序,在窗体上显示的结果是:11 21 12 22 13 23。

我们知道二维数组元素在内存中是按列的顺序排列的,从运行该程序的结果可以看出,For Each-Next 语句正是按数组元素在内存中的排列顺序依次处理每个数组元素的。

6.2.3 数组元素的引用

在程序中可以像使用普通变量一样引用数组元素,也就是说,数组元素可以出现在表达式中的任何位置和赋值号的左边。再次强调在引用数组元素时,数组元素的下标表达式的值一定要在定义数组时规定的维界范围之内,否则就会产生"下标越界"的错误。

【例6-1】 随机生成20个不同的两位整数,并且分两行显示在图片框中。

算法说明: 利用随机函数生成指定范围的整数时,会有重复的数字产生。为了剔除重复的数字,采用的方法是,每当用随机函数生成一个新的整数时,都要用这个数与前面已生成的数进行比较,若与前面已生成的数不相同则将它存入到数组中,否则将其丢弃。由于在处理过程中,无法预先知道会产生多少个重复的数,因此程序中使用Do循环对数据的生成过程进行控制。

程序代码如下:

```
Option Explicit
Option Base 1
Private Sub Form_Click()
    Dim A(20) As Integer, Idx As Integer, I As Integer
    Dim Temp As Integer
    Idx = 1
    A(1) = Int(Rnd * 90) + 10
    Do While Idx < 20              '控制生成20个随机数
        Temp = Int(Rnd * 90) + 10  '生成一个随机整数
        For I = 1 To Idx           '判断这个随机整数是否与已有的数相同
            If Temp = A(I) Then Exit For
        Next I
        If I > Idx Then
                                   '若这个数与已有的数不同,则将它赋值给数组某个元素
            Idx = Idx + 1
            A(Idx) = Temp
        End If
    Loop
    For I = 1 To 20                '将生成的20个不同的随机数分两行输出
        Picture1.Print A(I);
        If I Mod 10 = 0 Then Picture1.Print
    Next I
End Sub
```

【例6-2】 随机生成一个各元素值在 $-30 \sim 30$ 之间的 4×4 的数组,找出其中绝对值最大的元素,并指出它在数组中的位置。

图6-5为程序参考界面,程序代码如下:

```
Option Explicit
```

```
Option Base 1
Private Sub Command1_Click()
    Dim I As Integer, J As Integer
    Dim A(4, 4) As Integer, Abs_Max As Integer
    Dim L As Integer, R As Integer
    For I = 1 To 4
        For J = 1 To 4
            A(I, J) = Int(Rnd * 61) - 30
            Picture1.Print Left(Str(A(I, J)) & "  ", 4);
        Next J
        Picture1.Print
    Next I
    Abs_Max = Abs(A(1, 1))
    L = 1: R = 1
    For I = 1 To 4
        For J = 1 To 4
            If Abs(A(I, J)) > Abs_Max Then
                Abs_Max = Abs(A(I, J))
                L = I: R = J
            End If
        Next J
    Next I
    Label1 = "绝对值最大的元素是：A(" & L & "," & R & ") = " & A(L, R)
End Sub
```

图 6-5

代码中的 Label1 等同于 Label1.Caption。

6.3 动态数组

在程序设计阶段定义数组时，可能不知道数组到底应该定义多大才能满足需要，所以希望程序在运行时具有改变数组大小的能力。通常把需要在运行时才能确定大小、给其分配存储空间的数组称为动态数组。动态数组的大小在程序运行时根据需要可以多次重新定义。

1. 定义动态数据

用数组说明语句定义一个不指明维界的数组，VB 将它视为一个动态数组。使用动态数组可以节省存储空间，有助于有效地管理内存，使程序更加简洁明了。定义动态数组一般分为两步：

首先在标准模块、窗体模块层或过程中使用下面语句定义不指明维界的数组：

Public | Private | Dim | Static 数组名()[As 类型]

其次，程序了解到数组应该有多大之后，再使用 ReDim 语句来动态地定义数组的大小、分配存储空间。ReDim 语句格式如下：

ReDim [Preserve] 数组名(维界定义) [As 类型]

ReDim 语句的功能是：重新定义动态数组(或定义一个新数组)，按定义的上下界给数组重新分配存储空间。

注意：ReDim 语句与 Public、Private、Dim、Static 语句不同，ReDim 语句是一个可执行语句，只能出现在过程中。重新定义动态数组时，不能改变数组的数据类型。

例如，在程序中可以使用 ReDim 语句多次重新定义动态数组。

```
Option Base 1
Private Sub Form_Click()
    Dim Dynamic() As Integer
    Dim L As Integer, R As Integer
    ReDim Dynamic(9)  '将动态数组 Dynamic 重定义为有9个元素的一维数组
    L = 3: R = 4
    ReDim Dynamic(L, R)  '将动态数组 Dynamic 重定义为 3×4 的二维数组
End Sub
```

与固定大小数组说明不同，在重新定义动态数组时，定义维界的表达式中可以包含变量。

2. Preserve 选项的作用

当 ReDim 语句中没有使用关键字 Preserve 时，可以重新定义动态数组的维数和各维的上、下界；当重新分配动态数组存储空间时，数组中的内容全部清除。但如果在 ReDim 语句中使用了 Preserve 选项，当改变原有数组最末维的大小时，可以保持数组中原来的数据。注意：只能重定义数组最末维的大小，且根本不能改变维数的数目。

重新定义后的数组如果比原来的数组小，则从原来数组的存储空间的尾部向前释放多余的存储单元；如果比原来的数组大，则从原来的数组存储空间的尾部向后延伸增加存储单元。以二维数组为例，由于数组元素的存储单元在内存中是按列排列的，对动态数组重定义后若要保持原数组中的内容不变，因此含有 Preserve 关键字的 ReDim 语句只能改变最后一维(列下标)的维上界。如果改变数组的维数或其他的维界大小将会产生错误。

新增元素被赋予该类型的初始值。例如：

```
Option Base 1
Private Sub Command1_Click()
    Dim Dynamic() As Integer
    Dim I As Integer, J As Integer
    ReDim Dynamic(3, 3)
    Debug.Print "3×3 的动态数组 Dynamic 的值"
    For I = 1 To 3
        For J = 1 To 3
            Dynamic(I, J) = I * 10 + J
            Debug.Print Dynamic(I, J);
```

```
            Next J
            Debug.Print
        Next I
        ReDim Preserve Dynamic(3, 4)
        Debug.Print "3×4 的动态数组 Dynamic 的值"
        For I = 1 To 3
            For J = 1 To 4
                Debug.Print Dynamic(I, J);
            Next J
            Debug.Print
        Next I
    End Sub
```

程序运行结果：

3×3 的动态数组 Dynamic 的值
  11 12 13
  21 22 23
  31 32 33

3×4 的动态数组 Dynamic 的值
  11 12 13 0
  21 22 23 0
  31 32 33 0

【例6-3】 编写程序，按每行6个数输出裴波拉契数列的前 n 项（n 由用户用 InputBox 语句输入），裴波拉契数列的递推公式如下：

$$F(n) = \begin{cases} 1, & n=1 \\ 1, & n=2 \\ F(n-2)+F(n-1), & n \geq 3 \end{cases}$$

算法说明：利用未知项与已知项之间存在的某种关系，从已知项出发能一项一项地求出未知项的方法叫做递推法。已知项是递推的初始条件，如上面递推公式中 $F(1)=1$ 和 $F(2)=1$。未知项对已知项的某种依赖关系称为递推公式，例如，$F(n)=F(n-2)+F(n-1)$。利用递推的初始条件和递推公式进行计算是程序设计中最常用的算法之一。

图6-6为程序参考界面，程序代码如下：

```
    Option Explicit
    Option Base 1
    Private Sub Command1_Click()
        Dim Pb() As Integer, N As Integer
        Dim I As Integer
        N = InputBox("输入数列项数",,18)
        ReDim Pb(N)
        Pb(1) = 1
```

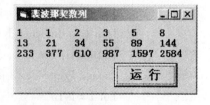

图6-6

```
        Pb(2) = 1
        For I = 3 To N
            Pb(I) = Pb(I - 2) + Pb(I - 1)
        Next I
        For I = 1 To N
            Print Left(Pb(I) & " ", 5);              '数据左对齐
            If I Mod 6 = 0 Then Print
        Next I
    End Sub
```

*3. 利用 ReDim 语句创建一个新的动态数组

如果在 ReDim 语句中所使用的数组名,此前在模块通用部分或该过程中都没有定义过,则该 ReDim 语句会动态地创建一个新的动态数组,并根据指定的维界以及 As 子句指定的类型给数组分配存储空间。这个新创建的数组也可以被重新定义。例如:

```
    Option Explicit
    Option Base 1
    Private Sub Form_Click( )
        Dim I As Integer
        I = 5
        ReDim a(I) As Integer        '动态地定义一个有 5 个元素、整型的一维数组 A
        For I = 1 To 5
            a(I) = I
            Print a(I);
        Next I
        Print
        ReDim Preserve a(7)
        a(6) = 6: a(7) = 7
        For I = 1 To 7
            Print a(I);
        Next I
    End Sub
```

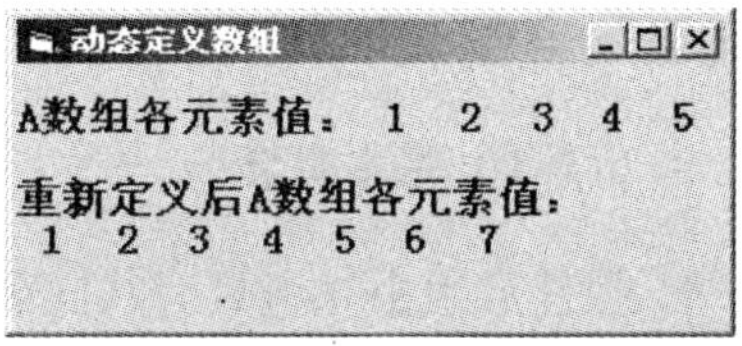

图 6-7 是上述程序运行时的界面。

图 6-7

4. Erase 语句

Erase 语句的格式如下:

  Erase 数组名[,数组名,…]

Erase 语句的功能是用来清除指定的数组。若指定数组是固定大小的数组,则对该数组的内容进行刷新恢复成初始状态。若指定数组是动态数组,则释放分配给动态数组的存储空间。

例如,下面的程序段:

  Option Explicit

```
Option Base 1
Private Sub Form_Click( )
    Dim A(3) As Integer
    Dim B( ) As Integer
    Dim I As Integer
    ReDim B(3)
    For I = 1 To 3
        A(I) = I
        B(I) = 10 + I
    Next I
    Print "A 数组内容："; A(1); A(2); A(3)
    Print "B 数组内容："; B(1); B(2); B(3); vbCrLf
    Erase A, B
    Print "执行 Erase A,B 后"
    Print "A 数组内容："; A(1); A(2); A(3)
    Print "B 数组内容：";
    Print B(1); B(2); B(3)
End Sub
```

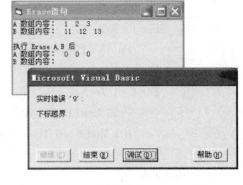

图 6-8

在 Erase 语句执行后，数组 A 的所有元素值改变为 0。分配给动态数组 B 的存储单元被释放，B 数组又成为一个没有存储单元的空数组，因此执行 Print B(1); B(2); B(3)语句时产生了"下标越界"的错误。图 6-8 是本程序的运行界面。

6.4 控件数组

6.4.1 基本概念

控件数组由一组具有共同名称和相同类型的控件组成，数组中的每一个控件共享同样的事件过程。例如，若一个控件数组含有 3 个单选按钮，不论单击哪一个，都会调用同一个 Click 事件过程。

控件数组的名字由控件的 Name 属性指定，而数组中的每个元素的下标则由控件的 Index 属性指定，也就是说，Index 属性区分控件数组中的元素。控件数组的第一个元素的下标是零(0)，控件数组可用到的最大索引值为 32767。引用控件数组元素的方式同引用普通数组元素一样，均采用

控件数组名(下标)

的形式。例如，Option1(0)，表示控件数组 Option1 的第 1 个元素。同一控件数组中的元素可以有相同的属性设置值，也可以有自己的属性设置值。

当数组中的一个控件识别了一个事件时，VB 将调用控件数组的事件过程，并把该控件的 Index 属性值传递给过程，由它指明是哪个控件识别了事件。下面是单选按钮控件数组

的 Click 事件过程的格式,从中可以看到在控件数组的 Click 事件过程中加入了 Index 参数。
Private Sub Option1_Click(Index As Integer)
    …
End Sub

6.4.2 建立控件数组

在设计时可使用两种方法创建控件数组:

1. 创建同名控件

- 首先在窗体上绘制作为控件数组元素的同一类型的控件,并决定哪个控件作为数组中的第一个元素。
- 接着选定要包含在数组中的控件,将其激活,在属性窗口中选择 Name 属性,输入与控件数组中的第一个元素相同的名字。
- 当给控件输入与数组第一个元素相同的名称后,VB 将显示一个对话框(图 6-9),询问是否确实要建立控件数组。此时选择"是",则该控件被添加到数组中,该控件的 Index 属性值自动设为 1,而数组第一个元素的 Index 值设置为 0。若选择"否",则放弃此次建立控件数组的操作。

图 6-9

- 依次把每一个要加入到数组中的控件的名字改为与数组第一个元素相同的名称。新加入到控件数组中的控件的 Index 值为控件数组中上一个控件的 Index 值加 1。

2. 复制现存控件

操作步骤如下:

- 首先在窗体上绘制作为控件数组第一个元素的控件。
- 接着选定这个控件,将其复制到剪贴板。
- 再将剪贴板内容粘贴到窗体上,VB 将显示一个同样的对话框(图 6-9),询问是否确实要建立控件数组。此时选择"是",则该控件被添加到数组中。指定该控件的索引值为 1,而数组第一个元素的 Index 值设置为 0。
- 通过多次"粘贴",增加控件数组中的元素。每个新数组元素的 Index 值与其添加到控件数组中的次序相同。

6.4.3 使用控件数组

应用控件数组可以在程序运行时创建一个控件的多个实例,并能很好地控制在程序运行时到底显示多少个对象。利用 For-Next 循环结构,还可非常简便地为控件数组的各个元素设置相同的属性。例如,下面的事件过程就为一个文本框控件数组的三个元素设置了共同的字体与大小。
```
Private Sub Form_Load( )
    Dim I as Integer
    For I = 0 To 2
        Text1(I).Font.Name = "隶书"
        Text1(I).Font.Size = 16
    Next I
    …
End Sub
```
在程序运行时可以用 Load 和 Unload 语句添加和删除控件数组中的控件。注意添加的控件必须是现有控件数组的元素,所以在设计时必须先创建一个 Index 属性为 0 的控件,运行时方可执行 Load 和 Unload 语句。

1. Load 语句

格式:Load Object(Index)

功能:向控件数组添加控件。

说明:Object 是向其中添加控件的控件数组名称,Index 是控件在数组中的索引值。

加载新元素到控件数组时,不会自动把 Visible、Index、TabIndex 属性设置值复制给控件数组的新元素,所以要在程序中将 Visible 属性设置成 True。

2. Unload 语句

格式:Unload Object(Index)

功能:删除用 Load 语句产生的对象数组元素。

以下的程序代码用以在程序运行时,通过 Load 语句创建名为 Text1 的控件数组。

图 6-10 是本示例的运行画面。程序代码如下:

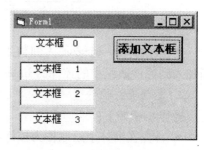

图 6-10

```
Option Explicit
Dim TextNum
Private Sub Command1_Click( )
    If TextNum < 3 Then
        TextNum = TextNum + 1
        Load Text1(TextNum)
        Text1(TextNum).Visible = True
        Text1(TextNum).Top = Text1(TextNum – 1).Top + _       '续下行
            Text1(TextNum – 1).Height + 100
        Text1(TextNum).Text = "文本框" & Str(TextNum)
    End If
End Sub
```

控件数组主要应用于具有多个同类型控件的应用程序。

【例 6-4】 使用控件数组,设置文字的风格。

本例与第 3 章例 3-4 的功能相同,都是设置文本框的 Font 属性。但两例相比,使用控件数组后,数组中的每一个控件共享同一个事件过程,程序在结构上更加简洁紧凑。

图 6-11 为程序参考界面,程序代码如下:

```
Option Explicit
Private Sub Check1_Click(Index As Integer)
    Select Case Index
        Case 0                                          '常规
            If Check1(Index).Value = 1 Then
                Text1.Font.Italic = False
                Text1.Font.Bold = False
                Check1(1).Value = 0
                Check1(2).Value = 0
            End If
        Case 1                                          '斜体
            Check1(0).Value = 0
            If Check1(Index).Value = 1 Then
                Text1.Font.Italic = True
            Else
                Text1.Font.Italic = False
            End If
        Case 2                                          '粗体
            Check1(0).Value = 0
            If Check1(Index).Value = 1 Then
                Text1.Font.Bold = True
            Else
                Text1.Font.Bold = False
            End If
    End Select
End Sub
Private Sub Option1_Click(Index As Integer)             '字号
    Text1.Font.Size = 12 + 2 * Index
End Sub
Private Sub Option2_Click(Index As Integer)
    Select Case Index
        Case 0
            Text1.Font.Name = "宋体"
        Case 1
            Text1.Font.Name = "隶书"
        Case 2
            Text1.Font.Name = "楷体_GB2312"
```

图 6-11

```
            Case 3
                Text1.Font.Name = "黑体"
        End Select
End Sub
Private Sub Command1_Click( )
        End
End Sub
```

6.5 程序示例

【例 6-5】 随机生成 10 个 1~15 之间的整数,统计有多少个不相同的数。

算法说明:为了方便处理,把随机生成的 10 个随机数存放在一维数组 Number 中。因为生成 10 个随机数和从这 10 个数中找出不相同的数分别由两个 Command 事件过程完成,所以这个数组的作用域必须覆盖这两个过程,因此数组 Number 一定要在模块的通用部分进行说明。

找出不相同的数的方法是:把 Number(1)作为第一个不相同的数,然后用 Number(2)与 Number(1)比较,若二者相同,则放弃(不做处理),若不相同则 Number(2)是第二个不同的数,依次类推,即用 Number(i)与它前面 i-1 个元素比较,若它与前面某个元素相同,则停止这一轮比较,若与前 i-1 个元素都不相同,则 Number(i)就是一个不相同的数。

图 6-12 为程序参考界面,程序代码如下:

```
Option Explicit
Option Base 1
Dim Number(10) As Integer
Private Sub Command1_Click( )
    Dim I As Integer
    For I = 1 To 10                           '生成随机数组
        Number(I) = Int(Rnd * 15) + 1
        Text1 = Text1 & Number(I) & " "
    Next I
End Sub
Private Sub Command2_Click( )
    Dim Js As Integer, K As Integer
    Dim N As Integer, I As Integer
    N = UBound(Number)
    Text2 = Number(1) & " "
    Js = 1
    For I = 2 To N
        For K = 1 To I - 1
```

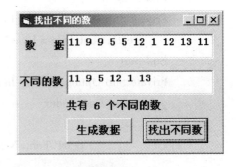

图 6-12

```
            If Number(I) = Number(K) Then Exit For
        Next K
        If K > I – 1 Then
            Js = Js + 1
            Text2 = Text2 & Number(I) & " "
        End If
    Next I
    Label3 = "共有 " & Js & " 个不同的数"
End Sub
```

【例 6-6】 编写一个程序,随机产生 10 个两位数,存放在数组 Compare 中,并从中找出最大数和最小数。

算法说明:设置变量 Max 和 Min 分别存放选出的最大数和最小数,变量 V_max 和 V_min 作为指针分别存放最大元素和最小元素的下标。

首先将数组的第一个元素的值分别赋给 Max 和 Min,把 1 赋值给 V_max 和 V_min,让它们同时指向数组的第一个元素。

然后再用变量 Max 和 Min 中的值依次与数组中其他元素的值进行比较,若数组的某个元素的值大于 Max 的值,则用该元素的值替换 Max 中原来的值,同时改变 V_max 的值,使得它始终指向较大的数组元素。若数组的某个元素的值小于 Min 的值,则用该元素的值替换 Min 中原来的值,同时也改变 V_min 的值,让它始终指向较小的数组元素。比较完成后,Max 和 Min 中就分别保存 10 个数中的最大数和最小数。

图 6-13 为程序参考界面,程序代码如下:

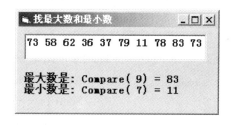

图 6-13

```
Option Explicit
Option Base 1
Private Sub Form_Click()
Dim Compare(10) As Integer
Dim I As Integer
    Dim Max As Integer, Min As Integer
    Dim V_max As Integer, V_min As Integer
    For I = 1 To 10
        Compare(I) = Int(90 * Rnd) + 10
        Text1 = Text1 & Compare(I) & " "
    Next I
    Max = Compare(1): Min = Compare(1)
    V_max = 1: V_min = 1        'V_max 和 V_min 同时指向数组的第一个元素
    For I = 2 To 10
        If Compare(I) > Max Then
            Max = Compare(I)
            V_max = I           'V_max 指向较大的数组元素
        ElseIf Compare(I) < Min Then
```

                Min = Compare(I)
                V_min = I   'V_max 指向较小的数组元素
            End If
        Next I
        Text2 = "最大数是：Compare(" & V_max & ") =" & Max & vbCrLf
        Text2 = Text2 & "最小数是：Compare(" & V_min & ") =" & Min
    End Sub

如果数组下标的下界不是1，可以利用LBound(a)和UBound(a)函数实现相关的处理。请读者自行修改本程序，进行练习。

【例6-7】 随机生成元素值在 −30 ~ 30 范围内的 5×4 的矩阵，并求出该矩阵的"行和范数"。

矩阵每一行元素绝对值之和的最大值就是该矩阵的行和范数。

图6-14为程序参考界面，程序代码如下：

图 6-14

```
Option Explicit
Option Base 1
Private Sub Command1_Click()
    Dim A(5, 4) As Integer
    Dim Sum(5) As Integer
    Dim I As Integer
    Dim J As Integer
    Dim Max As Integer
    Randomize
    For I = 1 To 5
        For J = 1 To 4
            A(I, J) = Int(Rnd * 61) - 30
            Sum(I) = Sum(I) + Abs(A(I, J))
            Picture1.Print Left(Str(A(I, J)) & " ", 5);
        Next J
        Picture1.Print
    Next I
    Max = Sum(1)
    For I = 2 To 5
        If Max < Sum(I) Then
            Max = Sum(I)
        End If
    Next I
    Label1 = "矩阵 A 的行和范数是:" & Max
End Sub
```

【例6-8】 随机生成10个两两互质的4位数并按从大到小的顺序存放在列表框中。

所谓的"两两互质",就是在一组数据中任意两个数除了 1 以外没有其他的公约数。

算法说明：在使用列表框时可以把它的 List 属性当作数组一样看待。除第一个随机数以外,每当生成一个 4 位的随机整数,都要验证这个数和列表框中每个列表项是否互质。若不互质,则丢弃它;若互质,则拿它依次和各列表项比较,并将它插入到第一个比它小的列表项前面。

图 6-15 为程序参考界面,程序代码如下:

```
Option Explicit
Private Sub Command1_Click( )
    Dim P As Integer, I As Integer, Idx As Integer
    Dim J As Integer
    List1.List(0) = Int(Rnd * (9999 - 1000 + 1)) + 1000
    Do
        P = Int(Rnd * 9000) + 1000
        For I = 0 To List1.ListCount - 1
            For J = 2 To P          '检查有无公约数
                If P Mod J = 0 And List1.List(I) Mod J = 0 Then
                    Exit For
                End If
            Next J
            If J <= P Then Exit For
        Next I
        If I > List1.ListCount - 1 Then
            Idx = 0
            Do While P < List1.List(Idx)
                Idx = Idx + 1
                If Idx > List1.ListCount - 1 Then Exit Do
            Loop
            List1.AddItem P, Idx
        End If
    Loop Until List1.ListCount = 10
End Sub
```

图 6-15

【**例 6-9**】 插入数据。

在一个元素按递增次序排列的有序数组中,插入一个数,使该数组仍旧有序。

算法说明：(1) 找到待插入数据应在数组中的位置 K;

(2) 将从数组的最后元素开始到数组的第 K 个元素依次往后移动一个位置;

(3) 将待插入数据存入到数组的第 K 个元素中。

图 6-16 为程序参考界面,程序代码如下:

```
Option Explicit
Option Base 1
```

```
Dim A( ) As Integer
Private Sub Command1_Click( )
    Dim Idx As Integer, P As Integer
    Dim S As String
    S = LTrim(Text1)
    Do While Len(S) <> 0
        Idx = Idx + 1
        ReDim Preserve A(Idx)
        P = InStr(S, " ")
        If P <> 0 Then
            A(Idx) = Mid(S, 1, P – 1)
            S = Right(S, Len(S) – P)
        Else
            A(Idx) = S
            S = ""
        End If
    Loop
End Sub
Private Sub Command2_Click( )
    Dim Insert As Integer, Ub As Integer
    Dim K As Integer, J As Integer
    Insert = InputBox("输入要插入的数")       '输入 16
    Ub = UBound(A)
    For K = 1 To Ub                          '查找待插入数据应在数组中的位置
        If Insert < A(K) Then
            Exit For
        End If
    Next K
    ReDim Preserve A(Ub + 1)                 '数组增加一个元素
    For J = Ub To K Step – 1                 '数组元素后移
        A(J + 1) = A(J)
    Next J
    A(K) = Insert                            '将 Insert 插入到对应位置
    For J = 1 To Ub + 1
        Text2 = Text2 & A(J) & " "
    Next J
End Sub
```

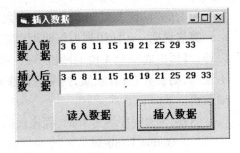

图 6-16

【例 6-10】 随机生成 10 个数,用交换法对这 10 个数按从小到大的顺序排序。

算法说明:设在数组 Sort 中存放 n 个无序的数,要将这 n 个数按升序重新排列。

第一轮比较：用 Sort(1) 与 Sort(2) 进行比较，若 Sort(1) > Sort(2)，则交换这两个元素中的值，然后继续用 Sort(1) 与 Sort(3) 比较，若 Sort(1) > Sort(3)，则交换这两个元素中的值；……依次类推，直到 Sort(1) 与 Sort(n) 进行比较和处理后，Sort(1) 中就存放了 n 个数中的最小的数。

第二轮比较：用 Sort(2) 依次与 Sort(3)、Sort(4)…、Sort(n) 进行比较，处理方法相同，每次比较总是取小的数放到 Sort(2) 中，这一轮比较结束后，Sort(2) 中存放 n 个数中的第二小的数。

……

第 n－1 轮比较：用 Sort(n－1) 与 Sort(n) 比较，取小者放到 Sort(n－1) 中，Sort(n) 中的数则是 n 个数中最大的数。经过 n－1 轮的比较后，n 个数已按从小到大的次序排列好了。

图 6-17 为程序参考界面，程序代码如下：

```
Option Explicit
Option Base 1
Private Sub CmdSort_Click( )
    Dim Sort(10) As Integer, Temp As Integer
    Dim I As Integer, J As Integer
    Randomize
    For I = 1 To 10
        Sort(I) = Int(Rnd * (100 - 1)) + 1
        Text1 = Text1 & Str(Sort(I))
    Next I
    For I = 1 To 9
        For J = I + 1 To 10
            If Sort(I) > Sort(J) Then
                Temp = Sort(I)
                Sort(I) = Sort(J)
                Sort(J) = Temp
            End If
        Next J
        Text2 = Text2 & Str(Sort(I))
    Next I
    Text2 = Text2 & Str(Sort(I))
End Sub
```

图 6-17

交换法排序比较简单，比较次数与数据原先的次序无关，总的比较次数是：$\frac{n(n-1)}{2}$ 次。

从上面的程序可以看出，由于把交换两个数组元素的操作放在内循环，因此数据交换的操作比较多。我们可以对上面的算法稍加改进，以减少交换数据的次数。设置一个指针 Pointer，在开始每轮比较时，首先将外循环的循环控制变量 I 的值赋给 Pointer，用元素

Sort(Pointer)与其后的元素进行比较,在进行数据比较过程中需要交换两个元素的值时,仅仅将另一个数组元素的下标传递给指针 Pointer,使得 Pointer 的值始终指向较小的元素。当这一轮比较结束后(即内循环结束后),若循环控制变量 i 的值 与 Pointer 的值相同,则说明这一轮比较中不需要进行数据交换,若不相等,就交换 Sort(i)与 Sort(Pointer)的值。修改后的算法减少了交换数据的次数,提高了运行的效率。这种算法被称为"选择法排序"。程序代码如下:

```
Option Explicit
Option Base 1
Private Sub CmdSort_Click()
    Dim Sort(10) As Integer, Temp As Integer
    Dim I As Integer, J As Integer
    Dim Pointer As Integer
    Randomize
    For I = 1 To 10
        Sort(I) = Int(Rnd * (100 - 1)) + 1
        Text1 = Text1 & Str(Sort(I))
    Next I
    For I = 1 To 9
        Pointer = I
        For J = I + 1 To 10
            If Sort(Pointer) > Sort(J) Then
                Pointer = J
            End If
        Next J
        If I <> Pointer Then
            Temp = Sort(I)
            Sort(I) = Sort(Pointer)
            Sort(Pointer) = Temp
        End If
        Text2 = Text2 & Str(Sort(I))
    Next I
    Text2 = Text2 & Str(Sort(I))
End Sub
```

【例6-11】 顺序查找程序。

算法说明:在一组数据中查找是否存在指定的数据是极其常见的数据处理之一。查找数组中的元素一般有两种方法:一种是顺序查找,一种是二分查找。

顺序查找就是从数组第一个元素项开始,每次用一个数组元素的值与要查找的数进行比较,如果找到了,就给出"找到"的信息;如果遍历整个数组都没有找到,就给出"找不到"的信息。

图 6-18 是示例程序的参考界面,程序代码如下:

```
Option Explicit
Option Base 1
Dim Search() As Variant
Private Sub Cmd生成数组_Click()
    Dim I As Integer, Element As Variant
    Search = Array(34, 12, 56, 81, 74, 59, 83, 91, 26, 47)
    For Each Element In Search
        Text1 = Text1 & Str(Element)
    Next Element
End Sub
Private Sub Cmd查找_Click()
    Dim I As Integer, Find As Integer
    Text2 = ""
    Find = InputBox("输入要查找的数")
    For I = 1 To UBound(Search)
        If Search(I) = Find Then Exit For
    Next I
    If I <= UBound(Search) Then
        Text2 = "要查找的数" & Str(Search(I)) & "在 Search(" & Str(I) & ")中"
    Else
        Text2 = "在数列中没有找到" & Str(Find)
    End If
End Sub
```

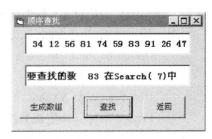

图 6-18

在程序的 Cmd 生成数组_Click 事件过程中,用 Array 函数给变体类型的动态数组 Search 赋值,并用 For Each-Next 循环将数组所有元素拼接成一个字符串显示在文本框 Text1 中。在 Cmd 查找_Click 事件过程的 For-Next 循环中,逐个地用数组元素与要查找的数 Find 进行比较,若某个数组元素的值与 Find 的值相等,则立即跳出循环,否则继续比较直到循环正常结束。最后根据循环变量值是否小于等于循环终值来判断要找的数是否在数组中,并给出是否找到要找的数的结论。

顺序查找的方法虽然简单,当数组很大时,这样一个一个地比较将会花费很多时间。如果数组已经排好序,就可以采用二分查找法来查找某个数。

【例 6-12】 二分查找程序。

所谓"二分"查找,就是每次操作都将查找范围一分为二,即将查找区间缩小一半,直到找到或查询了所有区间都没有找到要查找的数据为止。

算法说明:若已有 15 个已按升序排好的正整数存放在 Search 数组中,设 Left 代表查找区间的左端,初值为 1,Right 代表查找区间的右端,初值为数组的上界。Mid 代表查找区间的中部位置,其值设置为(Left + Right)/2。要查找的数存放在变量 Find 中。二分查找的算法是:

(1) 计算出中间元素的位置 Mid, 判断要查找的数 Find 与 Search(Mid)是否相等, 若相等, 则要查找的数已找到;

(2) 如果 Find 的值 > Search(Mid)的值, 则表明, 要查找的数 Find 可能在 Search(Mid)和 Search(Right)区间中, 因此重新设置 Left = Mid + 1;

(3) 如果 Find < Search(Mid), 则表明 Find 可能在 Search(Left)和 Search(Mid)区间, 因此重新设置: Right = Mid - 1。

重复上述步骤, 每次查找区间减少一半, 如此反复, 其结果是查到要查的数, 或者查不到此数。终止循环的条件是: Left > Right。

图 6-19 为程序参考界面, 二分查找的程序代码如下:

```
Option Explicit
Option Base 1
Dim Search As Variant
Private Sub Cmd生成数组_Click()
    Dim V As Variant
    Search = Array(12, 17, 23, 28, 30, 39, 41, 46, 57, 61)
    For Each V In Search
        Text1 = Text1 & Str(V)
    Next V
End Sub
Private Sub Cmd二分查找_Click()
    Dim Left As Integer, Right As Integer
    Dim Mid As Integer, Flg As Boolean
    Dim Find As Integer
    Find = InputBox("输入要查找的数")
    Left = 1: Right = UBound(Search)
    Flg = False
    Do While Left <= Right
        Mid = (Right + Left)/2
        If Search(Mid) = Find Then
            Flg = True
            Exit Do
        ElseIf Find > Search(Mid) Then
            Left = Mid + 1
        Else
            Right = Mid - 1
        End If
    Loop
    If Flg Then
        Text2 = "要查找的数" & Str(Find) & "在 Search(" & Str(Mid) & ")中"
```

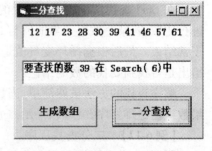

图 6-19

            Else
                Text2 = Str(Find) & "不在数组中"
            End If
        End Sub

【例 6-13】 设 A 是 3×2 的矩阵，B 是 2×3 的矩阵，求 $A \cdot B$。

算法说明： 根据线性代数已知，若 A 是一个 $m \times k$ 的矩阵，B 是一个 $k \times n$ 的矩阵，那么 $A \cdot B$ 得到一个 $m \times n$ 的矩阵。设 $C = A \cdot B$，则 C 矩阵的每一个元素可根据下面的公式计算：

$$C_{ij} = A_{i1} \cdot B_{1j} + A_{i2} \cdot B_{2j} + \cdots + A_{ik} \cdot B_{kj}.$$

图 6-20 是本示例程序的参考界面，程序中使用了三个文本框控件数组 Text1、Text2 和 Text3，分别表示数组 A、B 和 C。

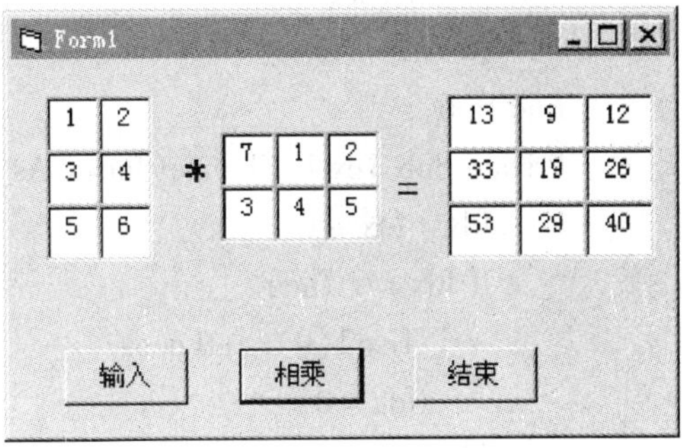

图 6-20 为程序参考界面，程序代码如下：

图 6-20

```
Option Explicit
Option Base 1
Dim Idx As Integer
Dim A(3, 2) As Integer, B(2, 3) As Integer
Dim C(3, 3) As Integer
Private Sub CmdInput_Click()
    Dim I As Integer, J As Integer
    Dim t As Integer
    For I = 1 To 3
        For J = 1 To 2
            A(I, J) = Text1(t).Text
            t = t + 1
        Next J
    Next I
    t = 0
    For I = 1 To 2
        For J = 1 To 3
            B(I, J) = Text2(t).Text
            t = t + 1
        Next J
    Next I
End Sub
Private Sub CmdMuli_Click()
    Dim I As Integer, J As Integer
    Dim K As Integer, T As Integer
```

```
            For I = 1 To 3
                For J = 1 To 3
                    For K = 1 To 2
                        C(I, J) = C(I, J) + A(I, K) * B(K, J)
                    Next K
                    Text3(T).Text = C(I, J)
                    T = T + 1
                Next J
            Next I
        End Sub
        Private Sub Text1_Change(Index As Integer)
            Idx = Idx + 1
            If Idx = 6 Then
                Text2(0).SetFocus
                Idx = 0
            Else
                Text1(Idx).SetFocus
            End If
        End Sub
        Private Sub Text2_Change(Index As Integer)
            Idx = Idx + 1
            If Idx = 6 Then
                CmdInput.SetFocus
                Idx = 0
            Else
                Text2(Idx).SetFocus
            End If
        End Sub
```

【例 6-14】 统计字母(不分大小写)在文本中出现的次数。

算法说明:统计字母在文本中出现的次数的方法是:每次顺序取出文本中的一个字符,并用 UCase 函数将小写字母转换成大写字母。因为任意一个大写字母对"A"的位移量都是在 0~25 之间,所以可定义一个一维数组,它的下标取值范围为 0~25。让数组元素下标值(0~25)与字母 A~Z 一一对应,即用数组元素 A(0)记录字母 A 在文本中出现的次数,A(1)记录字母 B 在文本中出现的次数,…A(25)记录字母 Z 在文本中出现的次数。若该字符是字母,只要用该字母的 ASCII 码值减去"A"的 ASCII 码值,就可得到与这个字母对应的数组元素的下标,然后再将该数组元素的值加 1 即可。

图 6-21 是程序的参考界面,程序代码如下:

```
        Option Explicit
        Private Sub Command1_Click()
```

```
Dim St As String, Idx As Integer
Dim A(0 To 25) As Integer
Dim I As Integer, Js As Integer
    Dim Ch As String * 1, L As Integer
    St = Text1
    L = Len(St)
    For I = 1 To L
        Ch = UCase(Mid(St, I, 1))
        If Ch >= "A" And Ch <= "Z" Then
            Idx = Asc(Ch) - Asc("A")
            A(Idx) = A(Idx) + 1
        End If
    Next I
    For I = 0 To 25
        If A(I) <> 0 Then
            Js = Js + 1
            Text2 = Text2 & Chr(I + Asc("A")) & ":" & Str(A(I)) & " "
            If Js Mod 5 = 0 Then Text2 = Text2 & Chr(13) & Chr(10)
        End If
    Next I
End Sub
```

图 6-21

【例 6-15】 删除一个数列中的重复数。

算法说明：随机生成具有 N 个元素的数列，将其存放在数组 A 中。第一轮用 A(1) 依次和位于其后的所有数组元素比较，假设数组元素 A(i) 与它相同，则将 A(i) 删除。删除的方法是：将位于 A(i) 元素后面的数组元素依次前移，即用 A(i+1) 元素值替换 A(i) 值，A(i+2) 元素值替换 A(i+1) 值……直到用 A(n) 元素值替换 A(n-1) 值；然后继续用 A(1) 和 A(i)、A(i+1)、A(i+2)……A(n-1)（数组已删除一个元素了）等比较，若有相同数存在，仍然将其删除，直到比较完所有元素。第二轮用 A(2) 依次和位于其后的所有数组元素比较，处理方法与第一轮相同。依次类推，直到处理完所有元素。图 6-22 是程序参考界面。界面由两个文本框、相应的用于说明的标签及三个命令按钮组成。

图 6-22 是程序的参考界面，程序代码如下：

```
Option Explicit
Option Base 1
Dim A() As Integer              '定义了一个模块级的动态数组
Private Sub Command1_Click()
    Dim N As Integer, I As Integer
    Text1 = ""
    Text2 = ""
    N = InputBox("输入 N")
```

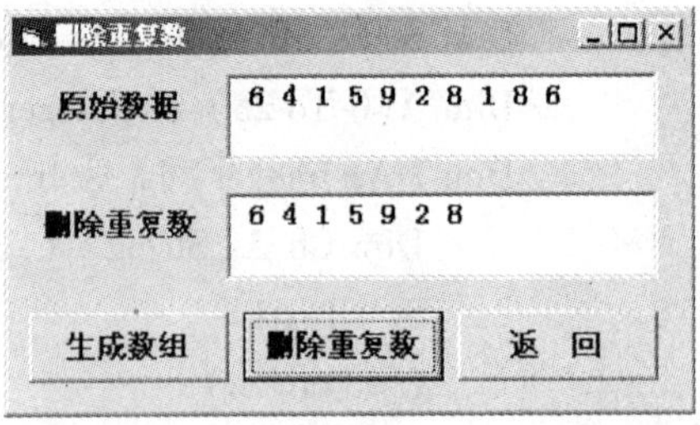

```
        ReDim A(N)
        Randomize
        For I = 1 To N
            A(I) = Int(10 * Rnd) + 1
            Text1 = Text1 & Str(A(I))
        Next I
End Sub
Private Sub CmdErase_Click()
    Dim Ub As Integer, I As Integer, J As Integer
    Dim K As Integer, N As Integer
    Text2 = ""
    Ub = UBound(A)
    N = 1
    Do While N < Ub
        I = N + 1
        Do While I <= Ub
            If A(N) = A(I) Then
                For J = I To Ub - 1
                    A(J) = A(J + 1)        '通过数组元素的前移,删除重复的数
                Next J
                Ub = Ub - 1
                ReDim Preserve A(Ub)       '重新定维界,数组长度减1
            Else
                I = I + 1
            End If
        Loop
        N = N + 1
    Loop
    For N = 1 To Ub
        Text2 = Text2 & Str(A(N))
    Next N
End Sub
```

图 6-22

下面用另一种方法,与前面的方法相比,不同之处仅在"删除重复数"的处理方法有别。在下面程序中将变量 Ub 作为指向数组最后一个元素的指针。假设数组元素 A(i) 与它前面的某一元素相同,要将 A(i) 删除,删除的方法不是采用将位于 A(i) 后面的数组元素依次前移替换前一个数组元素的值,从而删除 A(i) 的方法,而是用 Ub 所指向的数组"最后"一个元素的值替换 A(i) 的值,同时用 Ub = Ub - 1 语句修改指针的值,使指针前移,这样就删除了数组中的一个元素。

```
Private Sub Cmd方法2_Click()
```

```
    Dim Ub As Integer, I As Integer, J As Integer
    Dim K As Integer, N As Integer, Pointer As Integer
    Text2 = ""
    Ub = UBound(A)
    N = 1
    Do While N < Ub
        I = N + 1
        Do While I <= Ub
            If A(N) = A(I) Then
                A(I) = A(Ub)
                Ub = Ub - 1
            Else
                I = I + 1
            End If
        Loop
        N = N + 1
    Loop
    ReDim Preserve A(Ub)              '重新定维界
    For N = 1 To Ub
        Text2 = Text2 & Str(A(N))
    Next N
End Sub
```

程序中用双重的 Do 循环删除数组中重复的数,能否用 For 循环替代 Do 循环?为什么?请读者考虑。

【例 6-16】 设有 15 名学生按照已有的编号顺序围成一圈,1～3 报数,凡报到 3 者出圈,并给他一个新的编号。最先出圈者新的编号为 1,第二个出圈者新的编号为 2,依次类推,直到所有的学生都重新编号。将学生的新老编号对应关系打印出来。

算法说明:通过本例,介绍在编程时如何使用数组元素的值和数组元素的下标这两个属性来描述不同的处理对象。定义两个一维数组 Old_NO 和 New_NO。Old_NO 的数组元素的下标对应学生的老编号;数组元素的值用来标识它所对应编号的学生是否出圈,值为 1 表示未出圈,值为 0 表示对应编号的学生已出圈。New_NO 的数组元素的下标表示学生的新编号,数组元素的值是学生的老编号。重新编号的方法如下:

将数组 Old_NO 的数组元素依次逐个相加(报数处理),每当和数为 3 时,则将该元素的值置为 0(逢 3 者出圈处理),并把它的下标值(老编号)赋给 New_NO 数组的一个元素 New_NO(I)(I = 1,2,3,…,15)(分配新编号)。

图 6-23 为程序参考界面,程序代码如下:

```
Option Explicit
Option Base 1
Private Sub Command1_Click()
```

```
    Dim Old_NO(15) As Integer, New_NO(15) As Integer
    Dim I As Integer, Idx As Integer, Count As Integer
    For I = 1 To 15
        Old_NO(I) = 1
    Next I
    Idx = 0
    For I = 1 To 15
        Count = 0                                '每轮处理前累加器清 0
        Do While Count < 3
            Idx = Idx + 1
            If Idx > 15 Then Idx = 1             '处理数组下标,防止下标越界
            Count = Old_NO(Idx) + Count
        Loop
        Old_NO(Idx) = 0                          '标识对应学生已出圈
        New_NO(I) = Idx                          '给对应学生分配一个新编号
    Next I
    For I = 1 To 15
        Text1.Text = Text1.Text & Right("   " & CStr(I), 3)
        Text2.Text = Text2.Text & Right("   " & CStr(New_NO(I)), 3)
    Next I
End Sub
```

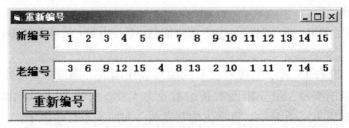

图 6-23

【例 6-17】 找出从 1 ~ 9 这 9 个数字中任取 6 个不同数字组成的素数。

算法说明：本题的关键是如何构造由不同数字组成的 6 位数。通常可用 6 个嵌套的 For 循环的循环变量的不同取值来构成 6 位数,但是若循环嵌套和 If 嵌套过多,会使程序结构变得太复杂。另一种方法是判断一个 6 位数是否是由 6 个不同数字组成的,若是,再对这个数进行下一步的处理。在下面的程序中,定义一个"标识"数组 A,用数组元素的下标 (0 ~ 9) 代表 0 ~ 9 十个数字。用数组元素的值来标识对应的数字是否已被用过,如果数组元素的值为 1,则表示对应的数字已用过,不可再用;若数组元素的值为 0,则表示它对应的数字还未使用,可以用来组数。

图 6-24 为程序参考界面,程序代码如下：
```
    Private Sub Command1_Click()
        Dim A(0 To 9) As Integer, I As Long, K As Integer
```

```
        Dim J As Integer, S As String, N As Long
    For I = 123456 To 987654
            Erase A                    '将标识数组恢复成初始值
            A(0) = 1                   '表示0已使用,要找的6位数不可以含有数字0
            S = CStr(I)
            For J = 1 To 6
                K = Val( Mid(S, J, 1) )
                If A(K) = 0 Then       '判断某数字是否用了两次
                    A(K) = 1           '对已用过的数字打上标记
                Else
                    Exit For
                End If
            Next J
            If J > 6 Then              '判断符合要求的数是否是素数
                For N = 2 To Sqr(I)
                    If I Mod N = 0 Then Exit For
                Next N
                If N > Sqr(I) Then
                    List1.AddItem I
                End If
            End If
        Next I
    End Sub
```

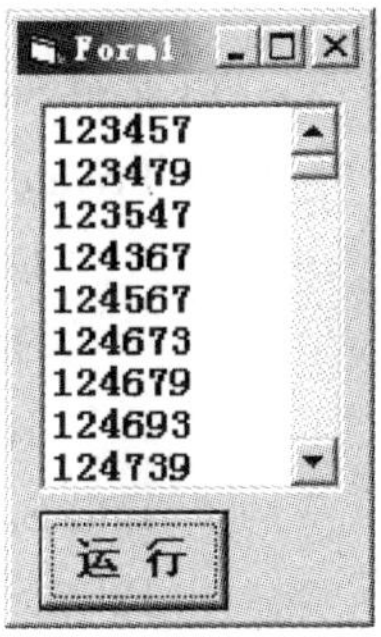

图 6-24

【例 6-18】 使用控件数组,编写一个能进行加、减、乘、除运算的运算器的程序。

算法说明：将控件数组 Command1 的前 10 个元素的下标与 0 ~ 9 这十个数建立对应关系,单击控件数组中的某个命令按钮时,就用该控件数组元素的下标值去组成数据。

本示例使用了以下控件数组：

Command1：有 11 个元素,前 10 个元素(0~9 号元素)分别表示 0~9 十个数字,第 11 个元素表示小数点,共享 Command1_Click( )事件过程。

Command2：有 5 个元素,各元素分别表示 +、-、*、/ 和 Mod 运算符。

另外,命令按钮 Command3 的 Caption 属性值设为"清屏"；Command4 的 Caption 属性值设为" = "；Command5 的 Caption 属性值设为"退出"。

图 6-25 是本程序的运行画面,程序代码如下：

```
    Option Explicit
    Dim Flg As Boolean, Op As Integer, First As Single
    Private Sub Command1_Click( Index As Integer )
        If Index = 10 Then
            Text1 = Text1 & "."
        Else
```

```
            Text1 = Text1 & CStr(Index)
        End If
        If Len(Text1)=2 And Left(Text1,1) ="0" And Mid(Text1,2,1) <> "." Then
            Text1 = Mid(Text1, 2)
        End If
End Sub
Private Sub Command2_Click(Index As Integer)
    First = Val(Text1)
    Op = Index
    Text1 = ""
End Sub
Private Sub Command3_Click()
    Text1 = ""
    First = 0
End Sub
Private Sub Command4_Click()
    Dim Sec As Single
    Sec = Val(Text1)
    Select Case Op
        Case 0
            Text1 = Str(First + Sec)
        Case 1
            Text1 = Str(First - Sec)
        Case 2
            Text1 = Str(First * Sec)
        Case 3
            If Sec <> 0 Then
                Text1 = Str(First / Sec)
            Else
                Text1 ="除数为 0"
            End If
        Case 4
            If Sec <> 0 Then
                Text1 = Str(First Mod Sec)
            Else
                Text1 ="除数为 0"
            End If
    End Select
End Sub
```

图 6-25

```
Private Sub Command5_Click()
    End
End Sub
```

【例6-19】 随机生成10个3位数的整数,将它们存入到数组中。找出该数组的降序数元素,并把它们移动到数组的前面。所谓降序数,是指由高位到低位,各位数字值依次降低的整数。

算法说明:设置一个指针P,指针P指向的是可以插入降序数元素的位置。若A(I)的值是一个降序数,就交换A(I)和A(P)的值、修改指针P的值,从而实现将降序数元素排列在数组的前面。

图6-26是本程序的运行界面。程序代码如下:

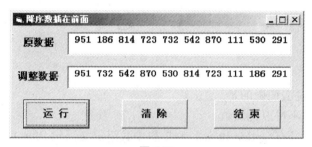

图6-26

```
Option Explicit
Option Base 1
Private Sub Command1_Click()
    Dim A(10) As Integer, I As Integer, P As Integer
    Dim T As Integer, S As String, D(3) As Integer, J As Integer
    Randomize
    For I = 1 To 10
        A(I) = Int(Rnd * 900) + 100
        Text1 = Text1 & Str(A(I))
    Next I
    P = 1
    For I = 1 To 10
        S = CStr(A(I))
        For J = 1 To 3
            D(J) = Mid(S, J, 1)
        Next J
        For J = 1 To 2
            If D(J) <= D(J + 1) Then Exit For
        Next J
        If J > 2 Then            '若A(I)是降序数,则交换A(I)和A(P)的值
            T = A(P)
```

```
            A(P) = A(I)
            A(I) = T
            P = P + 1              '修改指针的值
         End If
      Next I
      For I = 1 To 10
         Text2 = Text2 & Str(A(I))
      Next I
   End Sub
```

习　题

一、选择题

1. 下列有关数组的说法正确的是_____。
   A. 数组的维下界不可以是负数
   B. 模块通用声明处有 Option Base 1,则模块中数组定义语句 Dim A(0 To 5)会与之冲突
   C. 模块通用声明处有 Option Base 1,模块中 Dim A(0 To 5),则 A 数组第一维维下界为 0
   D. 模块通用声明处有 Option Base 1,模块中 Dim A(0 To 5),则 A 数组第一维维下界仍为 1

2. 窗体通用声明部分的"Option Base 1"语句,决定本窗体中数组下标_____。
   A. 维下界必须为 1　　　　　　B. 缺省的维下界为 1
   C. 维下界不能为 0　　　　　　D. 缺省的维下界为 0

3. 下列有关数组的说法错误的是_____。
   A. 定义固定大小数组时,维界定义中不可以包含变量
   B. 可以使用常数表达式或已经定义过的符号常数说明数组的维界
   C. 定长字符串类型的数组不可以作为过程的形式参数
   D. 只能在标准模块中用 Public 语句定义一个全局数组

4. 下列说法错误的是_____。
   A. 使用缺省 Preserve 关键字的 ReDim 语句可以改变数组的维数和大小
   B. ReDim 语句只能出现在过程中
   C. 使用 ReDim 语句重新定义的动态数组,只能比原数组大
   D. 使用 ReDim 语句可以对动态数组的所有元素进行初始化

5. 下列有关数组的说法错误的是_____。
   A. 用 ReDim 语句重新定义动态数组时,其下标的上下界可以使用赋了值的变量
   B. 用 ReDim 语句重新定义动态数组时,不能改变已经说明过的数组的数据类型
   C. 使用 ReDim 语句一定可以改变动态数组的上下界
   D. 定义数组时,数组维界值可以不是整数

6. 下列有关数组的说法错误的是_____。
   A. 使用 ReDim 语句,可以改变任何数组的大小与维数
   B. 使用 ReDim 语句,可以定义一个新数组
   C. 使用 ReDim 语句重新定义动态数组时,维界表达式中可以采用变量
   D. 使用 ReDim 语句重新定义的新数组,既可比原数组大,也可比原数组小
7. 下列有关控件数组的说法错误的是_____。
   A. 控件数组由一组具有相同名称和相同类型的控件组成,不同类型的控件无法组成控件数组
   B. 控件数组中的所有控件不得具有各自不同的属性设置值
   C. 控件数组中的所有控件共享同一个事件过程
   D. 控件数组中每个元素的下标由控件的 Index 属性指定

二、填空题

1. 阅读下列程序,写出程序运行结果。

```
Option Base 1
Private Sub Command1_Click( )
Dim A(3, 3) As Integer, I As Integer, J As Integer, K As Integer
I = 3 : J = 1
A(I, J) – 1
For K = 2 To 9
    If I + 1 > 3 Or J + 1 > 3 Then
        If J = 1 Then
            I = I – 1
        ElseIf A(I – 1, J – 1) = 0 Then
            I = I – 1 : J = J – 1
        ElseIf J = 3 Then
            I = I – 1
        Else
            J = J + 1
        End If
    ElseIf J = 1 Or I = 1 Then
        If A(I + 1, J + 1) = 0 Then
            I = I + 1 : J = J + 1
        Else
            J = J + 1
        End If
    Else
        If A(I – 1, J – 1) = 0 Then
            I = I – 1 : J = J – 1
        End If
```

```
            End If
                A(I, J) = K
        Next K
            For I = 1 To 3
                For J = 1 To 3
                    Print A(I, J);
                Next J
            Print
        Next I
    End Sub
```

2. 执行下面程序,单击 Cmd1,则数组元素 a(1,2)的数值是_____,a(3,3)的数值是_____,图片框中最后一行显示的是_____。

```
    Option Explicit
    Option Base 1
    Private Sub Cmd1_Click( )
        Dim a(4, 4) As Integer, i As Integer, j As Integer
        Dim k As Integer, num As Integer
        num = 0
        For k = 1 To 4
            For i = 1 To k - 1
                num = num + 1
                a(i, k) = num
            Next i
            For j = k To 1 Step -1
                num = num + 1
                a(k, j) = num
            Next j
        Next k
        For i = 1 To 4
            For j = 1 To 4
                Picture1.Print Right(" " & a(i, j), 3);
            Next j
            Picture1.Print
        Next i
    End Sub
```

3. 执行下面程序,单击 Cmd1,窗体上显示的第一行是_____,第二行是_____,第三行是_____。

```
    Option Explicit
    Option Base 1
```

```
Private Sub Cmd1_Click( )
    Dim sa(3, 3) As String * 1, i As Integer, j As Integer, k As Integer
    k = 1
    For i = 1 To 3
        For j = 1 To 3
            sa(i, j) = Chr(Asc("A") + (k + i + j) Mod 26)
            Print sa(i, j); " ";
            k = k + 3
        Next j
        Print
    Next i
End Sub
```

4. 执行下面程序,单击 CmdRun,则图片框中显示的第一行是_____,显示的第二行是 _____,最后一行显示的是_____。

```
Option Explicit
Option Base 1
Private Sub CmdRun_Click( )
    Dim a(3, 3) As Integer
    Dim i As Integer, j As Integer
    For i = 1 To 3
        For j = 3 To 1 Step -1
            If i >= j Then
                a(i, j) = i - j
            Else
                a(i, j) = j - i
            End If
        Next j
    Next i
    For i = 1 To 3
        For j = 3 To 1 Step -1
            Picture1.Print a(i, j);
        Next j
        Picture1.Print
    Next i
End Sub
```

三、编程题

1. 编写程序,随机生成 15 个 100 以内的正整数并显示在一个文本框中,再将所有首尾对称位置的两个数据对调后显示在另一个文本框中(例如,第 1 个数与第 15 个数对调,第 2 个数与第 14 个数对调,第 3 个数与第 13 个数对调……)。

2. 编写程序,随机生成20个100以内的两位正整数,统计其中有多少个不相同的数。

3. 编写程序,将20个两位随机正整数围成一圈,求每四个相邻数均值中的最大值,并指出是哪四个相邻的数。

4. 编写程序,随机生成元素值在 -40～35 范围内的 4×5 的矩阵,并求出该矩阵的列和范数。(提示:矩阵的列和范数等于该矩阵每一列元素绝对值之和的最大值)

5. 编写程序,参照如图 6-27 所示界面,求由一位随机整数构成的数组每一行与每一列之和。

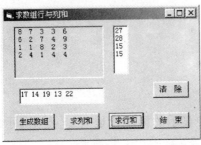
图 6-27

图 6-28

6. 编写程序,随机生成一个 5×5 的两位整数矩阵,该矩阵的副对角线(矩阵左下角到矩阵的右上角连线上的元素)上方元素都是两位偶数,副对角线和它的下方元素都为奇数(图 6-28)。

7. 编写程序,生成一个 5 行 5 列由一位随机整数组成的二维数组,并计算:
   (1) 所有元素之和;
   (2) 所有靠边元素之和;
   (3) 两条对角线元素之和。

8. 编写程序,找出一个 m×n 数组的"鞍点"。所谓"鞍点",是指一个在本行中值最大,在本列中值最小的数组元素。若找到了"鞍点",则输出"鞍点"的行号和列号;若数组不存在"鞍点",则输出"鞍点不存在"。

9. 编写程序,按金字塔形状打印扬辉三角形。

```
            1
          1   1
        1   2   1
      1   3   3   1
    1   4   6   4   1
  1   5  10  10   5   1
```

提示:可用下面循环结构,打印扬辉三角形。

```
For I = 1 To N                                      '阶数
    K = 3 * (N - I + 1)
    Print Spc(K); CStr(Yh(1, 1));                   'Yh 存放扬辉三角形的数组
    For J = 2 To I
        Print Right(Space(10) & CStr(Yh(I, J)), 6);
    Next J
```

    Print
   Next I

10. 编写程序,利用随机函数生成一个由两位正整数构成的4行5列矩阵,找出矩阵行的和为最大与最小的行,并调换这两行的位置。

11. 编写程序,求一个n×n阶的矩阵A的转置矩阵。n从键盘输入,A矩阵和它的转置矩阵分别显示在两个文本框中。(转置矩阵的第 i 行、第 j 列元素 $A^T(i,j) = A(j,i)$)

12. 编写程序,有一个二维数组如下图所示,找出不同行、不同列的三个数组元素的乘积最大的一组,并将这三个元素按下面的形式打印出来。

  A(1,×) = × × A(2,×) = × × A(3,×) = × ×

45	67	89
23	54	99
89	59	29

13. 编写程序,打印 N 阶幻阵。

  幻阵是由 1~N^2 个自然数组成的奇次方阵(N 是一个奇数),方阵的每一行、每一列及两条对角线上的元素和相等。

  幻阵的编排规律如下(假定幻阵名为 A):

(1) 1 放在最后一行的中间位置,即 I = N,J = (N+1)/2,A(I,J) = 1。

(2) 下一个数即 A(I+1,J+1) 放在前一个数的右下方。

 (a) 若 I+1 > N,且 J+1 ≤ N,则下一个数放在第一行的下一列位置;

 (b) 若 I+1 ≤ N,且 J+1 > N,则下一个数放在下一行的第一列位置;

 (c) 若 I+1 > N,且 J+1 > N,则下一个数放在前一个数的上方位置;

 (d) 若 I+1 ≤ N,J+1 ≤ N,但右下方位置已存放有数,则下一个数放在前一个数的上方。

(3) 重复第二步,直到 N^2 个数都放入方阵中。

  下面是一个 3 阶幻阵示例:

4	9	2
3	5	7
8	1	6

14. 编写程序,对 N 阶方阵 A 中与副对角线平行的各条斜线(共有 2N-1 条,如下图所示)上的元素进行累加求和并进行比较,求出累加和的最大值 Max,以及具有最大值的斜线上的最大元素。

第7章 过 程

过程是构成 VB 应用程序的基本单元。在 VB 中,过程按其定义方式分为 Sub 过程、Function 过程和 Property 过程三类;按其执行的方式又可分为事件过程与通用过程。在设计一个规模较大、复杂程度较高的程序时,往往根据需要按功能将程序分解成若干个相对独立的部分,然后对每个部分分别编写一段程序。这些程序段称为程序的逻辑部件,也就是过程。用这些逻辑部件可以构造一个完整的程序,从而大大简化程序设计任务。

7.1 过程的分类与引例

VB 中使用的过程分为子程序过程(Sub Procedure)、函数过程(Function Procedure)和属性过程(Property Procedure)三种。其中:
- Sub 过程不返回值。
- Function 过程返回一个值,Function 过程也称为自定义函数过程。
- Property 过程可以返回和设置窗体、标准模块以及类模块的属性值,也可以设置对象的属性。

【引例】 编写程序找出 1~100 之间所有的孪生素数。

若两个素数之差为 2,则这两个素数就是一对孪生素数。例如,3 和 5、5 和 7、11 和 13 等都是孪生素数。

```
Option Explicit
Private Sub Command1_Click( )
    Dim I As Integer, K As Integer, J As Integer
    Dim Prime As Integer
    For I = 3 To 97 Step 2
        For K = 2 To Sqr(I)           '判断 I 是否是素数
            If I Mod K = 0 Then Exit For
        Next K
        If K > Sqr(I) Then            '如果 I 是素数,继续判断 I+2 是否是素数
            For J = 2 To Sqr(I + 2)
                If (I + 2) Mod J = 0 Then Exit For
```

```
            Next J
            If J > Sqr(I + 2) Then     '若 I+2 是素数,则 I 和 I+2 是孪生素数
                Print I, I + 2
            End If
        End If
    Next I
End Sub
```

在上面的程序中,分别写了两段相同的程序来判断 I 和 I+2 是否是素数。整个程序虽然语句不多,但程序的结构比较复杂。

如果把上面程序中判断一个数是否是素数的程序段独立出来作为过程,在一个事件过程中两次调用这个过程判断 I 和 I+2 是否是素数,这样程序结构就比较简洁,可读性就好、易于理解。

```
Private Sub Command2_Click()        '主调程序
    Dim I As Integer
    For I = 3 To 100 Step 2
        If Prime(I) And Prime(I + 2) Then
            Print I, N
        End If
    Next I
End Sub
Private Function Prime(N As Integer) As Boolean
                                    '判断一个整数是否为素数的函数过程
    Dim K As Integer
    If N = 1 Then Exit Function
    For K = 2 To Sqr(N)
        If N Mod K = 0 Then Exit For
    Next K
    If K > Sqr(N) Then Prime = True
End Function
```

主控过程是程序的主体,通常完成数据输入、通过过程调用进行数据处理,以及输出处理结果的任务。被调用的过程功能相对单一,具有通用性,但不能单独执行,只能通过其他过程调用,才能执行。主调过程与被调过程之间,通过参数表进行数据传递。

本章主要讨论 Sub 过程和 Function 过程。

7.2　Sub 过程

在 VB 中有两种 Sub 过程,即事件过程和通用过程。

7.2.1 事件过程

在第 1 章中已提及过,VB 程序是事件驱动的。所谓事件就是能被对象(窗体和控件)所识别的动作。事件可以由用户触发(例如,用户单击鼠标),也可由系统触发(例如,窗体的 Load 事件)。当一个事件被触发时,对象就会对该事件做出响应,执行预先编写的一段程序完成规定的操作。这样的一段程序称为事件过程。

事件过程又可分为窗体事件过程和控件事件过程两种。

1. 定义事件过程

窗体事件过程的一般形式如下:

  Private Sub Form_事件名([参数列表])
   [局部变量和常数声明]
    语句块
  End Sub

说明:

(1)窗体事件过程名由词"Form"、下划线和事件名结合而成。尽管窗体有各自的名称,但在窗体事件过程名中不使用窗体自己的名字。如果使用多文档界面(MDI)窗体,则由"MDIForm"、下划线和事件名构成窗件事件过程名。

(2)每个窗体事件过程名前都有一个"Private"的前缀,这表示该事件过程不能在它自己的窗体模块之外被调用。它的使用范围是模块级的,在该窗体之外是不可见的,也就是说是私有的或局部的。

(3)事件过程有无参数,完全由 VB 所提供的具体事件本身所决定,用户不可以随意添加。

例如,在运行程序时,如果希望将窗体显示在屏幕正中位置,可以编写如下的 Load 事件过程来实现:

  Private Sub Form_Load ( )
   Call Move((Screen.Width - Width)/2,(Screen.Height - Height)/2)
  End Sub

过程代码中的 Screen.Width 和 Screen.Height 分别是屏幕对象的宽度和高度属性;Width 和 Height 则是窗体的宽度和高度属性。屏幕对象是 VB 系统对象之一。

2. 窗体的 Initialize、Load、Activate、GotFocus 事件

Initialize(初始化)事件是在窗体被加载(Load)之前,窗体被配置的时候触发。

Load(加载)事件是在 VB 把窗体从磁盘或从磁盘缓冲区读入内存时发生。

Activate(激活)事件是在窗体已经被装入内存,变成被激活的窗体时触发。

GotFocus 事件在窗体成为当前焦点时触发。

编写窗体事件过程,应该了解这些事件在一个应用程序中发生的次序。

在单击 Run 按钮运行一个 VB 应用程序时首先发生 Initialize 事件,接着是 Load 事件被激活,VB 把窗体装入内存之后,窗体被激活时,Activate 事件发生。这三个事件都是在一瞬间就完成了。对于 GotFocus 事件,分两种不同情况:如果窗体上没有可以获得焦点的控件,那么该窗体的 GotFocus 事件就会发生;如果窗体上有可以获得焦点的控件,那么成为焦点的将是控件,而不是窗体,因此发生的是控件的 GotFocus 事件,而不是窗体的 GotFocus 事件。

窗体的 Initialize 和 Load 事件都是发生在窗体被显示之前,可以在 Form_Initialize 和 Form_Load 事件过程中放置一些命令来初始化应用程序。例如,设置预先条件、调整对象的属性、定义一些变量和常量等。由于窗体还没被显示,放入这两个事件过程中的语句是有所限制的。例如:

```
Private Sub Form_Initialize()
    Form1.Print "Hello!"
End Sub
```

当系统触发了窗体的 Initialize 事件,窗体的 Form_Initialize()事件过程被激活,执行 Form1.Print "Hello!"语句时就会产生一个"对象不支持该属性或方法"的实时错误。

如果在 Form_Load 事件过程中也包含有 Form1.Print "Hello!"语句,例如:

```
Private Sub Form_Load()
    Form1.Print "Hello!"
End Sub
```

虽然系统能正确执行 Form_Load()事件过程中的 Form1.Print "Hello!"语句,但由于窗体是系统执行 Form1.Print "Hello!"语句后才显示在桌面上的,所以在窗体上看不到"Hello!"字样。如果在 Form_Initialize 和 Form_Load 事件过程中含有"对象名.SetFocus"一类的语句,程序将发生"无效的过程调用或参数"的实时错误。

有时应用程序可以有多个窗体,当用户或程序从别的窗体切换到某个窗体时,发生的是该窗体的 Activate 事件,而不会引发 Load 事件。也就是说,一个窗体加载完毕后,只要该窗体不被卸载,就不再会有 Load 事件发生,而 Activate 事件可能会多次发生。因此,初始化应用程序的工作一般在窗体的 Form_Load 事件过程(或在 From_Initialize 事件过程)中完成,而不要放在 Activate 事件过程中去做。

在多窗体的程序中,假设有 Form1 和 Form2 两个窗体,并设定窗体 Form1 为启动窗体。运行程序,当从 Form1 的窗体事件中访问 Form2 中的"非可视"数据或调用 Form2 中定义的全局过程时,就会触发 Form2 窗体的 Form_Initialize 事件,但 Form2 窗体的 Form_Load 事件不会被触发。如果从 Form1 的窗体事件中访问 Form2 中的任何如控件之类的"可视"数据(例如,在 Form1 的 Form_Load 事件过程中包含有 Form2.Text1.Text = "Form2"的语句),就会引起 VB 自动加载 Form2 窗体。在这种情况下,依次发生的窗体事件是:Form1 的 Initialize 和 Load 事件,Form2 的 Initialize、Load 和 Activate 事件,接着发生 Form1 的 Activate 事件。

3. 定义控件事件过程

控件事件过程的一般形式如下:

```
Private Sub 控件名_事件名([参数列表])
    [局部变量和常数声明]
    语句块
End Sub
```

说明:

(1) 控件事件过程名由控件名、下划线和事件名组成。组成控件事件过程名的控件名

必须与窗体中某个控件相匹配,否则 VB 将认为它是一个通用过程;

(2) 控件事件过程也是私有过程,属于包含它的窗体模块。

例如,在窗体中设置了一个名为 CmdEnd 的命令按钮控件,它的对应事件过程如下:

  Private Sub CmdEnd_Click( )

    End

  End Sub

4. 建立事件过程

(1) 打开"代码编辑器"窗口。

• 双击窗体或控件,即可打开"代码编辑器"窗口(图 7-1),同时在代码框中显示默认的事件过程的模板,对窗体而言,它的默认事件过程是 Form_Load。

• 单击工程管理窗口中的"查看代码"按钮也可以打开"代码编辑器"窗口。

(2) 在"代码编辑器"窗口的"对象"列表框中选择一个对象,在"过程"列表框中选定一个事件过程后,就会在代码框中显示选定的事件过程模板。当然你也可以在代码框空白处直接键入。

(3) 在 Private Sub 与 End Sub 之间键入代码。

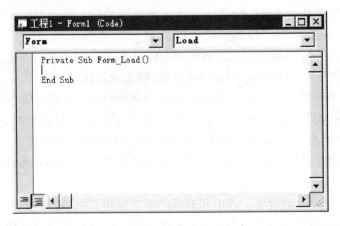

图 7-1

7.2.2 通用过程

通用过程是由用户专门设计的具有特定功能的程序段。与事件过程的执行方式不同,通用过程只能在被其他过程调用时才能执行。为什么要建立通用过程?主要是因为在程序不同的事件过程中或者一个过程的代码中,也许需要多次执行某些相同的操作(如本章引例中判断素数的程序段),这些重复的程序段语句代码相同,仅仅是处理的数据不同而已,若将这些程序段分离出来,设计成一个具有特定功能的独立程序段(通用过程),有助于将复杂的应用程序分解成多个易于管理的逻辑单元,使得应用程序更简洁、更便于维护。

通用过程分为公有(Public)过程和私有(Private)过程两种。公有过程可以被应用程序中的任一过程调用,而私有过程只能被同一模块中的过程调用。可以在窗体模块、标准模块或类模块中定义不同类型的通用过程。

1. 通用 Sub 过程的定义

通用过程的结构与事件过程的结构类似。

通用 Sub 过程的一般形式如下：

　　［Private|Public］［Static］Sub 过程名（［参数列表］）

　　　　［局部变量和常量声明］

　　　　语句块

　　　　［Exit Sub］

　　　　语句块

　　End Sub

说明：

（1）Sub 过程以 Sub 语句开头,结束于 End Sub 语句。在 Sub 和 End Sub 之间是描述过程操作的语句块,称为子程序体或过程体。在 Sub 语句之后,是过程的声明段,可以用 Dim 或 Static 语句声明过程的局部变量和常量。

（2）以 Private 为前缀的 Sub 过程是模块级的(私有的)过程,只能被本模块内的事件过程或其他过程调用。以 Public 为前缀的 Sub 过程是应用程序级的(公有的或全局的)过程,在应用程序的任何模块中都可以调用它。若缺省 Private|Public 选项,则系统默认值为 Public。若在一个窗体模块中调用另一个窗体模块的公有过程时,必须以那个窗体名字作为该公有过程名的前缀,即以"某窗体名.公有过程名"的形式调用该公有过程。

（3）以 Static 为前缀的 Sub 过程是模块级的(私有的)过程,该过程中的局部变量为"静态"变量。

（4）过程名的命名规则与变量命名规则相同。在同一个模块中,过程名必须唯一。过程名不能与模块级变量同名,也不能与调用该过程的调用程序中的局部变量同名。

（5）参数列表中的参数称为形式参数,它可以是变量名或数组名。若有多个参数时,各参数之间用逗号分隔。VB 的过程可以没有参数,但一对圆括号不可以省略。不含参数的过程称为无参过程。

形式参数的格式如下：

　　［Optional］［ByVal］［ByRef］变量名［( )］［As 数据类型］

其中：

● 变量名[( )]：变量名为合法的 VB 变量名或数组名。若变量名后无括号,则表示该形参是普通变量,否则是数组。

● ByVal：表明其后的形参是按值传递参数或称为"传值"(Passed by Value)参数。

● ByRef：表明其后的参数是按地址传递(传址)参数或称为"引用"(Passed by Reference)参数,若形式参数前缺省 ByVal 和 ByRef 关键字,则这个参数是一个引用参数。

● Optional：表示参数是可选参数的关键字,缺省 Optional 前缀的参数是必选参数。可选参数必须放在所有的必选参数的后面,而且每个可选参数都必须用 Optional 关键字声明。所谓的可选参数就是在调用过程时,可以没有实在参数与它结合。本书不涉及可选参数。

● As 数据类型：该选项用来说明变量类型,若缺省,则该形参是"变体变量"(Variant)。如果形参变量的类型被说明为"String",它只能是不定长的。而在调用该过程时,对应的实在参数可以是定长的字符串变量或字符串数组元素。如果形参是字符串数组,则没有这个限制。

(6) End Sub 标志 Sub 过程的结束,当程序执行到 End Sub 语句时,退出该过程,并立即返回执行调用该过程语句的下一条语句。

(7) 过程体由合法的 VB 语句组成,过程体中可以含有多个 Exit Sub 语句,程序执行到 Exit Sub 语句时提前退出该过程,返回到调用该过程语句的下一条语句。

(8) Sub 过程不能嵌套定义,即在 Sub 过程中不可以再定义 Sub 过程或 Function 过程。但可以嵌套调用。

例如:

  Private Sub Employee_Salary(ByVal Work_time As Integer,Salary As Single)
   Salary = 50 * Work_time
  End Sub

上面定义了一个名为 Employee_Salary 的 Sub 过程,它有两个形式参数,其中 Work_time 是"传值"参数,其类型为整型变量,Salary 是"传址"参数,其类型为单精度型变量。

2. 建立通用 Sub 过程

创建通用过程的方法有两种。第一种方法的操作步骤如下:

- 打开"代码编辑器"窗口。
- 选择"工具"菜单中的"添加过程"命令。
- 首先在"添加过程"对话框(图 7-2)中输入过程名(如 sub1),接着在"类型"选项中选定过程类型是"子程序"(Sub)还是"函数"(Function),然后在过程的应用范围选项中选定"公有的"(Public)还是"私有的"(Private),最后单击"确定"按钮,系统就会在"代码编辑器"窗口中创建一个名为 Sub1 的过程样板:

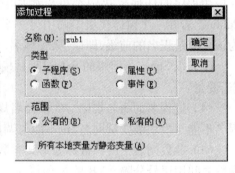

图 7-2

  Private Sub Sub1( )
   …
  End Sub

创建通用过程的第二种方法如下:

- 在"代码编辑器"窗口中的"对象"列表框中选择"通用",再在"代码编辑器"窗口的文本编辑区空白行处键入"Private Sub 过程名"或"Public Sub 过程名"。
- 按"Enter"键,即可创建一个 Sub 过程样板。

7.3 Function 过程

第 4 章已经介绍了 VB 系统提供的诸多公共函数如 Sqr、Sin、Int 等。用户也可使用 Function 语句编写自己的函数(Function)过程。

定义 Function 过程的形式如下:

  [Private|Public] [Static] Function 函数名([参数列表]) [As 数据类型]

　　　　［局部变量和常数声明］
　　　　［语句块］
　　　　［函数名＝表达式］
　　　　［Exit Function］
　　　　［语句块］
　　　　［函数名＝表达式］
　　　End Function

说明：

（1）Function 过程应以 Function 语句开头，以 End Function 语句结束。中间是描述过程操作的语句，称为函数体或过程体。语法格式中的 Private、Public、Static 以及参数列表等含义与定义 Sub 过程相同。

（2）函数名的命名规则与变量名的命名规则相同。在函数体内，可以像使用简单变量一样使用函数名。

（3）As 数据类型：Function 过程要由函数名返回一个值。使用 As 数据类型选项，指定函数的类型。缺省该选项时，函数类型默认为"Variant"类型。

（4）在函数体内通过形如"函数名＝表达式"的赋值语句给函数名赋值，若在 Function 过程中缺省给函数名赋值的语句，则该 Function 过程返回对应类型的缺省值。例如，数值型函数返回 0 值，而变长字符串函数返回空字符串。

（5）在函数体内可以含有多个 Exit Function 语句，程序执行 Exit Function 语句将退出 Function 过程返回到调用点。

（6）End Function 语句标志 Function 过程的结束，当程序执行到 End Function 语句时，退出该 Function 过程，将函数值返回到调用点。

（7）Function 过程与 Sub 过程一样，在其内部不得再定义 Sub 过程或 Function 过程。

【例 7-1】 编写一个求 n! 的函数过程。

算法说明：求阶乘可通过累乘实现。定义函数过程时，要考虑到其通用性，要根据自变量的取值范围与函数值的大小设置适当的数据类型。

```
    Private Function Fact(ByVal N As Integer) As Long
        Dim K As Integer
        Fact = 1
        If N = 0 Or N = 1 Then
            Exit Function
        Else
            For K = 1 To N
                Fact = Fact * K
            Next K
        End If
    End Function
```

7.4 过程调用

7.4.1 事件过程的调用

当事件被触发后,系统就会自动地调用相应的事件过程。也可以在同一模块的其他过程中用显式方式调用事件过程。

下面是一个说明事件过程调用情况的示例。

本例的界面对象有窗体、一个命令按钮与一个标签。窗体的 Name 属性设置为 Frmevent,Caption 属性设置为"事件过程调用";命令按钮的 Name 属性设置为 CmdEnd, Caption 属性设置为"结束";标签的 Name 属性设置为 Lalmsg,Caption 属性设置为空。

程序代码如下:

```
Option Explicit
Private Sub Form_Load()
    Call Move((Screen.Width - Width) / 2, (Screen.Height - Height) / 2)
End Sub
Private Sub Form_Activate()
    Lalmsg.Caption = "欢迎使用 Visual Basic"
End Sub
Private Sub CmdEnd_Click()
    Dim Flg As Integer, L As Boolean
    Call Form_Unload(Flg)
    If Flg = 1 Then
        MsgBox "不退出,继续运行程序"
    End If
End Sub
Private Sub Form_Unload(Cancel As Integer)
    If MsgBox("Are you sure ?", vbYesNo, "退出?") = 6 Then
        End
    Else
        Cancel = 1
    End If
End Sub
```

运行程序,首先激活 Initialize(初始化)事件配置窗体,然后产生 Load(加载)事件,VB 将窗体从磁盘装入到内存,调用 Form_Load 事件过程。执行该事件过程将窗体显示在屏幕正中央;窗体被激活,Activate 事件发生,调用 Form_Activate 事件过程,在窗体中显示"欢迎使用 Visual Basic"(图7-3)。Initialize、Load、Activate 等事件都是在一瞬间就完成了。接着程序等待下一个事件的发生。

图 7-3

单击窗体中的"结束"命令按钮,引发命令按钮控件的 Click 事件,调用 CmdEnd_Click 事件过程。在 CmdEnd_Click 事件过程中用 Call Form_Unload(Flg) 语句显式调用了 Form_Unload 事件过程,在窗体中弹出一个"退出?"的对话框(图 7-3)。Unload 事件与 Load 事件相反,它的最常用的情况是询问用户是否确实要关闭窗体,然后根据用户的回答再作出决定。总之,事件过程可以由发生的事件自动激活以响应系统或用户的活动,也可以被其他过程调用而激活。

7.4.2 通用 Sub 过程调用

通用 Sub 过程和 Function 过程必须在事件过程或其他过程中显式调用,否则过程代码就永远不会被执行。在主调过程中,程序执行到调用某通用过程的语句后,系统就会将控制转移到被调用的过程,并从第一条 Sub 或 Function 语句开始,依次执行其中的所有语句。当执行到 End Sub 或 End Function 语句后,返回到主调过程的断点,并从断点处继续程序的执行。调用通用程序的执行流程图如图 7-4 所示。

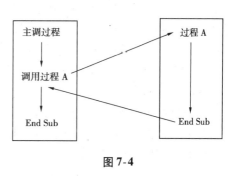

图 7-4

每当程序调用一个 Sub 过程或 Function 过程时,VB 就将程序的返回地址(断点)、参数以及局部变量等压入栈内。被调用的过程运行结束后,VB 将回收分配给局部变量和参数的栈空间。然后返回主调程序的断点继续程序的运行。

VB 用两种方式调用 Sub 过程。一种是使用 Call 语句,一种是把过程名作为一个语句来使用。

1. 用 Call 语句调用 Sub 过程

调用 Sub 过程的形式如下:

    Call <过程名>(实在参数表)

说明:

(1) <过程名>是被调用的过程名。执行 Call 语句,VB 将控制传递给由"过程名"指定的 Sub 过程,并开始执行这个过程。

(2) 实在参数是传送给被调用的 Sub 过程的变量、常数或表达式。在一般情况下(不考虑过程有可选参数),实在参数的个数、类型和顺序应与被调用过程的形式参数相匹配。有多个参数时各实在参数之间用逗号分隔。如果被调用的过程是一个无参过程,则括号可省略。

【例7-2】 编写一个找出任一个正整数的因子的程序。

```
Private Sub Command1_Click( )
    Dim Inta As Integer,St As String
    Inta = Val(Text1.Text)
    Call Factor(Inta,St)
    Text2.Text = St
End Sub
Private Sub Factor(ByVal N As Integer,S As String)
    Dim I As Integer
    For I = 1 To N – 1
        If N Mod I = 0 Then S = S & Str(I)
    Next I
End Sub
```

Sub 过程 Factor 是找出任一个正整数的所有因子的过程,它有两个形式参数,一个是传值参数 N,一个是传址参数 S。在事件过程 Command1_Click 中,从文本框 Text1 输入数据给变量 Inta 赋值,并以 Inta 和 St 作为实参调用 Factor 过程;因字符型变量 St 是与传址参数 S 结合,所以 St 接受过程返回的计算结果,并将结果显示在文本框 Text2 中。

2. 把过程名作为一个语句来用

调用过程的形式如下:

过程名［实参1［,实参2,……］］

与第一种方式相比,它有两点不同:

(1) 不需要关键字 Call;

(2) "实在参数表"不需要加括号。

例如,在上面例子中可用下面的形式调用 Factor 过程,执行结果与用 Call 语句完全相同:

Factor Inta,St

7.4.3　Function 过程调用

调用 Function 过程的方法与调用 VB 公共函数的方法相同,即在表达式中写出它的名称和相应的实在参数。

调用 Function 过程的形式如下:

Function 过程名([实在参数表])

VB 也允许像调用 Sub 过程那样调用 Function 过程。

例如,设用 Private Function Exam(A As Integer) 定义了一个 Function 过程,也可以用下面两种方式调用这个函数:

Call Exam(Inx)

或

Exam Inx

用这两种方法调用函数时,VB 放弃函数的返回值。

【例 7-3】 编写程序,求两个正整数的最大公约数。

```
Private Sub Form_Click( )
    Dim N As Integer, M As Integer, G As Integer
    N = InputBox("输入 N")
    M = InputBox("输入 M")
    G = Gcd(N,M)
    Print N; " 和 "; M; " 的最大公约数是:"; G
End Sub
Private Function Gcd(ByVal A As Integer, ByVal B As Integer)
    Dim R As Integer
    R = A Mod B
    Do While R <> 0
        A = B
        B = R
        R = A Mod B
    Loop
    Gcd = B
End Function
```

本程序在 Form_Click 事件过程中用赋值语句 G = Gcd(N,M) 调用 Gcd 函数过程,函数返回值存放在变量 G 中,由于在定义函数 Gcd 时,它的两个形式参数 A 和 B 被指定为传值参数,所以尽管 A、B 两个形参在函数 Gcd 中它们的值被改变,但返回调用程序时,它们对应的实在参数 N 和 M 仍保持原值不变。

7.4.4 调用其他模块中的过程

在应用程序的任何地方都能调用其他模块中的公有(全局)过程。如何调用其他模块中的公有过程,完全取决于该过程是属于窗体模块还是属于标准模块。

1. 调用窗体模块中的公有过程

从窗体模块的外部调用窗体中的公有过程,必须用窗体的名字作为被调用的公有过程名的前缀,指明包含该过程的窗体模块。假定在窗体模块 Form1 中含有一个公有 Sub 过程 ExamSub,则在窗体 Form1 以外的模块中用下面语句就可以正确地调用该过程:

    Call Form1.ExamSub([实参表])

即用 <包含该过程的窗体模块名>.<过程名> 作为调用名来调用对应的过程。

2. 调用标准模块中的公有过程

如果标准模块中的公有过程的过程名是唯一的,即在应用程序中不再有同名过程存在,则调用该过程时不必加模块名。如果在两个以上的模块中都含有同名过程,那么调用同一模块内的公有过程时,可以不加模块名。假定在标准模块 Module1 和 Module2 中都含有同名过程 CommonSub,在 Module1 中用下面语句

Call CommonSub（实在参数）

调用的是当前模块 Module1 中的 CommonSub 过程，而不会是 Module2 的 CommonSub 过程。如果在其他模块中调用标准模块中的公有过程，则必须指定它是哪一个模块的公有过程。例如，在 Module1 中调用 Module2 中的 CommanSub，则可用下面语句实现：

Call Module2.CommonSub（［实参表］）

7.5 参数的传递

在调用一个有参数的过程时，首先进行的是"形实结合"，即按值传递或按地址传递方式，实现调用程序和被调用的过程之间的数据传递。通过参数传递，Sub 过程或 Function 过程就能根据不同的参数执行同种任务。为了叙述方便，将形式参数简称为形参，实在参数简称为实参。

7.5.1 形参与实参

1. 形参

出现在 Sub 过程和 Function 过程的形参表中的变量名、数组名称之为形式参数，过程被调用之前，并未为其分配内存，其作用是说明自变量的类型和形态以及在过程中所"扮演"的角色。形参表中的各变量之间要用逗号分隔，形参可以是：

（1）除定长字符串变量之外的合法变量名；
（2）后面跟有左、右圆括号的数组名。

2. 实参

实参是在调用 Sub 或 Function 过程时，传送给相应过程的变量名、数组名、常数或表达式，它们包含在过程调用的实参表中。形参表与实参表中的对应变量名，可以不必相同。

3. 形实结合

过程调用时的"形实结合"也就是用实参代换形参，它是按"位置"对应来实现的。即第一个实参与第一个形参结合，第二个实参与第二个形参结合，依此类推，而不是按"名字"结合。假定定义了下面过程：

```
Private Sub Examsub(X As Integer,Y As Single)
    ……
End Sub
Private Sub Form_Click()
    Dim X As Single,Y As Integer
    ……
    Call Examsub(Y,X)
    ……
End Sub
```

运行程序，单击窗体，产生 Click 事件，激活事件过程 Form_Click。当执行到事件过程中的 Call 语句时，调用 Examsub 过程，首先进行"形实结合"。形参与实参结合的对应关系是，实参表中的第一个实参变量 Y 与形参表中的第一个形参变量 X 结合,实参表中的第二个实参变量 X 与形参表中的第二个形参变量 Y 结合。

在"形实结合"时,形参表中和实参表中的参数的个数必须相同(注:不考虑可选参数),对应位置的参数类型必须一致。表 7-1 是"形实结合"时的形参与实参形态对应关系。

表 7-1

形　参	实　参
变量	变量、常数、表达式、数组元素、对象
数组	数组

假定有如下过程:
  Private Sub Test(A As Single,Loc As Boolean,Array1( ) As Integer,Chr1 As String)
    ……
  End Sub

在该过程定义的形参表中,第一个参数是单精度型变量,第二个参数是一个布尔型变量,第三个参数是一个整型数组,第四个参数是一个不定长的字符串变量。

主控过程如下:
  Private Sub Form_Click( )
    Dim X As Single,St As String * 5
    Dim A(5) As Integer
    Call Test(X^2,True,A,St)
  End Sub

在事件过程 Form_Click 中用 Call Test(X^2,True,A,St)语句调用 Test 过程。实参表中第一个实参是一个表达式,与形参表中的第一个单精度型变量 A 结合。第二个实参是布尔型常数"True",与形参表中的第二个布尔型形参变量 Loc 结合。第三个实参是整型数组 A,与形参表中第三个整型形参数组 Array1 结合。最后一个实参是长度为 5 的字符串变量 St,与形参表中的字符型形参 Chr1 结合。

前已述及,在"形实结合"的过程中,参数值的传递有两种方式,即按值传递(Passed by Value)和按地址传递(Passed by Reference)。其中按地址传递习惯上称为"引用"。

7.5.2　按值传递参数

过程调用时 VB 给按值传递参数在栈中分配一个临时存储单元,将实参变量的值复制到这个临时单元中去。也就是说,按值传递参数时,传递的只是实参变量的副本[图 7-5(a)]。当采用值传递时,过程对参数的任何改变实际上是仅仅修改了栈中相应形参单元的值,而不会影响实参变量的值。换句话说,一旦过程运行结束,控制返回调用程序时,对应的实参变量保持调用前的值不变。

请看一个按值传送参数的程序示例:
  Private Sub Command1_Click( )
    Dim M As Integer,N As Integer

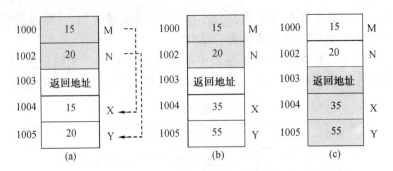

图 7-5

```
M = 15：N = 20
Call Value_Change(M,N)
Print "M = "; M,"N = "; N
End Sub
Private Sub Value_Change(ByVal X As Integer,ByVal Y As Integer)
X = X + 20
Y = X + Y
Print "X = "; X,"Y = "; Y
End Sub
```

运行程序,单击命令按钮,触发命令按钮的 Click 事件,执行 Command1_Click 事件过程,在栈中给局部变量 M 和 N 分配存储单元;执行赋值语句 M = 15 给整型变量 M 赋值 15,执行赋值语句 N = 20,给整型变量 N 赋值 20。执行 Call Value_Change(M,N) 语句,在栈保存返回地址,调用 Value_Change 过程。给形参 X 和 Y 分配存储单元;变量 M 与形参 X"按值"结合,将 15 传递给形式参数 X;N 与形参 Y"按值"结合,将 20 传递给形式参数 Y[图 7-5(a)]。Value_Change 过程中的赋值语句 X = X + 20,将 X 的值改变为 35。赋值语句 Y = X + Y 将 Y 的值变为 55。输出 X、Y 的值分别为 35、55。因为形参 X 和 Y 都是"传值"参数,所以对 X、Y 的改变,并没有改变实参变量 M 和 N 的值[图 7-5(b)]。该过程运行完毕,VB"收回"分配给形参 X、Y 的存储空间,根据返回地址,返回事件过程 Command1_Click[图 7-5(c)],执行后续语句。M 和 N 的值保持不变。输出结果如下:

    X = 35   Y = 55
    M = 15   N = 20

7.5.3 按地址传递参数

在定义过程时,若形参名前面没有关键字"ByVal",即形参名前面缺省修饰词,或有"ByRef"关键字时,则指定了它是一个按地址传递的参数。按地址传递参数时,过程所接受的是实参变量(简单变量、数组元素、数组以及记录等)的地址。过程可以改变特定内存单元中的值,这些改变在过程运行完成后依然保持。也就是说,形参和实参共用内存的"同一"地址,即共享同一个存储单元,形式参数值在过程中一旦被改变,相应的实参值也跟着被改变。

例如,把上一节示例程序中的 Value_Change 过程的按值送递参数 X 改为按地址传递参数:

```
Private Sub Value_Change(X As Integer, Byval Y As Integer)
    X = X + 20
    Y = X + Y
    Print "X = "; X, "Y = "; Y
End Sub
```

而事件过程 Command1_Click 不作任何改动。在调用 Value_Change 过程时,由于形参 X 是一个"传址"参数,所以实参 M 与形参 X 结合时,是将 M 的地址传递给 X,即栈中 X 的存储单元(1004)中存放的是实参 M 的地址[图 7-6(a)]。在过程 Value_Change 中对形参 X 的访问(引用),实际是对实在参数 M 的存储单元的访问。执行 Value_Change 过程中的赋值语句 X = X + 20 时,是将编号为 1000 的存储单元(即 M)的内容 + 20 的结果存放到 1000 号存储单元中[图 7-6(b)]。该过程运行完毕,VB "收回"分配给形参 X、Y 的存储空间,根据返回地址,返回 Command1_Click 事件过程,执行后续语句。M 的内容被改变,而 N 的值保持不变[图 7-6(c)]。

程序运行后,输出结果如下:
  X = 35 Y = 55
  M = 35 N = 20

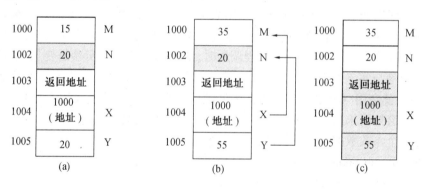

图 7-6

由此可见,当形参与实参按"传址"方式结合时,实参的值跟随形参的变化而变化。一般来说,按地址传递参数要比按值传递参数更节省内存,效率更高。因为系统不必为形式参数分配内存后,再把实参的值拷贝给它。对于字符串型参数,这种效率尤其显著。但是在传址方式中,形参的值改变后对应实参的值也跟着发生变化,有可能对程序的运行产生不必要的干扰。请看下面的示例:

编写程序计算 5! + 4! + 3! + 2! + 1! 的值。

```
Private Sub Form_Click()
    Dim Sum As Integer, I As Integer
    For I = 5 To 1 Step -1
        Sum = Sum + Fact(I)
    Next I
    Print "SUM = "; Sum
```

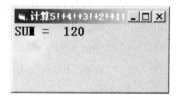

图 7-7

```
        End Sub
        Private Function Fact(N As Integer) As Integer
            Fact = 1
            Do While N > 0
                Fact = Fact * N
                N = N – 1
            Loop
        End Function
```

运行上述程序,输出结果为:SUM=120(图7-7),没有得到 SUM=153 的正确结果。其原因在于 Function 过程 Fact 的形式参数 N 是按地址传递的参数,而在事件过程 Form_Click 的 For 循环中用循环变量 I 作为实在参数调用函数 Fact。第一次调用函数 Fact 后,形式参数 N 的值被改为 0,因而循环变量 I 的值也跟着变为 0,使得 For 循环仅执行一次,就立即退出循环。所以程序仅仅求了 5! 值,输出运行结果后就结束程序运行。

要想得到预期结果,有两种办法:

方法一:在函数 Fact 的形参 N 前面加上关键字"ByVal",使它成为按值传递的参数。

方法二:把变量转换成表达式。在 VB 中把变量转换成表达式最简单的方法就是把它放在括号内。即用 Fact((I)) 的形式调用函数 Fact,那么传递给形参 N 的是实参 I 的值,而不是它的地址。因此 N 的值在函数执行过程中,尽管被改变,但不会影响循环变量 I 的值。

对于按地址传递的形式参数,在过程调用时,如果与它结合的实参是变量(数组元素或数组),那么形参与实参的类型必须完全一致。如果与形参结合的实参是一个常数或者表达式,那么 VB 就会用"按值传递"的方法来处理形实结合;若常数或表达式的类型与形参类型不一致,VB 会按要求进行数据类型转换,然后再将转换后的值传递给形式参数。

下面是一个参数数据类型转换的程序示例。

```
        Private Sub Form_Click()
            Dim S As Single
            S = 125.5
            Call Convert((S),"12"+".5")
        End Sub
        Private Sub Convert(Inx As Integer,Sing As Single)
            Inx = Inx * 2
            Sing = Sing + 23
            Print "Inx = "; Inx,"Sing = "; Sing
        End Sub
```

运行上述程序,执行 Call Convert((S),"12"+".5") 语句时,调用 Convert 过程,VB 首先将单精度型实参变量 S 转换为表达式,再将单精度型表达式的值强制转换成整型值,然后传递给整型形参 Inx,因此 Inx 初值为 126。接着计算字符串表达式"12"+".5"值得到字符串"12.5",然后将其转换成单精度型数 12.5,再传递给形参 Sing。形实结合完成后,开始执行函数过程,程序的输出结果如下:

        Inx = 252   Sing = 35.5

如果将 Call 语句改为 Call Convert((s),"123a")，程序执行 Call 语句时将产生"类型不匹配"(Type mismatch)的错误，其原因是 VB 无法将字符串"123a"转换为数值型数据送递给形参 Sing。

如果在一个算术表达式中调用一个形参为按地址传递的函数，并且调用此函数的实参变量同时也出现在函数调用的前面，由于函数调用可能会改变算术表达式中实参变量的值，从而得到意想不到的结果。请看下面的例题：

```
Option Explicit
Private Sub Command1_Click()
    Dim V1 As Integer, V2 As Integer, V3 As Integer
    V1 = 2：V2 = 3：V3 = 4
    Debug.Print 1 + V1 + V2 + V3 * Fun_Add(V1,V2,V3)
End Sub
Private Function Fun_Add(a As Integer, b As Integer, c As Integer) As Integer
    a = a + 10
    b = b + 10
    c = c + 10
    Fun_Add = a + b + c
End Function
```

在本例中，在"立即"窗口显示的值是 572，而不是 162。为什么会得到这样的结果呢？这是因为执行 Debug.Print 语句，计算表达式 1 + V1 + V2 + V3 * Fun_Add(V1,V2,V3)时，优先执行函数调用；由于函数 Fun_add 的所有形参都是传址参数，所以当函数调用结束后返回函数值 39 的同时也改变了实参变量 V1、V2 和 V3 的值；实际计算的是 1 + 12 + 13 + 14 * 39 的值，而不是计算 1 + 2 + 3 + 4 * 39 的值。

如果把上面程序的 Command1_Click() 事件过程，作如下改动：

```
Private Sub Command1_Click()
    Dim V1 As Integer, V2 As Integer, V3 As Integer, V4 As Integer
    V1 = 2：V2 = 3：V3 = 4
    V4 = 1 + V1 + V2 + V3 * Fun_Add(V1,V2,V3)
    Debug.Print V4
End Sub
```

运行程序，在"立即"窗口显示的值就是 162，而不是 572。

这是因为在执行赋值语句 V4 = 1 + V1 + V2 + V3 * Fun_Add(V1,V2,V3)时，计算表达式时不是首先调用函数 Fun_Add，而是按从左到右的顺序进行计算的，即计算的是 1 + 2 + 3 + 4 * 39 的值。我们注意到上述赋值语句中的表达式是一个整型表达式，如果将表达式改变成为一个实型（或双精度型）的表达式［例如，改成 V4 = 1# + V1 + V2 + V3 * Fun_Add(V1,V2,V3)］后，程序运行结果又将如何呢？因为在计算实型表达式的值时，首先调用函数 Fun_add，使得实参变量 V1、V2、V3 的值都被改变了，所以计算的又是 1.0 + 12 + 13 + 14 * 39 的值，因此在"立即"窗口显示的是 572。

通过上面的例子可知，VB 在计算赋值号右边的表达式时，函数调用的运算优先级是不确定的。函数调用的优先级与函数本身的类型、与参加运算的其他元素的类型和运算顺序以及函数调用在表达式中的位置等诸多因素相关。因此在编写程序时要充分认识到,在一个算术表达式中把在调用函数中用到的"按地址传送"的实参变量放在函数调用前面,可能会使算术表达式的值难以意料。

7.5.4 数组参数

定义过程时,VB 允许把数组作为形式参数,声明数组参数的格式如下:

形参数组名()[As 数据类型]

形参数组只能是按地址传递的参数。对应实参也必须是数组且数据类型必须和形参数组的数据类型相同。若形参数组的类型是变长字符串型,则对应的实参数组的类型也必须是变长字符串型;若形参数组的类型是定长字符串型,则对应的实参数组的类型也必须是定长字符串型,但字符串的长度可以不同。调用过程时只要把传递的数组名放在实参表中即可,数组名后面不跟圆括号。在过程中不可以用 Dim 语句对形参数组进行声明,否则产生"重复声明"的编译错误。但是,在使用动态数组时,可以用 ReDim 语句改变形参数组的维界,重新定义数组的大小。当控制返回调用程序时,对应实参数组的维界也将跟着发生变化。

下面是一个与数组参数的传递有关的程序示例:

```
Option Explicit
Option Base 1
Private Sub Form_Click()
    Dim Arraya() As Integer, I As Integer
    ReDim Arraya(5)
    Print "调用前数组维上界是:"; UBound(Arraya)
    Call Changedim(Arraya)
    Print "调用后数组维上界是:"; UBound(Arraya)
    Print "数组各元素值是:";
    For I = 1 To UBound(Arraya)
        Print Arraya(I);
    Next I
    Print
End Sub
Private Sub Changedim(A() As Integer)
    Dim I As Integer
    ReDim Preserve A(7)
    For I = 1 To 7
        A(I) = I
    Next I
End Sub
```

程序运行结果如下:

调用前数组维上界是:5

调用后数组维上界是:7

数组各元素值是:1 2 3 4 5 6 7

7.5.5 对象参数

在 VB 中也可以把对象作为参数向过程传递。在形参表中,把形参变量的类型声明为"Control"就可以向过程传递控件。若把类型声明为"Form"则可向过程传递窗体。对象的传递只能是按地址传递。

请看一个演示对象参数传递的程序示例。表 7-2 是程序中用到的对象及主要属性设置。

表 7-2

对 象	名称(Name)	标题(Caption)
窗体 1	Frmfirst	对象参数的传递
标签 1	Lab1	欢迎使用 VB6.0
命令按钮 1	Cmd1	控件参数传递
命令按钮 2	Cmd2	窗体参数传递
窗体 2	Frmsecond	Frmsecond
命令按钮 3	Cmd3	返回

窗体 1 的窗体文件名为 Frmfirst.frm,程序代码如下:

```
Private Sub Cmd1_Click( )
    Call Objarg( Lab1 )
End Sub
Private Sub Cmd2_Click( )
    Call Frmarg( Frmsecond )
End Sub
Private Sub Form_Load( )
    Frmfirst. Left = 2000
    Frmfirst. Top = 1500
    Lab1. Caption = "学习使用 VB6.0"
End Sub
Private Sub Objarg( Lad As Control )
    Lad. BackColor = &HFF0000
    Lad. ForeColor = &HFFFF&
    Lad. Font = 14
    Lad. FontItalic = True
    Lad. Caption = "对象参数的传递"
End Sub
Private Sub Frmarg( F As Form )
```

```
        F. Left = (Screen. Width - F. Width) / 2
        F. Top = (Screen. Height - F. Height) / 2
        Frmfirst. Hide
        F. Show
    End Sub
```
窗体2的窗体文件名为 Frmsecond.frm,程序代码如下:
```
    Private Sub Cmd1_Click( )
        Unload Me
        frmfirst. Show
    End Sub
```
应用程序中的 Sub 过程 Objarg 是以控件对象为参数,而 Sub 过程 Frmarg 是以窗体对象为参数。运行程序,在窗体 Frmfirst 中的标签框 Lab1 内以正体字显示"学习使用 VB6.0"[图 7-8(a)],前景色为红色。若单击命令按钮 Cmd1,调用执行事件过程 Cmd1_Click,该过程以标签名 Lab1 为实在参数调用通用过程 Objarg。执行 Objarg 过程后,在窗体中的标签框 Lab1 内以斜体字显示"对象参数的传递"[图 7-8(b)],其前景色为黄色。若单击命令按钮 Cmd2,就会激活事件过程 Cmd2_Click,该过程以窗体名 Frmsecond 为实在参数调用通用过程 Frmarg。执行 Frmarg 过程后,隐藏 Frmfirst 窗体,显示 Frmsecond 窗体,Frmsecond 窗体获得焦点成为活动窗体。

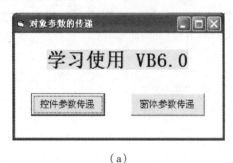   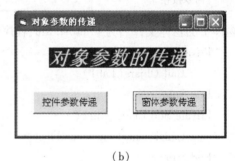

            (a)   (b)

图 7-8

7.6 递归过程

递归过程是在过程定义中调用(或间接调用)自身来完成某一特定任务的过程。递归是一种十分有用的程序设计技术。由于很多数学模型和算法设计方法本来就是递归的,用递归过程描述它们比用非递归方法简洁易读,可理解性好,算法的正确性也比较容易证明,因此掌握递归程序设计方法很有必要。

例如,数学中求 n! 可表示为

$$n! = \begin{cases} 1, & \text{当 } n=0 \text{ 或 } n=1 \\ n*(n-1)!, & \text{当 } n>1 \text{ 时} \end{cases}$$

利用上式可定义一个名为 Fact(n) 的函数,若使用该函数求 n!,即要计算出函数

Fact(n)的值,在求解过程中则必须要先求出 Fact(n-1)的值。也就是说,要在函数定义中调用函数本身。因此它是一个递归定义的函数。

根据上面的递归表达式可编写出求 n! 的函数过程:

```
Private Function Fact(Byval N As Integer) As Long
    If N = 0 Or N = 1 Then
        Fact = 1
    Else
        Fact = N * Fact(N - 1)
    End If
End Function
Private Sub Form_Click()
    Dim N As Integer, F As Long
    N = InputBox("输入一个正整数")
    F = Fact(N)
    Print N; "! ="; F
End Sub
```

运行程序,点击窗体执行 Form_Click 事件过程,从键盘输入3,赋值给变量N,即求3!的值。程序以 Fact(N) 形式调用函数 Fact。当函数 Fact 开始运行时,首先检测参数 N 的值,若 N=0 或 N=1,则函数返回的值为1;否则,函数执行赋值语句 Fact = N * Fact(N-1)。函数调用传递给参数 N 的值是3,函数计算表达式 3 * Fact(3-1) 值,由于表达式中还有函数调用。于是 VB 第二次调用 Fact 函数,传递的参数是2,函数同样要执行语句 Fact = N * Fact(N-1)语句,计算表达式 2 * Fact(2-1) 值。当再一次调用此函数时,参数值为1,因此函数返回函数值1到本次调用点,此调用函数又返回2的值到调用这个调用函数的函数;最后,最初被调用的函数返回6到调用它的过程,得到运行结果。递归函数 Fact 的调用和返回过程如图 7-9 所示。

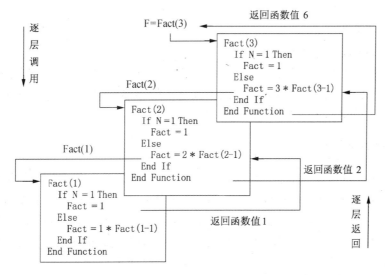

图 7-9

从图7-9可以看出,一个递归问题可分为"调用"和"返回"两个阶段。当进入递归调用阶段后,便逐层向下调用递归过程,因此 Fact 函数被调用 3 次,即 Fact(3)、Fact(2)、Fact(1),直到遇到递归过程的初始条件 Fact = 1 为止。然后带着初始(终止)条件所给的函数值进入返回阶段。按照原来的路径逐层返回,由 Fact(1)推出 Fact(2),由 Fact(2)推出 Fact(3)为止。

编写递归过程要注意:递归过程必须有一个结束递归过程的条件(又称为终止条件或边界条件),则递归过程是有限递归。例如,上面求 N! 的递归函数的边界条件是 N = 1。若一个递归过程无边界条件,则是一个无穷递归过程。

7.7 变量的作用域

作用域的概念对于 VB 编程非常重要。作用域用来标明所定义的变量和过程在程序中的有效范围,即在程序的哪些地方这些变量名和过程名有意义。

根据定义变量的位置和使用定义变量的语句不同,变量可以分为三类,即过程级变量(局部变量)、模块级变量和全局变量。

7.7.1 过程级变量

在过程中声明的变量是过程级的变量,其作用范围仅限于该过程。也就是说,在定义它们的过程中才能访问或改变这些变量的值,换言之,这些变量仅在该过程中才有意义。过程级变量又称为局部变量。例如,下面的函数 Local_Variable 定义了三个局部变量 X、Y 和 Z。

```
Private Function Local_Variable( N As Integer ) As Integer
    Dim X As Integer, Y As Integer, Z As Integer
    X = N * 3
    Y = X + 4
    Z = X + Y
    Local_Variable = X + Y − Z
End Function
```

程序每次调用此函数,VB 都为局部变量 X、Y、Z 分配存储空间,其名字和局部变量的值均有意义。当函数运行结束,VB 释放分配给该过程的存储空间,局部变量就不复存在。因此局部变量 X、Y 和 Z 以及它们的值也失去意义了。

7.7.2 模块级变量

若要使一个变量可作用于同一个模块内的多个过程,则应在程序的窗体模块或标准模块的通用声明段(General Declarations)用 Private 或 Dim 语句进行说明。由此说明的变量就是模块级的变量,其作用范围是定义它的模块。模块内的所有过程都可以引用它们,但其他模块却不能访问这些变量。下面的程序段是一个模块级变量的例子。

```
Option Explicit
Option Base 1
```

```
Dim a( ) As Integer
Private Sub CmdRead_Click( )
    Dim k As Integer, st As String
    st = Text1.Text
    Do
        p = InStr(st," ")
        k = k + 1
        ReDim Preserve a(k)
        If p = 0 Then Exit Do
        a(k) = Val(Left(st, p - 1))
        st = Right(st, Len(st) - p)
    Loop Until st = ""
    a(k) = Val(st)
End Sub
Private Sub CmdSort_Click( )
    Dim i As Integer, j As Integer, temp As Integer
    For i = 1 To UBound(a) - 1
        For j = 1 To UBound(a) - i
            If a(j) > a(j + 1) Then
                temp = a(j)
                a(j) = a(j + 1)
                a(j + 1) = temp
            End If
        Next j
    Next i
    For i = 1 To UBound(a)
        Text2.Text = Text2.Text & Str(a(i))
    Next i
End Sub
```

在本例中,程序在两个事件过程之外的通用声明段定义了一个动态数组 a,当程序运行时,事件过程 CmdRead_Click 用于读取从文本框中输入的数据并存入数组 a,CmdSort_Click 事件过程则用于对数组 a 的元素排序并输出。显然模块级变量数组 a 的作用域是整个模块。图 7-10 是本程序运行的界面。

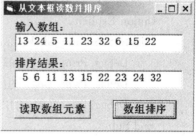

图 7-10

7.7.3　全局变量

VB 允许编程人员在自己的程序中使用全局(公有)变量。凡是在窗体模块或标准模块的通用声明段用 Public 语句声明的变量都是全局变量。全局变量的变量名和变量值在整个程序中都有意义。换句话说，一个 VB 程序中的任何一个代码段都可以引用全局变量。说明全局变量的通常做法是添加一个标准模块（Module），在标准模块的通用声明段集中声明程序中要使用的全局变量。

下面是一个有关全局变量的示例程序。它包括一个名为 Module1.bas 的标准模块，代码如下：

```
Option Explicit
Public Gba As String
Public Sub Main( )
    Gba = "Gba 是在 Module1.Bas 中定义的全局变量"
    Load Form1
    Load Form2
    Form1.Show                          '显示窗体1
End Sub
```

本程序还包括有两个窗体模块，一个名为 Form1.frm，其代码如下：

```
Option Explicit
Public Gbf As String
Private Sub Form_Load( )
    Gbf = "Gbf 是在窗体模块中定义的全局变量"
    Call Main
End Sub
Private Sub Form_Click( )
    Debug.Print "在 Form1 中打印："
    Debug.Print "Gba 的内容："; Gba
    Debug.Print "Gbf 的内容："; Gbf
    Debug.Print
    Form2.Show                          '显示窗体2
End Sub
```

另一个窗体模块名为 Form2.frm，代码如下：

```
Option Explicit
Private Sub Form_Click( )
    Debug.Print "在 Form2 中打印："
    Debug.Print "Gba 的内容："; Gba
    Debug.Print "Gbf 的内容："; Form1.Gbf
End Sub
```

通过本例可以看出，在标准模块中定义的全局变量，在应用程序的任何一个过程中都可以直接用它的变量名来引用它。而在过程中引用其他窗体模块中定义的全局变量时，必须用定义它的窗体模块名作为全局变量的附加前缀，才能正确地引用它。例如，在窗体模块 Form2 中用 Form1.Gbf 的格式引用在窗体 Form1 中定义的全局变量 Gbf。

全局变量可以被程序中的所有过程调用。表面上看，定义全局变量简化了编程，在函数和子过程中可以不再定义形式参数,也不用再考虑参数是按值传递还是按址传递。但遗憾的是,全局变量的值经常变动,更容易给程序添加错误。由于全局变量可以在程序任何地方被改变,一旦产生错误,将很难断定错误是由哪一个程序段引发的。另外,如果对程序中的全局变量的使用理解不很透彻,就对程序稍作修改,也可能会对全局变量值造成很大的影响,致使程序得不到正确的结果。因此一般有个原则,函数和子过程只对传递给它的实参值作变动,尽量减少(甚至消除)全局变量的使用。

7.7.4 关于同名变量

对于全局变量,为了避免因变量名相同而造成引用上的混乱,可以用模块名加以限定。例如,一个程序含有两个标准模块 Module1 和 Module2,分别在这两个模块中都定义了一个全局变量 Password。若在窗体模块中访问 Module1 中定义的全局变量 Password,就应以 Module1.Password 的形式来调用它。若在标准模块 Module1 中引用本模块中的 Password 变量,则可用变量名直接引用。如果要使用标准模块 Module2 中的全局变量 Password 的话,必须用标准模块名"Module2"作为 Password 的前缀。

局部变量定义在过程内部,该变量名仅可被此过程访问。而模块级变量、全局变量则定义在过程之外,可以被模块中或程序中的所有过程访问。在过程中可以定义与模块级变量或全局变量的名字完全相同的局部变量。

下面程序中,在窗体模块中定义了全局变量 X、Y 和 Z。而在子过程 Conflict_X 中使用局部变量 X 和全局变量 Y 和 Z。

```
Option Explicit
Public X As Integer, Y As Integer, Z As Integer
Private Sub Form_Activate()
    Conflict_X
    Debug.Print "X,Y 和 Z 是",X,Y,Z
End Sub
Private Sub Form_Load()
    X = 10
    Y = 20
    Z = 35
End Sub
Private Sub Conflict_X()
    Dim X As Integer
    X = 135
    Debug.Print "X,Y 和 Z 是",X,Y,Z
End Sub
```

运行结果如下:

X,Y 和 Z 是   135   20   35
X,Y 和 Z 是   10   20   35

从运行结果可以看出,在过程 Conflict_X 中,当全局变量与局部变量名发生冲突时,VB

使用局部变量。总之,当不同作用域的同名变量发生冲突时,VB 优先访问局限性大的变量。

7.7.5 静态变量

当某一过程被程序多次调用,并希望过程中的局部变量值具有连续性时,可以在过程中用关键字 Static 定义一个静态变量。同全局和模块级的变量一样,VB 在程序的数据区中给静态变量分配存储空间。过程运行结束时静态变量的存储空间依然保留,所以静态变量的值可以保持,并从一次过程调用传递到下一次过程调用。尽管如此,静态变量仍然是一个局部变量,它的作用域仅局限于定义它的过程。

下面是一个使用静态变量的程序示例:

```
Option Explicit
Private Sub Command1_Click( )
    Dim K As Integer
    K = 5
    Debug. Print "第一次调用:"
    Call Static_Variable( K )
    Debug. Print "K = "; K
    K = 5
    Debug. Print "第二次调用:"
    Call Static_Variable( K )
    Debug. Print "K = "; K; ""
End Sub
Private Sub Static_Variable( ByRef N As Integer )
    Static Sta As Integer
    Debug. Print "静态变量初值 Sta = "; Sta
    Sta = N + Sta
    N = Sta + N
End Sub
```

程序运行结果如下:

第一次调用:
静态变量初值 Sta = 0
K = 10
第二次调用:
静态变量初值 Sta = 5
K = 15

从运行结果可知,虽然第二次调用 Static_Variable 过程的实参 K 的值与第一次调用过程的实参值相同,但由于两次进入过程时静态变量 Sta 的初值不同,所以运行结果 K 的值也不相同。

在编写程序时,必须警惕存在于代码内的逻辑错误,此类错误通常很难被发现。在过程中使用静态变量就有可能发生这样的错误,且经常发生在数值运算和应用循环的语句中。

为了更好地理解这一点,请看下面的程序:
```
Option Explicit
Private Sub Form_Click( )
    Debug.Print "4! =";Fact_Error(4)
    Debug.Print "5! =";Fact_Error(5)
End Sub
Private Function Fact_Error(ByVal N As Integer) As Integer
    Static Count As Integer
    Fact_Error = 1
    Do While Count < N
        Count = Count + 1
        Fact_Error = Fact_Error * Count
    Loop
End Function
```

编写上面程序的本意是想在"立即"窗口的第一行显示4!的值(4!=24),第二行显示5!的值(5!=120)。但是,由于在求阶乘的函数过程Fact_Error中把变量Count定义成静态变量,使得其值可以从一次调用传递到下一次调用,因此第二次进入函数Fact_Error时静态变量Count的初值是4,影响了循环的执行,结果在"立即"窗口第一行显示4!=24,第二行显示5!=5,产生一个逻辑错误。因此使用静态变量时应该小心谨慎。

7.8 程序示例

【例7-4】 下面是一个有关函数调用的"形实结合"问题的程序示例。源程序如下:
```
Option Explicit
Dim A As Integer
Private Sub Command1_Click( )
    Dim B As Integer,C As Integer
    A = 1:B = 2:C = 3
    Print Fun(A,B,B) + Fun((A),B,C)
    Print A,B,C
End Sub
Private Function Fun(X As Integer,ByVal Y As Integer,Z As Integer) As Integer
    Static Stat As Integer
    Stat = Stat + Z            '①
    Y = Y + Stat               '②
    X = X + 3                  '③
    Z = X + Y                  '④
    A = A + X + Y              '⑤
```

```
        Fun = X + Y + Z + A                    '⑥
    End Function
```

运行程序，VB 在数据区给模块级变量 A、函数 Fun 的静态变量 Stat 分配存储单元[图 7-11(a)]。单击命令按钮，激活 Command1_Click 事件过程，在程序的堆栈中给局部变量 B 和 C 分配存储单元[图 7-11(b)]，依次执行三个赋值语句，分别给 A、B、C 三个变量赋值 1、2、3。执行 Print 语句，首先用 Fun(A,B,B)调用函数 Fun；在堆栈中给形参 X、Y、Z 分配存储单元，在"形实结合"过程中，将模块级变量 A 的地址(2000)传递给形参 X[图 7-11(b)]，将实参变量 B 的值 2 复制给形参 Y(Y 是"按值传递"的参数)，将实参变量 B 的地址(1000)传递给形参 Z[图 7-11(b)]，静态变量 Stat 的值为 0。顺序执行函数 Fun 的各条语句。

语句①把静态变量 Stat 的值 + Z 变量所指向的 1000 号存储单元(变量 B)中的内容的和赋值给 Stat[图 7-11(c)]，Stat 的值为 2。

语句②将 Y 的值 + Stat 静态变量的值的和 4 赋值给 Y 变量，Y 的值变为 4。

语句③将 X 变量指向的 2000 号存储单元(变量 A)中的内容 + 3 的和 4 赋值给 X，即将 4 存储到存储单元 2000(A 变量)中，此刻 A 的值是 4。

语句④将变量 A 的值 + 变量 Y 的值的和 8 赋值给 Z，即将 8 存储到变量 Z 所指向的 1000 号存储单元(变量 B)中，变量 B 的值是 8[图 7-11(d)]。

语句⑤将变量 A 的值 + 变量 X 指向的 2000 号存储单元中(变量 A)的值 + Y 的值的和 12 赋值给变量 A，此刻 A 的值是 12[图 7-11(c)]。

语句⑥计算 X 变量所指向的 2000 号存储单元(变量 A)中的内容 + 变量 Y 的值 + Z 变量所指向的 1000 号存储单元(变量 B)中的内容 + 变量 A 的值，将表达式结果赋值给函数 Fun。

最后执行 End Function 语句，退栈释放分配给形参 X、Y 和 Z 的存储空间，返回 Command1_Click 事件过程中的函数调用点。

接着用 Fun((A),B,C)二次调用函数 Fun。在堆栈中给形参 X、Y、Z 分配存储单元，在"形实结合"过程中，函数调用的实参表中的(A)是一个表达式，它与形参 X 按"传值"方式进行结合，因此将变量 A 的值 12 传递给形参 X；将变量 B 的值 8 传递给形参 Y；将 C 的地址(1001)传递给形参 Z；静态变量 Sata 的值是 2[图 7-11(c)]。函数 Fun 的执行过程不再赘叙。函数执行结束前，程序所用到的变量的状态见图 7-11(e)和图 7-11(f)。函数执行结束，退栈释放分配给形参 X、Y 和 Z 的存储空间，返回 Command1_Click 事件过程，在窗体上输出执行结果如下：

    132
        40   8   28

Command1_Click 事件过程执行结束，退栈释放分配给局部变量 B 和 C 的存储空间，栈清空，数据区仍然保留[图 7-11(e)]。

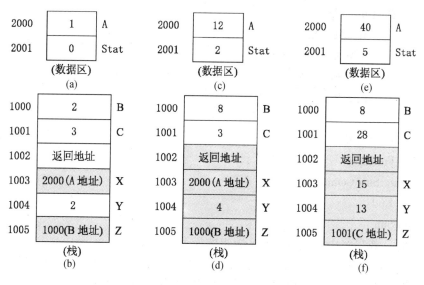

图 7-11

【例 7-5】 求三个正整数的最小公倍数。

求三个正整数的最小公倍数的方法如下：

（1）编写一个求两个数的最小公倍数的函数 LCM。

（2）首先调用 LCM 函数，求出任意两个数的最小公倍数，然后再次调用 LCM 函数，求前两个数的最小公倍数与第三个数的最小公倍数。

Command1_Click() 事件过程中的赋值语句 L = LCM(LCM(A,B),C) 的功能是求 A、B 和 C 三个数的最小公倍数。其中赋值号右边的表达式 LCM(LCM(A,B),C) 是一个函数嵌套调用，它的处理过程是，先计算外层函数调用的第一个实在参数 LCM(A,B) 的值，然后以函数调用 LCM(A,B) 返回的值作为第一个参数，C 作为第二个参数再次调用函数 LCM，这次函数调用返回值则是 A、B、C 三个数的最小公倍数。

程序界面见图 7-12，程序代码如下：

```
Option Explicit
Private Sub Command1_Click()
    Dim A As Integer, B As Integer
    Dim L As Long, C As Integer
    A = Text1.Text
    B = Text2.Text
    C = Text3.Text
    L = LCM(LCM(A,B),C)
    Text4.Text = L
End Sub
Private Function LCM(ByVal X As Integer, ByVal Y As Integer)
    Dim M As Long, Flg As Boolean
    Flg = False
```

图 7-12

```
        Do Until Flg
            M = M + X
            If M Mod Y = 0 Then
                Flg = True
            End If
        Loop
        LCM = M
End Function
Private Sub Command2_Click( )
    End
End Sub
```

【例7-6】 找出一个奇次的 N×N 数组的最大凸点。

所谓凸点，是指一个在本行、本列中值最大的数组元素。一个数组可能有多个凸点。

算法说明：在 Command1_Click( )事件过程中利用随机函数生成元素值在 1～50 之间 N×N 的数组，调用函数 Look_For 逐行寻找数组的凸点，并记录下它的位置。每当找到一个凸点时，都要和前面已找到的最大的凸点进行比较，如果刚找到的凸点的值更大，则它就是新的最大凸点，并用这个凸点值以及它所在的行号和列号替换相关变量中原来的值。

参考界面见图 7-13，程序代码如下：

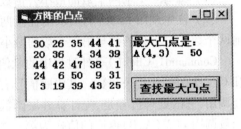

图 7-13

```
Option Explicit
Option Base 1
Private Sub Command1_Click( )
    Dim A( ) As Integer, I As Integer
    Dim N As Integer
    Dim R As Integer, J As Integer
    Dim L As Integer, M As Integer
    N = InputBox("输入 N :",,5)
    ReDim A(N,N)
    Randomize
    For I = 1 To N
        For J = 1 To N
            A(I,J) = Int(50 * Rnd) + 1
            Text1.Text = Text1.Text & Right("    " & A(I,J),3)
        Next J
        Text1.Text = Text1.Text & vbCrLf
    Next I
    If Look_For(A,R,L) Then
        Text2 = "最大凸点是：" & vbCrLf
        Text2 = Text2 & "A(" & R & "," & L & ") =" & A(R,L)
    Else
```

            Text2 = "没有凸点"
        End If
    End Sub
    Private Function Look_For(A( ) As Integer, R As Integer, L As Integer) As Boolean
        Dim Ub As Integer, M As Integer, Max As Integer
        Dim J As Integer, K As Integer, I As Integer
        Dim Clu As Integer
        Ub = UBound(A,2)
        For I = 1 To Ub   '找行中最大元素
            M = A(I,1): Clu = 1
            For J = 2 To Ub
                If A(I,J) > M Then
                    M = A(I,J)
                    Clu = J
                End If
            Next J
            For K = 1 To Ub   '验证该元素是否是列中最大元素
                If A(K,Clu) > M Then Exit For
            Next K
            If K > Ub Then
                Look_For = True
                If M > Max Then   '判断本行的凸点是否比前面已找到最大凸点大
                    Max = M: R = I: L = Clu
                End If
            End If
        Next I
    End Function

【例 7-7】 利用级数法编程求 arcsin 函数的值。

已知：

$$\sin^{-1}x \approx x + \frac{1}{2} \cdot \frac{x^3}{3} + \frac{1 \cdot 3}{2 \cdot 4} \cdot \frac{x^5}{5} + \frac{1 \cdot 3 \cdot 5}{2 \cdot 4 \cdot 6} \cdot \frac{x^7}{7} + \cdots = x + \sum_{i=1}^{n} \frac{1 \cdot 3 \cdot \cdots \cdot (2 \cdot i - 1)}{2 \cdot 4 \cdot \cdots \cdot (2 \cdot i)} \cdot \frac{x^{(2 \cdot i + 1)}}{2 \cdot i + 1}$$

图 7-14 是根据程序功能要求及求解公式设计的程序界面。运行程序，要求用户通过 InputBox 函数输入自变量 x 及允许误差值。若输入"0.5,1e-5"，程序将自动把输入的数据分解为两部分并分别赋给 x 与 eps；函数过程 afun 则用于求解级数第 n 项的值。图 7-15 是程序执行的结果画面。

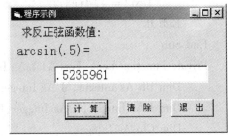

图 7-14   图 7-15

程序代码如下:

```
Option Explicit
Private Sub Cmdcalc_Click( )
    Dim x As Single,n As Integer,eps As Single
    Dim s As Single,a As Single,temp As String
    temp = InputBox("请输入一个绝对值小于等于1的数与允许误差：", _
                    "求函数值","0,1e-5")
    temp = Trim(temp)
    n = InStr(temp,",")
    x = Left(temp,n-1): eps = Right(temp,Len(temp)-n)
    s = x: n = 1
    Do
        a = afun(x,n)
        If a <= eps Then Exit Do
        s = s + a
        n = n + 1
    Loop
    Label2.Caption = "arcsin(" & CStr(x) & ") = "
    Text1.Text = s
End Sub
Private Function afun(ByVal x As Single,ByVal n As Integer) As Single
    Dim i As Integer,p As Single
    p = 1
    For i = 1 To n
        p = p * (2*i-1) / (2*i)
    Next i
    afun = p * x ^ (2*n+1) / (2*n+1)
End Function
Private Sub CmdCls_Click( )
    Text1.Text = ""
```

End Sub
Private Sub CmdEnd_Click( )
    End
End Sub

【例7-8】 冒泡法排序。

算法说明： 冒泡排序的方法是：逐一比较数组中相邻两个元素,如果大小顺序不对,则交换它们的位置,较小的数据像气泡一样逐渐上浮,较大的数据逐渐下沉。一轮比较结束后,较大的数据就下沉到数组的底部。这个处理过程在数组范围反复执行多遍,数据也就排好序了。

在下面程序中,8个待排序数据从Text1控件数组赋值给Sort数组各元素。首先比较Sort(1)和Sort(2),如果Sort(1)>Sort(2),则交换这两个元素的值,接着比较Sort(2)和Sort(3)(此时的Sort(2)可能是刚交换来的值),若Sort(2)>Sort(3),则交换这两个元素的值。重复此过程,直到处理完Sort(7)和Sort(8)这两个元素的比较。经过7次比较处理,最大的数被传到数组最后一个元素Sort(8)中,而较小的数像气泡一样上浮。

在第二轮比较中,依次比较Sort(1)和Sort(2),Sort(2)和Sort(3)……最后比较Sort(6)和Sort(7),经过6次比较处理,次大数存放在元素Sort(7)中了。如此反复经过7轮的比较处理,所有数据的大小顺序就排好了。

图 7-16

运行界面见图7-16,程序代码如下：
```
Option Explicit
Option Base 1
Private Sub Command1_Click( )
    Dim Number(8) As Integer, I As Integer
    For I = 1 To 8
        Number(I) = Text1(I - 1).Text
    Next I
    Call Bubble_sort(Number)
    For I = 1 To 8
        Text2.Text = Text2.Text & Number(I) & " "
    Next I
End Sub
Private Sub Bubble_sort(Sort( ) As Integer)
    Dim I As Integer, J As Integer
    Dim Ub As Integer, Tem As Integer
    Ub = UBound(Sort)
    For I = 1 To Ub - 1
        For J = 1 To Ub - I
            If Sort(J) > Sort(J + 1) Then
```

```
            Tem = Sort(J)
            Sort(J)= Sort(J + 1)
            Sort(J + 1) = Tem
         End If
      Next J
   Next I
End Sub
```

用上面程序对 n 个数据进行排序,要执行 n – 1 轮的排序处理过程。当 n 比较大时,可能会在某一轮的排序过程中没有发生数据交换,这就表示数据已排好序,不需要再继续做下去了。请读者思考,当数据排好序后要立即结束排序工作,从而达到节省运行时间、提高排序效率的目的,如何改进程序?

【例 7-9】 把一个任意十进制正整数转换成 N 进制数(N <= 16)。

算法说明:采用"除 N 求余逆序列法"把一个十进制整数转换为 N 进制数。转换过程中需要对每次求得的余数 R 进行判断,如果 R 的值大于等于 10,则将 R 扩大 55 作为 ASCII 码求出相应的字符,将其拼接到 N 进制数中;否则直接将 R 的值拼入到 N 进制数中。

表 7-3 是程序中所使用的对象及主要属性设置。

表 7-3

控件名称	名称(Name)	标题(Caption)	文本(Text)
窗体	Frm1	数制转换	
标签 1	Lal1	将十进制数转换为	无
标签 2	Lal2	进制数	无
标签 3	Lal3	十进制数	无
标签 4	Lal4	进制数	无
文本框 1	Text1	无	空白
文本框 2	Text2	无	空白
文本框 3	Text3	无	空白
命令按钮 1	Cmd1	开始转换	无

程序参考界面如图 7-17 所示。程序代码如下:

```
Option Explicit
Private Sub Cmd1_Click()
   Dim N As Integer, Dec As Long
   Dim Number As String
   N = Text1
   Label4.Caption = CStr(N) + "进制数"
   Dec = Text2
   Number = Trans(N, Dec)
   Text3 = Number
End Sub
Private Function Trans(N As Integer, ByVal D As Long) As String
```

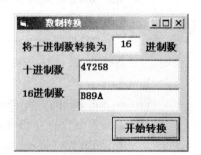

图 7-17

```
    Dim R As Integer, S As Integer
    Do
        R = D Mod N
        If R >= 10 Then
            S = R + 55
            Trans = Chr(S) & Trans
        Else
            Trans = CStr(R) & Trans
        End If
        D = D \ N
    Loop Until D = 0
End Function
```

【例7-10】 统计20个随机正整数中不同数字出现的次数。

算法说明：假定20个数据存放在数组A中,设置一个标志数组Flg,它的每个元素与A数组的元素一一对应,标志数组的每个元素的初值设为1。假设Flg(I)=1,则要统计A(I)中的数据在A数组中出现的次数。用A(I)依次与其后面元素比较,若一个元素值与A(I)相同,则将该元素对应的标志数组元素值改写为0,同时将Flg(I)值加1。若Flg(I)=0,则表示A(I)已统计过了,不再对它做统计处理。

程序运行界面见图7-18,程序代码如下：

```
Option Explicit
Option Base 1
Private Sub Command1_Click()
    Dim A(20) As Integer, I As Integer
    Dim Flg(20) As Integer
    For I = 1 To 20
        A(I) = Int(Rnd * 20) + 10
        Flg(I) = 1
        Text1.Text = Text1.Text & A(I) & " "
        If I Mod 10 = 0 Then Text1.Text = Text1.Text & vbCrLf
    Next I
    Call Statistic(A, Flg)
    For I = 1 To 20
        If Flg(I) <> 0 Then
            List1.AddItem A(I) & ":" & Flg(I)
        End If
    Next I
End Sub
Private Sub Statistic(A() As Integer, Flg() As Integer)
    Dim I As Integer, J As Integer
```

```
            For I = 1 To UBound(A) - 1
                If Flg(I) <> 0 Then
                    For J = I + 1 To UBound(A)
                        If Flg(J) <> 0 And A(I) = A(J) Then
                            Flg(I) = Flg(1) + 1
                            Flg(J) = 0
                        End If
                    Next J
                End If
            Next I
        End Sub
        Private Sub Command2_Click( )
            Text1.Text = ""
            List1.Clear
        End Sub
```

图7-18

【例7-11】 编写一个递归函数,求任意两个整数的最大公约数。

程序中的 Function 过程 Gcd 是按照欧几里得算法(也称为辗转除法)设计的一个递归函数,其边界条件(终止条件)是:当 R=0 时,函数赋值返回。

表7-4是本例使用的对象及属性设置。

表7-4

对象	名称(Name)	标题(Caption)	文本(Text)
窗体	Frm1		
标签1	Lal1	整数	无
标签2	Lal2	与整数	无
标签3	Lal3	最大公约数是	无
文本框1	Text1	无	空白
文本框2	Text2	无	空白
文本框3	Text3	无	空白
命令按钮1	Cmd1	求公约数	无
命令按钮2	Cmd2	结束	无

程序的参考界面如图7-19所示。
程序代码如下:
```
        Private Sub Cmd1_Click( )
            Dim M As Long, N As Long
            Dim Gcdvalue As Long
            M = Val(Text1.Text)
            N = Val(Text2.Text)
            If M <> 0 And N <> 0 Then
```

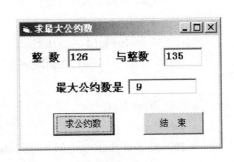

图7-19

            Gcdvalue = Gcd(M,N)
            Text3.Text = Str$(Gcdvalue)
        End If
    End Sub
    Private Sub Cmd2_Click()
        End
    End Sub
    Private Function Gcd(ByVal X As Long,ByVal Y As Long)
        Dim R As Long
        R = X Mod Y
        If R = 0 Then
            Gcd = Y
        Else
            X = Y
            Y = R
            Gcd = Gcd(X,Y)
        End If
    End Function

【例7-12】 找出由4个不同的素数数字组成的素数。

算法说明：程序的关键是如何判断一个4位数是否由2、3、5、7这4个不同的素数数字组成的。本程序采用的方法是：对在2357～7532范围内的每个4位数使用InStr函数检验其是否含有数字2、3、5、7；若InStr函数4次返回值均大于0，则表明该数是由2、3、5、7组成的，否则不是。

运行界面见图7-20,程序代码如下：

    Option Explicit
    Private Sub Command1_Click()
        Dim I As integer,J As Integer
        Dim St As String
        For I = 2357 To 7532
            If Validate(I) Then
                If Prime(I) Then
                    List1.AddItem I
                End If
            End If
        Next I
    End Sub
    Private Function Validate(N As Integer) As Boolean
        Dim St As String,I As Integer
        Dim Char As Integer

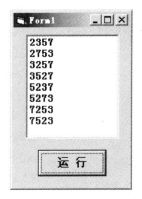

图7-20

```
        St = "2357"
        For I = 1 To 4
            Char = Mid(St,I,1)
            If InStr(CStr(N),Char) = 0 Then
                Exit Function
            End If
        Next I
        Validate = True
    End Function
    Private Function Prime(N As Integer) As Boolean
        Dim K As Integer
        For K = 2 To Sqr(N)
            If N Mod K = 0 Then Exit For
        Next K
        If K > Sqr(N) Then Prime = True
    End Function
```

【例7-13】 找出5000以内的亲密对数。所谓"亲密对数",是指甲数的所有因子和等于乙数,乙数的所有因子和等于甲数,则甲、乙两数为亲密对数。例如:

220 的因子和:1 + 2 + 4 + 5 + 10 + 11 + 20 + 22 + 44 + 55 + 110 = 284

284 的因子和:1 + 2 + 4 + 71 + 142 = 220

因此,220 与 284 是亲密对数。

算法说明:本例编写了一个求整数 n 的因子和的 Sum_factors 过程。在主过程中,采用穷举法对 5000 以内的数据逐个筛选,过程中两次调用 Sum_factors 过程,第 1 次得出数据 i 的因子和 Sum1,第 2 次调用时,求出 Sum1 的因子和 Sum2。根据题意,如果 Sum2 等于 i,则数据 i 和 Sum1 就是一对亲密对数。

运行界面见图 7-21,程序代码如下:

```
    Private Sub Command1_Click()
        Dim i As Integer,Sum1 As Integer,Sum2 As Integer
        For i = 1 To 5000
            Call Sum_factors(i,Sum1)
            Call Sum_factors(Sum1,Sum2)
            If i = Sum2 And i <> Sum1 Then
                Text1 = Text1 & i & "," & _
                    Sum1 & vbCrLf
            End If
        Next i
    End Sub

    Private Sub Sum_factors(ByVal N As Integer,sum As Integer)
```

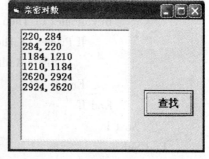

图 7-21

```
    Dim i As Integer
    sum = 0
    For i = 1 To N - 1
        If N Mod i = 0 Then
            sum = sum + i
        End If
    Next i
End Sub
```

注意：程序中排除了因子和等于本身的数据。如果希望把相关数据的因子也输出来，则可适当修改求因子和的 Sub 过程。请读者自行练习。

【**例 7-14**】 直接插入排序。

算法说明：设待排序的 N 个数已存放在数组 Sort 中，首先将 Sort(1) 作为已排序子数列，然后逐一将 Sort(2)，Sort(3)，…，Sort(N) 插入到已排序的子数列中。每插入一个元素都要进行以下两个操作：

（1）将待插入元素 Sort(I) 存放到变量 Temp 中。

（2）在已排序子数列中找插入位置。

从 Sort(I - 1) 开始向前，用 Temp 的值与 Sort(I - 1) 比较，若 Temp < Sort(I - 1)，则将 Sort(I - 1) 存入 Sort(I)，即后移一个位置；然后再依次用 Temp 分别与 Sort(I - 2)、Sort(I - 3)…比较并做相应处理，直到 Temp > Sort(K) 时，则将 Sort(K) 存放到 Sort(K + 1)，再将 Temp 存放到 Sort(K) 中；或者 Temp 比它前面数都小，则将它存放到 Sort(1) 中。

重复上述步骤，直到把每个元素都插入完为止。通常把查找插入位置与元素移位结合在一起完成。

图 7-22 是程序的参考界面。程序代码如下：

```
Option Explicit
Option Base 1
Private Sub Command1_Click()
    Dim A(10) As Integer, I As Integer, N As Integer
    Dim chs As String, chd As String
    Randomize
    For I = 1 To 10
        A(I) = Int(Rnd * 20) + 1
        chs = chs & Str(A(I))
    Next I
    Text1.Text = chs
    Call Insertion(A)
    For I = 1 To 10
        chd = chd & Str(A(I))
    Next I
    Text2.Text = chd
```

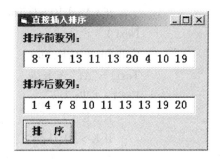

图 7-22

End Sub
Private Sub Insertion(Sort( ) As Integer)
　　Dim K As Integer, I As Integer, Temp As Integer
　　Dim Ub As Integer
　　Ub = UBound(Sort)
　　For I = 2 To Ub
　　　　Temp = Sort(I)
　　　　K = I - 1
　　　　Do While Temp < Sort(K)
　　　　　　Sort(K + 1) = Sort(K)
　　　　　　K = K - 1
　　　　　　If K <= 0 Then Exit Do
　　　　Loop
　　　　Sort(K + 1) = Temp
　　Next I
End Sub

【例7-15】 20个2位正整数首尾相连围成一圈,找出相邻四个数之和最大的四个数,并按下面的格式输出出来:n1 + n2 + n3 + n4 = sum。

算法说明:将随机生成的20个2位数存储在一维数组A中,共需求出20组和数。求第18组和即A(18) + A(19) + A(20) + A(1)……第20组和A(20) + A(1) + A(2) + A(3)时,注意数组下标如何变换才能防止越界。

Option Explicit
Private Sub Command1_Click( )
　　Dim A(20) As Integer, I As Integer
　　Dim K As Integer, Max As Integer
　　For I = 1 To 20
　　　　A(I) = Int(Rnd * 20) + 1
　　　　Text1 = Text1 & A(I) & " "
　　　　If I Mod 10 = 0 Then Text1 = Text1 & vbCrLf
　　Next I
　　Call Sum(A, K, Max)
　　Text2 = "A(" & K & ") +"
　　For I = 1 To 3
　　　　K = K + 1
　　　　If K > 20 Then K = 1
　　　　If I <> 3 Then
　　　　　　Text2.Text = Text2.Text & "A(" & K & ") +"
　　　　Else
　　　　　　Text2.Text = Text2.Text & "A(" & K & ") =" & Max

                End If
            Next I
        End Sub
        Private Sub Sum(A( ) As Integer, P As Integer, Max As Integer)
            Dim J As Integer, Add As Integer
            Dim Idx As Integer, I As Integer
            Max = A(1) + A(2) + A(3) + A(4)
            P = 1
            For I = 2 To 20
                Idx = I
                Add = A(I)
                For J = 1 To 3
                    Idx = Idx + 1
                    If Idx > 20 Then Idx = 1
                    Add = Add + A(Idx)
                Next J
                If Add > Max Then
                    Max = Add
                    P = I
                End If
            Next I
        End Sub
程序运行界面如图 7-23 所示。

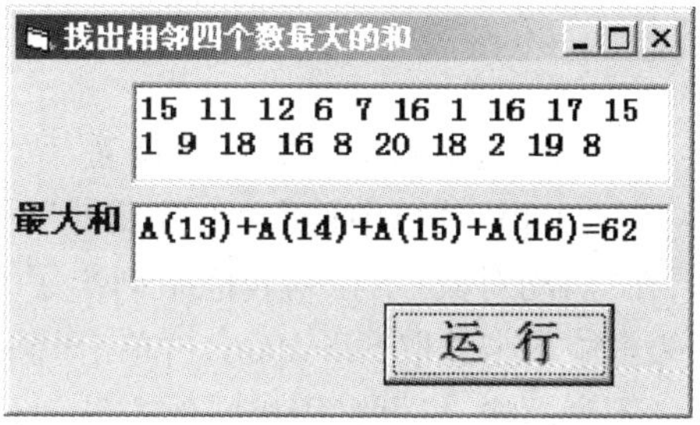

图 7-23

7.9 创建与设置启动过程

如前所述,一个复杂的 VB 应用程序可由多个窗体构成。在运行程序时,系统可从指定的窗体开始运行。除此而外,VB 还允许用户创建一个专门的过程,当运行程序时,可设定首先执行该过程,完成程序的初始化等工作,并由该过程通过 Show 方法,显示指定的窗体,再以可视的方式继续执行程序。这个过程就被称为"启动过程"。

1. 创建启动过程

启动过程必须是位于标准模块中的一个名为 Main 的通用过程。利用"工程"菜单中的"添加模块"命令或直接单击工具栏上的"添加窗体"按钮旁的列表按钮,再在打开的列表中选择"添加模块",即可打开一个标准模块的编辑窗口。再使用"工具"菜单中的"添加过程"命令,即可自动创建一个名为 Main 的启动过程框架(图 7-24)。在 Sub 语句与 End Sub 语句之间添加必需的语句代码即可。

图 7-24

2. 启动过程或启动窗体的设置

从"工程"菜单中选取"工程属性",再在"工程1-工程属性"对话框中选取"通用"选项卡,在"启动对象"下拉列表框中列出了本程序(工程)所有的窗体名及 Sub Main 过程。在列表框中单击选取 Sub Main,再单击"确定"按钮。启动过程就设置好了(图7-25)。

不言而喻,也可以用相同的方法,设置任意一个窗体为启动窗体。细心的用户还会发现,如果不进行设置,系统总是把最先设计的窗体(不论其 Name 属性如何)定为启动窗体。

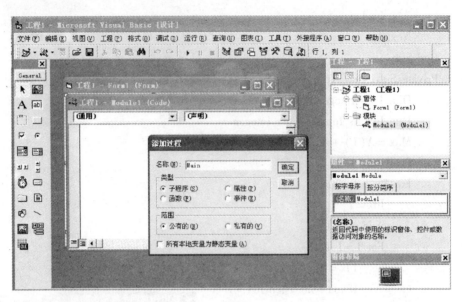

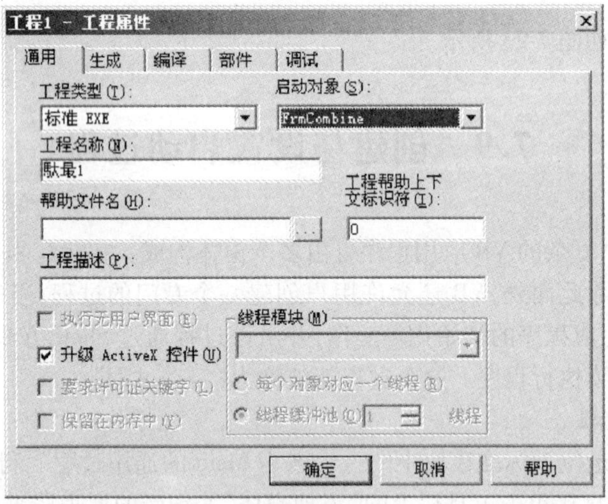

图 7-25

在下面例 7-16 的示例程序中,可在标准模块文件 Mutwindows.bas 里编写一个 Sub Main 启动过程:

```
Private Sub Main( )
    Load FrmPermute
```

```
Load FrmCombin
FrmMain Show
End Sub
```

运行程序时，VB 首先执行标准模块中的 Sub Main 过程，依次将窗体 FrmPermute 和 FrmCombin 装入内存，显示窗体 FrmMain。这样窗体 FrmMain 成为活动窗体，就可以执行该窗体中的过程。

注意：一个应用程序中只能有一个 Sub Main( ) 过程。

【**例 7-16**】 编写一个既可以求排列又能求组合的应用程序。

在该程序中包含 FrmMain、FrmCombin 和 FrmPermute 三个窗体和一个标准模块。
窗体 1 使用的对象及属性设置见表 7-5。

表 7-5

对 象	名称（Name）	标题（Caption）	文本（Text）
窗体 1	FrmMain	Form1	
标签 1	Lal1	VB 多窗体程序设计	
命令按钮 1	Cmd1	求组合	
命令按钮 2	Cmd2	求排列	
命令按钮 3	Cmd3	结束	

窗体 2 使用的对象及属性设置见表 7-6。

表 7-6

对 象	名称（Name）	标题（Caption）	文本（Text）
窗体 2	FrmCombin	Form2 组合	
标签 1	Lal1	C	
标签 2	Lal2	=	
文本框 1	Txtm		m
文本框 2	Txtn		n
文本框 3	Txtv		
命令按钮 1	CmdJs	计算	
命令按钮 2	CmdRetn	返回	

窗体 3 使用的对象及属性设置见表 7-7。

表 7-7

对 象	名称（Name）	标题（Caption）	文本（Text）
窗体 3	FrmPermute	Form3 排列	
标签 1	Lal1	A	

续表

对象	名称(Name)	标题(Caption)	文本(Text)
标签2	Lal2	=	
文本框1	Txtm		m
文本框2	Txtn		n
文本框3	Txtv		
命令按钮1	CmdJs	计算	
命令按钮2	CmdRetu	返回	

图 7-26、图 7-27 和图 7-28 分别是三个窗体的参考界面。

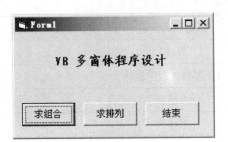

图 7-26

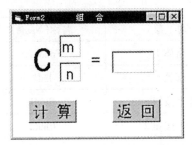

图 7-27

标准模块 Module1 中的程序代码如下：
```
Public Function Fact(n As Integer) As Long
    If n = 0 Or n = 1 Then
        Fact = 1
    Else
        Fact = n * Fact(n - 1)
    End If
End Function
```

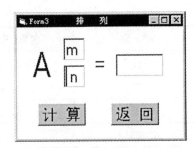

图 7-28

窗体 FrmMain 的程序代码如下：
```
Private Sub Cmd1_Click()
    FrmMain.Hide
    FrmCombin.Show
End Sub
Private Sub Cmd2_Click()
    FrmMain.Hide
    FrmPermute.Show
End Sub
Private Sub Cmd3_Click()
    End
End Sub
```

窗体 FrmCombin 的程序代码如下：
```
Dim m As Integer, n As Integer
Private Sub CmdJs_Click( )
    Dim value As Integer
    If m > n Then
        MsgBox "m 必须小于或等于 n 重新输入"
        Txtm.Text = "m"
        Txtn.Text = " n"
        Exit Sub
    End If
    Txtv.Text = Str(Funzh(m,n))
End Sub
Private Sub CmdRetu_Click( )
    FrmCombin.Hide
    FrmMain.Show
End Sub
Private Sub Txtm_Change( )
    m = Val(Txtm.Text)
End Sub
Private Sub Txtn_Change( )
    n = Val(Txtn.Text)
End Sub
Private Function Funzh(m As Integer, n As Integer) As Long
    Dim facm As Long, facn As Long
    Dim facmn As Long
    facm = Fact(m)
    facn = Fact(n)
    facmn = Fact(n - m)
    Funzh = facn / (facm * facmn)
End Function
```
窗体 FrmPermute 的程序代码如下：
```
Dim m As Integer, n As Integer
Private Sub CmdJs_Click( )
    Dim p As Long
    If m > n Then
        MsgBox "m 必须小于或等于 n 重新输入"
        Txtm.Text = "m"
        Txtn.Text = " n"
        Exit Sub
```

```
            End If
            p = Funp(m,n)
            Txtpv.Text = Str(p)
      End Sub
      Private Sub CmdRetu_Click()
            FrmPermute.Hide
            FrmMain.Show
      End Sub
      Private Sub Txtm_Change()
            m = Val(Txtm.Text)
      End Sub
      Private Sub Txtn_Change()
            n = Val(Txtn.Text)
      End Sub
      Private Function Funp(m As Integer,n As Integer) As Long
            Dim facn As Long,facmn As Long
            facn = Fact(n)
            facmn = Fact(n - m)
            Funp = facn / facmn
      End Function
```

7.10　鼠标与键盘事件及事件过程

7.10.1　鼠标事件及鼠标事件过程

1. 鼠标事件

鼠标事件是由用户操作鼠标而引发的能被各种对象识别的事件。除了 Click 和 DblClick 事件外,三个基本的鼠标事件是:

(1) MouseDown 事件:按下鼠标按钮时发生该事件。

(2) MouseUp 事件:释放鼠标按钮时发生该事件。

(3) MouseMove 事件:移动鼠标时发生该事件。

当鼠标指针位于某个控件上时,该控件将识别鼠标事件。而当鼠标指针位于窗体没有控件的区域上,窗体将识别鼠标事件。上述三个鼠标事件可以和 Click 和 DblClick 等事件复合出现。

例如,单击命令按钮 Command1 时产生了 MouseDown、Click、MouseUp、MouseMove 4 个事件。

2. 三个基本的鼠标事件过程

(1) MouseDown 事件过程

```
      Private Sub 对象名_MouseDown(Button As Integer,Shift As Integer, _
```

X As Single, Y As Single)
　　…
End Sub

（2）MouseUp 事件过程

Private Sub 对象名_MouseUp(Button As Integer, Shift As Integer, _
X As Single, Y As Single)
　　…
End Sub

过程形参表中各个参数的含义如下：

- Button：返回一个整数，指明产生该事件的按钮。对应按下鼠标的左按钮、右按钮和中间按钮，Button 的值分别是 1、2 和 4，如表 7-8 所示。

表 7-8　Button 参数的取值及意义

常数(Button)	值	含　义
vbLeftButton	1	按下"左"按钮
vbRightButton	2	按下"右"按钮
vbMiddleButton	4	按下"中间"按钮

- Shift：返回一个整数，指定"Shift"、"Ctrl"、"Alt"键的状态。对应按下"Shift"、"Ctrl"和"Alt"键的值分别是 1、2 和 4，如表 7-9 所示。组合键的值是各参数值相加。

表 7-9　Shift 参数的取值及含义

常数(Shift)	值	含　义
	0	3 个键都没有按下
vbShiftMask	1	按下"Shift"键
vbCtrlMask	2	按下"Ctrl"键
vbAltMask	4	按下"Alt"键

- X,Y：鼠标指针的当前位置，X 和 Y 的数值单位与控件的坐标系相关。

说明：与 Click 和 DblClick 事件不同，MouseDown 和 MouseUp 事件可以区分操作的鼠标按钮。使用 MouseDown 或者 MouseUp 事件过程，还可以为"Shift"、"Ctrl"、"Alt"等键盘换挡键编写用于鼠标和键盘组合操作的代码。

【例 7-17】　若按下鼠标左按钮，则将窗体上的图片框的左上角移到鼠标指针所在的位置。若按下鼠标右按钮，则将窗体上的图片框的右下角移到鼠标指针所在的位置。

```
Option Explicit
Private Sub Form_MouseDown(Button As Integer, Shift As Integer, X As Single, _
    Y As Single)
    If Button = 1 Then
        Picture1.Move X, Y
    ElseIf Button = 2 Then
```

         Picture1.Move X – Picture1.Width, Y – Picture1.Height
      End If
   End Sub
（3）MouseMove 事件过程
      Private Sub 对象名_MouseMove(Button As Integer, Shift As Integer, _
         X As Single, Y As Single)
      …
      End Sub
- Shift、X 和 Y：其含义与 MouseDown 和 MouseUp 过程相同。
- Button：返回一个整数，该整数指示了鼠标所有按钮的当前状态，如表 7-10 所示。

表 7-10　MouseMove 事件过程中 Button 参数的取值与含义

常数（Button）	值	含 义
	0	3 个按钮都没有按下
vbLeftButton	1	按下"左"按钮
vbRightButton	2	按下"右"按钮
vbMiddleButton	4	按下"中间"按钮
vbLeftButton + vbRightButton	3	同时按下"左"、"右"按钮
vbLeftButton + vbMiddleButton	5	同时按下"左"、"中"按钮
vbRightButton + vbMiddleButton	6	同时按下"右"、"中"按钮
vbLeftButton + vbRightButton + vbMiddleButton	7	同时按下三个按钮

【例 7-18】　文本框跟随鼠标在图片框中移动。

   Option Explicit
   Private Sub Picture1_MouseMove(Button As Integer, Shift As Integer, X As Single, _
      Y As Single)
      Text1.Text = "鼠标位置(" & X & "," & Y & ")"
      Text1.Left = X
      Text1.Top = Y
   End Sub
   Private Sub Form_Activate()
      Picture1.Print "文本框在图片框中移动"
   End Sub

程序运行界面如图 7-29 所示。应用这些鼠标事件过程，可以把鼠标当做"画笔"一样在窗体或图片框中进行绘图，这些应用可参阅本书第 11 章的相关部分。

图 7-29

7.10.2 键盘事件及键盘事件过程

1. 键盘事件

一般情况下,用户只需使用鼠标就可以操纵 Windows 应用程序了,但是有时也需要用键盘进行操作。例如,从键盘上输入文本信息给文本框。当按下键盘上的按键时触发键盘事件。

VB 的三个重要的键盘事件是:

① KeyPress 事件:按下并且释放一个会产生 ASCII 码键时被触发。

② KeyDown 事件:按下键盘上任意一个键时被触发。

③ KeyUp 事件:释放键盘上任意一个键时被触发。

只有具有焦点的对象方可接受按键,触发键盘事件。窗体在如下情况下可触发键盘事件:

① 窗体上没有可见或激活(可获得焦点)的控件。

② 窗体的 KeyPreview 属性设置为 True。

2. 键盘事件过程

(1) KeyPress 事件过程

  Private Sub 对象名_KeyPress(KeyAscii As Integer)

   …

  End Sub

其中,KeyAscii 返回按键的 ASCII 码值。

如果将 KeyAscii 设为 0,则取消该次按键(对象接受不到字符)。利用这个特性可以对输入的数据进行验证、限制和修改。

【例 7-19】 从文本框输入数据给一个双精度类型的变量 A。在文本框中只能输入 0 ~ 9 和小数点,若按了"Enter"键则将文本框内容赋值给变量 A。

  Option Explicit

  Dim A As Double

  Private Sub Text1_KeyPress(KeyAscii As Integer)

   If KeyAscii = 13 Then   '13 是回车键的 ASCII 代码值

    A = Val(Text1.Text)

   ElseIf KeyAscii <> 46 And Not (KeyAscii >= 48 And KeyAscii <= 57) Then

    KeyAscii = 0

   End If

  End Sub

(2) KeyDown 和 KeyUp 事件过程

  Private Sub 对象名_KeyDown(KeyCode As Integer, Shift As Integer)

   …

  End Sub

  Private Sub 对象名_KeyUp(KeyCode As Integer, Shift As Integer)

   …

End Sub

过程形参表中各个参数的含义如下：

- KeyCode：返回所按键的扫描代码。例如，按大写字母"A"和小写字母"a"返回的 KeyCode 都是 65，因为它们在同一个键上。对于有上、下档字符的键，其 KeyCode 也是相同的，其值为下档字符的 ASCII 码。
- KeyPress 事件过程的参数 KeyAscii 与 KeyCode 不同，KeyAscii 返回的是按键的 ASCII 码，区分大、小写，按下"A"和"a"键返回的 ASCII 码分别是 65 和 97。
- Shift：返回一个整数，其含义同鼠标事件中 Shift 参数一样，指示"Shift"、"Ctrl"和"Alt"键的状态。

【例7-20】 编写窗体的 KeyDown 事件过程，按"Ctrl"+"C"键关闭窗体。

将窗体的 KeyPreview 属性设置为 True。

程序代码如下：

```
Private Sub Form_KeyDown(KeyCode As Integer, Shift As Integer)
    If KeyCode = vbKeyC And (Shift = vbCtrlMask) Then
        Unload Me
    End If
End Sub
```

习　题

一、选择题

1. 下列有关事件过程的说法正确的是_____。
   A. 所有的事件过程都是 Sub 子过程
   B. 所有的事件过程都没有参数
   C. 所有的事件都是由用户的操作直接引发的
   D. 事件过程不能使用 Call 语句调用执行

2. 下列子过程或函数定义正确的是_____。
   A. Sub f1(n As String * 1)
   B. Sub f1(n As Integer) As Integer
   C. Function f1(f1 As Integer) As Integer
   D. Function f1(ByVal n As Integer)

3. 下列关于 Function 过程的说法错误的是_____。
   A. Function 过程名可以有一个或多个返回值
   B. 在 Function 过程内部不得再定义 Function 过程
   C. Function 过程中可以包含多个 Exit Function 语句
   D. 可以像调用 Sub 过程一样调用 Function 过程

4. 下列有关 Function 过程的说法正确的是_____。
   A. 函数名在过程中只能被赋值一次

B. 如果在函数体内没有给函数名赋值,则该函数无返回值

C. 如果在定义函数时没有说明函数的类型,则该函数是无类型的

D. 执行过程中的 Exit Function 语句,将退出该函数,返回到调用点

5. 下列有关过程的说法错误的是_____。

   A. 不论在 Function 过程中是否给函数名赋过值,都会返回一个值

   B. 不能给 Sub 过程名赋值

   C. Function 过程与 Sub 过程都可以是无参过程

   D. 过程名可以和主调过程的局部变量同名

6. 下列有关自定义过程的说法错误的是_____。

   A. 可以用 Call 语句调用自定义函数,也可以用函数名直接调用自定义函数

   B. 实参变量的类型必须与相应形参变量的类型相匹配

   C. 调用过程时,可以用常数或表达式作为实在参数,与被调过程的按地址传递的形参结合

   D. 主调程序与被调用的函数过程之间,只能依靠函数名把被调过程的处理结果传递给主调程序

7. 下列有关过程中形式参数的描述错误的是_____。

   A. 函数过程可以没有形式参数

   B. 事件过程一定没有形式参数

   C. 形参数组只能按地址与实参数组结合

   D. 窗体与控件也可以作为过程的参数

8. 若在模块中用 Private Function Fun(A As Single,B As Integer) As Integer 定义了函数 Fun。调用函数 Fun 的过程中定义了 I、J 和 K 三个 Integer 型变量,则下列语句中不能正确调用函数 Fun 的语句是_____。

   A. Fun 3.14,J

   B. Call Fun(I,365)

   C. Fun (I),(J)

   D. K = Fun("24","35")

9. 下列关于变量作用域的叙述正确的是_____。

   A. 窗体中凡用 Private 声明的变量只能在某个指定的过程中使用

   B. 模块级变量只能用 Dim 语句声明

   C. 凡是在窗体模块或标准模块的通用声明段用 Public 语句声明的变量都是全局变量

   D. 当不同作用域的同名变量发生冲突时,优先访问局限性小的变量

10. 下列说法错误的是_____。

    A. 在过程中用 Dim、Static 声明的变量都是局部变量

    B. 执行过程时,给所有局部变量分配内存、并进行初始化;过程执行结束,释放它们所占内存

    C. 局部变量可与模块级或全局变量同名,且在过程中,其优先级高于同名的模块级或全局变量

    D. 在模块通用声明部分,可使用 Dim 声明模块级变量或数组

11. 下列有关数组处理的叙述正确的是_____。
    A. 在过程中使用 ReDim 语句可以改变动态数组数据的类型
    B. 在过程中可以使用 Dim、Private 和 Static 语句来定义数组
    C. 用 ReDim 语句重新定义动态数组时,可以改变数组的大小,但不能改变数组的维数
    D. 不可以用 Public 语句在窗体模块的通用处说明一个全局数组

二、填空题

1. 运行下面的程序,单击 Cmd1,在窗体上显示的变量 b 的值为_____,变量 c 的值为_____,变量 z 的值为_____。

    ```
    Option Explicit
    Private Sub Cmd1_Click()
        Dim b As Integer, c As Integer, z As Integer
        b = 2
        c = 1
        z = fun(b, fun(b + 1, c)) + b - c + 1
        Print b, c, z
    End Sub
    Private Function fun(x As Integer, ByVal y As Integer) As Integer
        x = x - y
        y = x + y + 2
        fun = y - x
    End Function
    ```

2. 运行下列程序,单击 Cmd1,在窗体上显示的第一行内容是_____,第二行内容是_____,第三行内容是_____。

    ```
    Option Explicit
    Private Sub Cmd1_Click()
        Dim s As String
        s = "Basic"
        Call trans(s)
    End Sub
    Private Sub trans(s As String)
        Dim j As Integer, t As String
        Dim k As Integer
        k = 3
        Do
            j = InStr(s, "a")
            t = LCase(Right(s, j))
            s = Right(t, Len(s) - k) & Left(s, Len(t))
            k = k - 1
            Print s
    ```

           Loop Until k = 0
       End Sub
3. 运行下列程序,单击 Cmd1,窗体上显示的第一行内容是_____,第二行内容是
   _____,第三行内容是_____。
       Option Explicit
       Private Sub Cmd1_Click( )
           Dim s As String,k As Integer
           Dim key As String
           s = "10101"
           key = "111000"
           k = 1
           Do
               Call encrypt(s,key)
               Print s
               s = Right(s,k) & Left(s,4 – k) & Mid(s,4,2)
               k = k + 1
           Loop Until k > 3
       End Sub
       Private Sub encrypt(a As String,b As String)
           Dim sp As String,n As Integer,i As Integer
           sp = "0000"
           n = Len(b) – Len(a)
           If n > 0 Then a = Right(sp & a,Len(b))
           For i = 1 To Len(b)
               If Mid(a,i,1) = Mid(b,i,1) Then
                   Mid(a,i,1) = "0"
               Else
                   Mid(a,i,1) = "1"
               End If
           Next i
       End Sub
4. 执行下面程序,单击 Cmd1,窗体上显示的第一行是_____,第三行是_____,最
   后一行是_____。
       Option Explicit
       Private Sub Cmd1_Click( )
           Dim i As Integer,s As Integer
           For i = 1 To 9 Step 3
               s = fun((i)) + fun(i)
               Print s

            Next i
        End Sub
        Private Function fun(m As Integer) As Integer
            Static a As Integer
            If m Mod 2 = 0 Then
                a = a + 1
                m = m + 1
            Else
                a = a + 2
                m = m + 2
            End If
            fun = a + m
            Print fun
        End Function

5. 执行下面程序,单击 Cmd1 后,在 InputBox 函数对话框中输入 4(或直接单击"确定"按钮),窗体第一行显示的内容是_____,第二行显示的内容是_____,第四行显示的内容是_____。

        Option Explicit
        Private Sub Cmd1_Click( )
            Dim Days As Integer
            Days = InputBox("输入正整数",,4)
            Print fun(Days)
        End Sub
        Private Function fun(D As Integer) As Integer
            If D = 1 Then
                fun = 1
            Else
                fun = 2 * fun(D – 1) + 1
                Print D; fun
            End If
        End Function

6. 执行下面程序,单击 Cmd1,窗体上显示的第一行是_____,第二行是_____。

        Option Explicit
        Private Sub Cmd1_Click( )
            Dim A As Integer
            A = 2
            Call Sub1(A)
        End Sub
        Private Sub Sub1(X As Integer)

```
            X = X * 2 + 1
            If X < 10 Then
                Call Sub1(X)
            End If
            X = X * 2 + 1
            Print X
        End Sub
```

7. 执行下面程序,单击 Cmd1,窗体上显示的第一行是_____,第三行是_____,最后一行是_____。

```
    Option Explicit
    Dim x As Integer, y As Integer
    Private Sub Cmd1_Click()
        Dim a As Integer, b As Integer
        a = 5: b = 3
        Call sub1(a, b)
        Print a, b
        Print x, y
    End Sub
    Private Sub sub1(ByVal m As Integer, n As Integer)
        Dim y As Integer
        x = m + n: y = m - n
        m = fun1(x, y)
        n = fun1(y, x)
    End Sub
    Private Function fun1(a As Integer, b As Integer) As Integer
        x = a + b: y = a - b
        Print x, y
        fun1 = x + y
    End Function
```

三、编程题

1. 编写一个摄氏与华氏温度转换的通用过程。摄氏(C)与华氏(C)温度转换的公式如下：$F = C \times 9 \div 5 + 32$。要求：在一个文本框中输入摄氏温度,在另一个文本框中显示对应的华氏温度。

2. 随机生成30个10~99之间的正整数,将其中的素数和合数挑选出来,并分别显示在两个列表框中。编写一个判断一个数是否是素数的自定义函数。

3. 编写程序,找出给定范围内所有满足以下条件的整数：该整数的平方数的各位数字之和为素数。

4. 编写程序,验证一个大于2的偶数,可以表示为两个素数之和。

5. 利用随机函数 Rnd( ) 生成20个在1~100之间的各不相同的正整数,并在图片框中分4

行显示出来。要求程序中包含一个判断刚生成的随机数与其他已生成的数是否不同的通用过程。

6. 利用随机函数 Rnd( ) 生成 25 个两位正整数，分别赋给一个 5×5 数组的每元素，然后找出最大元素的位置，并按 A(n1,n2) = M 形式打印出来。要求程序中包含一个找最大元素的子过程。

7. 编写在六位正整数中查找超级自恋数的程序。如果把一个六位正整数从高位到低位，每两位分为一组，共分为三组，三组数据的立方和正好等于其本身，即为超级自恋数。（要求程序中包含有把六位正整数从高位到低位分成三组并求它们立方和的通用过程）

8. 一个 n 位的正整数，其各位数的 n 次方之和等于这个数，称这个数为 Armstrong 数。例如，$153 = 1^3 + 5^3 + 3^3$，$1634 = 1^4 + 6^4 + 3^4 + 4^4$，试编写程序，求所有的二、三、四位的 Armstrong 数。要求程序中包含一个求 n 位正整数的各位数的 n 次方之和的函数。

9. 设有 1～10 编号的 10 名运动员参加体操竞赛，有 6 名裁判给他们评分。评分规则是：满分为 10 分，最低分为 5 分，除去一个最高分和一个最低分，剩余的评分的平均值即为选手得分。编写自定义过程，完成以下功能：
   (1) 计算每位运动员的最后得分；
   (2) 按运动员的得分情况，从高分到低分进行排序；
   (3) 按运动员的得分高低确定名次，相同得分名次相同，若第 i 名有 n 人，则下一个名次则为 i + n（例如，如果有两个第二名，则下一个名次是第四名）。

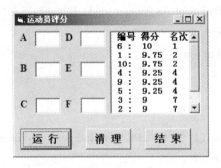

图 7-30

程序参考界面如图 7-30 所示。（制作界面时，建议用于评分的文本框采用控件数组）

10. 编写程序，求下面级数的和，计算精确到第 n 项的值小于等于 10^{-5} 为止。

$$s = x + \frac{x^2}{1 \cdot 2} + \frac{x^3}{2 \cdot 3} + \frac{x^5}{3 \cdot 5} + \cdots + \frac{x^{f_{n+1}}}{f_n \cdot f_{n+1}} + \cdots, \quad 0 < x < 1, n = 1, 2, 3, \cdots$$

其中，

$$f_n = \begin{cases} 1 & n = 1 \\ 1 & n = 2 \\ f_{n-1} + f_{n-2} & n > 2 \end{cases}$$

11. 其中，编写二分插入排序程序。（算法提示：在直接插入排序中是采用顺序查找法查找插入位置，而二分插入排序是采用二分法在已排序的子数列中查找插入位置，其他处理与直接插入排序相同）

12. 字符串"962815743"首尾相连围成一圈，按顺时针方向把它们分成一个两位数、一个三位数和一个4位数，使得两位数×三位数＝4位数。编写程序，找出满足这个乘法式子的三个数。程序参考界面如图7-31所示。
13. 编写程序，找出指定范围内包含因子个数最多的整数。程序参考界面如图7-32所示。

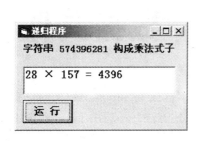

图 7-31

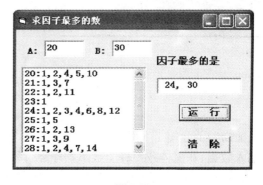

图 7-32

要求程序包含统计一个数的因子个数的函数过程。

第 8 章

数据文件

前面章节介绍了 VB 的标准输入/输出,即通过文本框或 InputBox 函数的对话框,用键盘输入数据,在窗体或控件上显示程序运行结果。但上述方法并不适用于输入/输出大量的数据,为此 VB 提供了从磁盘、磁带等外部存储设备上进行数据输入/输出的功能。程序要处理的数据以文件的形式存储在这些外部存储设备上,通过直接处理这些文件,应用程序可以极其方便地创建、复制、存储大量数据,且可以一次访问多组数据,还可以与其他应用程序共享数据。

专门用于存储数据的文件称为"数据文件"。

8.1 数据文件处理

8.1.1 数据文件概述

文件是用文件名标识的一组相关信息的集合。对于计算机而言,文件是指存放在磁盘上的一系列相关的字节。当应用程序访问一个文件时,必须了解其中字节之间的关系以及这些字节所表示的意义(是字符、整数、字符串还是数据记录等)。

1. 数据文件类型

为了有效地存取数据,应根据数据存放在文件中的形式,使用适当的文件访问类型。在 VB 中有三种文件访问的类型:

- 顺序访问;
- 随机访问;
- 二进制访问。

顺序访问适用于普通的文本文件。文件中的每一个字符代表一个文本字符或者文件格式符(比如回车、换行符)。文件中的数据是以 ASCII 码方式存储的。

随机访问的文件由一组相同长度的记录组成。记录可以由标准的数据类型的单一字段(域)组成,或者由用户自定义类型变量所创建的各种各样的字段(域)组成——每个字段的数据类型可以不相同,但记录的长度是固定的。数据以二进制方式存储在文件中。随机访问模式允许在任何时候访问文件的任意一个记录。

二进制访问的文件可以存储任意希望存储的数据。除了没有对数据类型和记录长度的限定外,它与随机访问的文件很相似。二进制访问的文件中的字节可以代表任何东西,因此必须知道数据是如何写入文件的,以便正确地读取它们。二进制访问模式适用于读写任意结构的文件。

2. 文件操作的一般步骤

要读取文件中的数据,首先需要把文件的有关信息加载到内存,使得文件与内存中某个文件缓冲区相关联。这个操作被称为文件的"打开"。

只有对"打开"的文件才能进行各种数据的存/取操作,也就是读取或写入数据。

一个文件使用完毕,应该将其"关闭","关闭"文件实质是将缓冲区中的内容写到外部设备上、释放文件所占用的文件缓冲区,以便其他文件使用该缓冲区。因为系统在内存中分配的文件缓冲区的个数是有限的,可以同时打开进行操作的文件个数也是有限的。为了合理利用系统资源,不再使用的文件应将其"关闭"。

图 8-1 给出了文件处理的一般步骤。

图 8-1

8.1.2 访问文件的语句和函数

VB 提供了多个用于访问文件的语句和函数,其中的大部分语句和函数适用于三种文件访问类型。例如,FileCopy 语句、Kill 语句、Lock 语句、Reset 语句、Unlock 语句和 Seek 语句;Dir 函数、EOF 函数、GetAttr 函数、FileAttr 函数、FileDate Time 函数、FileLen 函数、FreeFile 函数、LOF 函数、Loc 函数、SetAttr 函数和 Seek 函数。但也有一些只适用于特定的文件访问类型(表 8-1)。本节将介绍常用的文件访问语句和函数,如果要获取未涉及的语句或函数的信息,可从帮助中查找相关条目。

表 8-1

语句与函数	顺序型	随机型	二进制型
Close	√	√	√
Get		√	√
Input( )	√		
Input #	√		
Line Input #	√		
Open	√	√	√
Print #	√		
Put #		√	√
Type-End Type		√	
Write #	√		

1. 打开文件语句——Open 语句

在对文件进行操作之前,必须用 Open 语句打开或创建一个文件。

Open 语句的功能是:为文件的输入/输出分配缓冲区,指定文件的存取类型(模式)和存取方式,定义与文件相关联的文件号,给出随机存取文件的记录长度。

其格式如下:

Open 文件名 [For 模式] [Access 存取类型] [锁定] As [#]文件号 [Len = 记录长度]

格式中的 Open、For、Access、As、Len 为关键字。其中:

- 文件名(Filename):为要被打开文件的名字,可用字符串或字符型变量表示,并可包括盘符和路径,如果文件名不包括文件存储的路径,则系统在当前文件夹中打开文件。
- 模式(Mode)参数:用以说明访问文件的方式,可以是以下参数:

◇ Output:设定为顺序输出模式。

◇ Input:设定为顺序输入模式。

◇ Append:设定为顺序添加模式。

◇ Random:设定为随机访问的模式。

◇ Binary:设定为二进制访问模式。

如果缺省 For 子句,将以随机访问模式打开文件。

- 存取类型(Access)参数:用以说明打开文件可进行的操作,可以是:

◇ Read:对打开的文件只能进行读操作。

◇ Write:对打开的文件只能进行写操作。

◇ Read Write:对打开的文件可读可写。

如果打开的是顺序文件,并已在其 For 子句中(For Input 或 For Output 或 For Append)指定了访问文件的模式,则不再需要 Access 子句。但 For Append 可以与 Access Read Write 子句共存。

若用 Binary 或 Random 模式打开文件时,缺省 Access 子句。Visual Basic 将使用 Read Write 方式打开文件。

- 锁定(Lock)。该子句只在网络或多任务环境中使用。该子句的作用是防止其他计算机或其他程序对打开的文件进行读写。锁定的类型包括:

◇ Shared:允许任何计算机上的任何进程对该文件进行读写操作。

◇ Lock Read:防止读出,其他计算机可以对已打开的文件进行写操作,但不能读。

◇ Lock Write:防止写入,其他计算机可对已打开的文件进行读操作,但不能写入。

◇ Lock Read Write:防止读出与写入,禁止其他程序和其他计算机访问。

该子句的缺省值为 Lock Write,若使用该项,则必须将其放在紧靠 As 子句的前面。

- 文件号(Fileno):这是一个整型表达式,其取值范围在 1~511 之间。执行 Open 语句时,将文件与给定的文件号相关联。在文件操作语句和函数中,使用"文件号"对相关文件进行操作。
- 记录长度(Reclength):是一个整型表达式,其值≤32767。

对于用随机访问方式打开的文件,选用该参数设置记录长度,否则随机文件的记录长度的缺省长度为 128 个字节。对于顺序文件,选用该参数设定缓冲区的大小,如果缺省 Len 子句,则缓冲区的大小为 512 个字节。Len 子句不适用于二进制访问的文件。

注意:

① 如果以 Output、Append、Random 和 Binary 模式打开一个不存在的文件,VB 会创建一个相应的文件。如果用 Input 模式打开一个不存在的文件,程序将产生一个"文件未找到"

的错误。

② 在 Input、Random 和 Binary 模式下，可以用不同的文件号同时打开同一个文件。但以 Output 和 Append 模式打开的文件在关闭之前不能用不同的文件号重复地打开它。

③ 所有当前使用的文件号必须是唯一的，即当前使用的文件号不能再分配给其他文件。

④ 如果以 Output 模式打开一个已存在的顺序文件，则该文件中原来的数据将被覆盖。

下面是一些打开文件的例子：

  Open "Exam" For Output As #5

如果文件"Exam"不存在，则系统自动创建一个新文件，可以将数据写入到文件中去。如果文件"Exam"已存在，则该语句打开已存在的文件，原来的数据将被覆盖。

  Open "Exam" For Append As #5

如果文件"Exam"不存在，则创建一个新文件，否则打开已存在的名为"Exam"的文件，原来的数据仍然保留，新写入的数据添加到文件的尾部。

  Open "Exam" For Input As #5

打开已存在的名为 Exam 的文件，可从中读出数据。如果文件"Exam"不存在，将产生"文件未找到"（"File Not Found"）错误。

  Open "Exam" For Random As #6

按随机方式打开或建立一个文件，读出或写入的记录长度为 128 个字节。

  Open "A:\Binary" For Binary As #6

打开 A 盘根目录中的一个名为"Binary"的二进制访问文件，以便从文件中读出数据或从某个字节位置开始写入数据。

2. 关闭文件语句——Close 语句

文件读写操作完成后，应及时地使用 Close 语句，将相应文件关闭。

执行 Close 语句，将结束相应文件的输入/输出操作，并把文件缓冲区中的数据安全地保存到磁盘上的相应文件中；释放相应缓冲区和与该文件相联系的文件号，该文件号又可以供其他 Open 语句使用。

Close 语句格式如下：

  Close [[#]文件号][，[#]文件号]…

其中，文件号是某个 Open 语句使用的文件号。

Close 语句可以包括多个文件号参数，"文件号"之间用逗号分隔。

如果 Close 语句缺省"文件号"参数，则所有用 Open 语句打开的活动文件都被关闭。

除了可用 Close 语句关闭文件外，当程序结束时，所有打开的文件也会自动关闭。

3. 关闭所有打开的文件语句——Reset 语句

Reset 语句的功能是：关闭所有用 Open 语句打开的文件。

语句格式如下：

  Reset

4. 锁定和解锁语句——Lock 和 Unlock 语句

Lock 语句的功能是：禁止其他进程对一个已打开文件的全部或部分进行存取操作。

Unlock 语句的功能是：释放由 Lock 语句设置的对一个文件的多重访问保护。

语句格式如下:

　　Lock [#]文件号[,记录范围]

　　Unlock [#]文件号[,记录范围]

其中:
- 文件号:打开文件时所用的文件号。
- 记录范围(record range):对于不同的访问方式的文件具有不同的含义:
◇ 对于二进制访问的文件,锁定或解锁的是字节范围。
◇ 对于随机文件,锁定或解锁的是记录范围。
◇ 对于顺序文件,锁定或解锁的是整个文件,即使指明了范围也不起作用。

记录范围参数可以采用以下几种形式:
◇ n:表示锁定(解锁)第 n 个记录或字节。
◇ n1 To n2:表示锁定(解锁)的是 n1~n2 之间的所有记录或字节。
◇ To n:表示锁定(解锁)的是 1~n 之间的所有记录或字节。

缺省锁定(解锁)范围,表示锁定(解锁)整个文件。

Lock 语句与 Unlock 语句总是成对出现。Unlock 语句中的参数必须与它对应的 Lock 语句中的参数严格匹配。

特别注意:在关闭文件或结束程序之前,必须用 Unlock 语句对先前锁定的文件解锁,否则可能会产生难以预料的错误。

请看下面针对随机文件的例子:

　　Lock #2,　　　　　　　　　'锁定整个文件
　　Lock #2,6　　　　　　　　'锁定第 6 号记录
　　Lock #2,5 To 16　　　　　'锁定 5~16 号之间的 12 个记录

假定在程序中有如下两个锁定语句:

　　Lock #2,To 5
　　Lock #2 6 To 10

那么在程序中就应该有下面两个 Unlock 语句对 1~5、6~10 号记录解锁:

　　Unlock #2,To 5
　　Unlock #2,6 To 10

如果用 Unlock #2,1 To 10 语句解锁,将会产生错误。也就是说,程序中用了几个 Lock 语句对记录锁定,就应该有同样数量的 Unlock 语句对锁定的记录进行解锁,并且 Lock 语句和 Unlock 语句的"记录范围"的参数要相互对应。

5. Seek 语句

Seek 语句的功能是:在与指定文件号相联系的文件中设置下一次进行读写操作的位置,即把相应文件的文件指针移动到指定位置。对于随机访问文件,为记录的位置,否则为字符的位置。

其语句格式如下:

　　Seek [#]文件号,位置

其中:
- 文件号:已打开文件的文件号。

- 位置(position)：可以是 Integer 或 Long 型变量，也可以是常数，取值范围为 1～2147483647。

例如：

```
Private Sub Form_Click()
    Dim AA As String * 1, I As Integer
    Open "C:\Test" For Binary As #10
    For I = 1 To 15
        AA = Chr(I + 64)
        Put #10, , AA
    Next I
    Seek #10,12           '将指针定位在第 12 个字节处
    Get #10, , AA
    Print AA
End Sub
```

执行结果：在窗体中显示字母 L。

程序中的 Get #语句和 Put #语句是读写记录或二进制文件的语句。如果在这些语句中指定了读写操作的记录号或字符位置，则其操作不受 Seek 语句的影响。

如果 Seek 语句指定的位置已超出文件的结束位置，且要在 Seek 语句指定的位置进行写操作，那么文件会自动扩展。

6. 文件操作函数

常用的文件操作函数见表 8-2。

表 8-2

函数名	功 能	说 明
EOF(文件号)	当文件指针到达文件尾部时返回 True，否则返回 False	
FileAttr (文件号，返回类型)	以长整数的形式返回用 Open 语句打开的某个文件的访问模式的代码	在 VB 6.0 中返回类型应设为 1；返回值决定于打开文件的方式：Input 方式返回 1；Output 方式返回 2；Append 方式返回 8；Random 方式返回 4；Binary 方式返回 32
FileLen(文件名)	以长整数形式返回某个文件的长度(字节数)	如果指定的是一个已被打开的文件，FileLen 函数返回的是该文件打开之前的长度
FreeFile [(文件号范围)]	以整数形式返回 Open 语句可以使用的下一个有效文件号	可选的文件号范围参数为 0 或缺省时，返回可用文件号在 1～511 之间；该参数为 1 时，函数返回的文件号在 256～511 之间
LOF(文件号)	以长整数形式返回已用 Open 语句打开的文件的字节数	

续表

函数名	功能	说明
LOC(文件号)	以长整数形式返回打开文件最近一次读/写操作的位置	对于二进制访问文件,LOC 函数返回最近被访问的字符位置;对于随机文件,LOC 函数返回最近被访问的记录号;对于顺序文件,LOC 函数返回该文件被打开以来读或写的字节数除以 128 后的值
Seek(文件号)	以长整数的形式返回打开文件的当前读写位置,即文件的当前指针位置	LOC 函数返回的是最近被访问的记录位置或字符位置,Seek 函数返回的是当前读写位置,所以 Seek 函数的结果等于 LOC 函数值 +1

8.2 顺序文件

顺序文件实际上是一系列的 ASCII 码格式的文本行。文件中的数据按顺序组织,与文档中出现的顺序相同,每行长度可以变化。对文件的读写操作只能顺序进行。

8.2.1 顺序文件的写操作

1. 打开文件

向顺序文件写数据可以用下述两种方式打开:

(1) Open 文件名 For Output As [#]文件号

(2) Open 文件名 For Append As [#]文件号

以方式 1 打开文件,文件中原来内容被覆盖。以方式 2 打开文件,写入的数据添加在文件的尾部。

2. Print #语句

Print #语句的功能是:将一个或多个数据写到顺序文件中。

语句格式如下:

  Print #文件号,[输出列表]

其中:

- 文件号:已打开文件的文件号。
- 输出列表是可选参数。缺省该参数时("文件号"后面的逗号不可缺省)向文件输出一个空行或者回车换行符。

输出列表形式如下:

  [{SPC(n)|Tab(n)}][表达式][分隔符]

其中:

- SPC(n) 函数:用来在输出位置插入 n 个空格(即从当前位置开始空 n 个空格)。
- Tab(n) 函数:用来将输出位置(文件指针)定位在第 n 列(从对象的最左端的第 1 列开始计算的第 n 个位置)。若 n < 文件指针所指向的列号,则将指针重新定位在下一行的第 n 列;若使用无参 Tab 函数,则将输出位置定位在下一个标准输出区的开始位置。

• 表达式：各种合法的 VB 表达式

• 分隔符：可以是逗号或分号。在 Print # 语句中，各输出项之间可以用逗号","或分号";"分隔开，输出格式分别对应标准格式或紧凑格式。

① 标准格式输出：在 Print # 语句中，用逗号","作为输出项之间的分隔符时，输出的数据按标准格式写到文件中。

例如：

  Open "Test. Dat" For Output As #10
  Print #10, 1, 2, 3
  Print #10, "We", "study", "VB6.0"
  Print #10, 13 < 3 * 4, Date
  Close 10

执行上面程序片段后，文件 Test. Dat 的数据排列如下：

  1   2   3
  We   Study   VB6.0
  False   2012 − 2 − 25

可以看出，文件中的各数据分别存储在各自的标准输出区内，数据之间留有一定的空格字符，数据项的划分非常明显，但占据的磁盘空间较多。

② 紧凑格式输出：用分号";"作为 Print # 语句中各输出项之间的分隔符，则按紧凑格式将数据写到文件中。

例如：

  Open "Test. Dat" For Output As #10
  Print #10,1;2;3
  Print #10,"We";"study";"VB6.0"
  Close 10

执行上面程序片段后，文件中的数据排列形式如下：

  1 2 3
  WestudyVB6.0

可以看出，对于数值型数据，前面留有符号位（正号不输出，但留有一个空格），后面留有一个空格作为数据项之间的分隔符。因此以紧凑格式输出的数值型数据不会给以后读取文件中这些数据带来任何麻烦。而对于字符串型数据，若按紧凑格式输出，各字符串数据之间不留空格而将连在一起。因此以后若要读取这些数据，分解各字符串将非常困难。

3. Write # 语句

Write # 语句的功能与 Print # 语句一样也是将数据写到文件中。但是用 Write #语句写到文件中的数据将以紧凑格式存放，各数据项之间自动插入逗号作为分隔符。写入到文件的正数，在其前面不再留有空格。如果写入的是字符串数据，系统自动地在其首尾两边加上双引号作为定界符；如果是逻辑型和日期型数据，则以#作为数据的定界符，并且对于逻辑值，总是以大写字母的 TRUE 或 FALSE 写入到文件中。

语句格式如下：

  Write #文件号,[输出列表]

其中：
- 文件号：已打开文件的文件号。
- 输出列表(outputlist)：是可选参数，由一个或多个用逗号分隔的表达式构成。

例如：
```
Open "Test.Dat" For Output As #12
Write #12,1,-2,3,"ABC"
Write #12,
Write #12,5,6,7,"DEF",
Write #12,
Write #12, 13 < 3*4, Date
Close 12
```

执行上面程序片段，写入到文件 Test.Dat 中的数据如下：
1,-2,3,"ABC"

5,6,7,"DEF",
#FALSE#,#2012-02-25#

一个 Write # 语句的输出列表中最后一个输出项后面没有分隔符逗号时，那么其后的没有输出项的 Write # 语句就会在文件中插入一个空行。若一个 Write # 语句中的最后一个输出项后面跟有逗号分隔符，则其后面的缺省输出列表的 Write # 语句就在该输出行最后一个逗号之后插入回车换行符。

8.2.2 顺序文件的读操作

1. Input # 语句

Input # 语句的功能是：从一个打开的顺序文件中读取数据，并将这些数据赋值给相应的变量。

语句格式如下：

Input #文件号,变量表

其中,变量表(Varlist)由一个或多个变量组成,有多个变量时,各变量之间用逗号分隔。变量表中的变量可以是简单变量、数组元素,也可以是用户自定义类型变量。

文件中的数据项的类型应与变量表中对应变量的类型一致(或相容)。如果输入变量表中某个变量是数值型的,而文件中与之对应的数据是非数值型的,则将 0 赋给这个数值型变量。对于其他的类型不相容情况,VB 会产生一个"类型不匹配"的错误。

用 Input # 语句把读出的数据赋给变量时,将忽略前导空格、后续空格(字符串尾部空格)、回车和换行符,把遇到的第一个非空格、回车和换行符作为数据的开始;对于数值型数据,把遇到的第一个空格或者逗号、回车、换行符作为数据的结束。而对于字符型数据,则把遇到的第一个不在双引号内的逗号或回车符作为数据的结束。对于 Date 型数据以第一个 "#" 字符为开始,第二个 "#" 字符为结束。

假定在文件 Data 中仅有一行数据,数据排列如下：
34   45   78   789

在一条 Input 语句中用三个整型变量 A、B、C 和一个字符串变量 St 读文件中数据,执行"Input #2,A,B,C,St"后,则   A=34、B=45、C=78、St="789"。

若将上面的 Input 语句改为"Input #2,St,A,B,C",那么在执行该语句时,就会产生一个"超出文件尾"的错误。其原因是由于数据行中各数据之间的分隔符是空格,因此 Input #语句将回车符前面的所有字符(即这一行数据)作为一个字符串读给字符串变量 St 后,文件指针已指向文件结束符(文件已结束),变量 A、B、C 在文件中没有对应的数据可读,因此产生错误。

为避免不应有的错误,若使用 Input #语句从文件中读出数据赋给对应变量,文件中数据最好用 Write #语句而不用 Print #语句写入到文件。因为用 Write #语句写入的数据,能确保各数据项非常明显地区分开。

设文件 Test.Dat 的内容如下:
   This is File Test.Dat,-2365,4893,#TRUE#
要求按下面格式将文件的内容显示在窗体上。

   This is File Test.Dat
   -2365   4893   TRUE
程序代码如下:

```
Option Explicit
Private Sub Form_Click()
    Dim Chr As String, X As Integer
    Dim Y As Integer, Logic As Boolean
    Dim filenumber As Integer
    filenumber = FreeFile                '取空闲文件号
    Open "Test.dat" For Input As #filenumber
    Input #filenumber, Chr
    Input #filenumber, X, Y, Logic
    Print Chr
    Print X, Y, Logic
End Sub
```

注意:在文件中用#号字符作为定界符的逻辑值必须是大写字母。例如,#TRUE#,#FLASE#。

2. Line Input # 语句

Line Input #语句的功能是:从一个打开的顺序文件中读出一行数据赋给一个字符型变量。

语句格式如下:
   Line Input #文件号,变量名
其中,变量名应为一个字符串型变量名或字符串型数组元素名。

Line Input #语句从顺序文件的文件指针位置开始读取字符,直至遇到回车符为止,将读到的除回车符(CHR(13))以外的所有字符作为一个字符串赋给变量。因此可以用 Line Input #语句将顺序文件中所有数据一行一行地读出来。

【例 8-1】 利用 Lin Input #语句把文件 Examp.txt 的内容读出,并显示在文本框中。

假定在 C 盘的当前目录中有一个名为 Examp.txt 的文本文件,其内容就是如图 8-2 所示的程序代码。程序窗体 Form1 上有一个文本框对象,其 MultiLine 属性设置为 True。

```
Option Explicit
Private Sub Form_Click( )
    Dim Line As String
    Dim Str As String
    Open "Examp.txt" For Input As 10
    Do While Not EOF(10)
        Line Input #10, Line
        Str = Str & Line & vbCrLf
    Loop
    Text1.Text = Str
End Sub
```

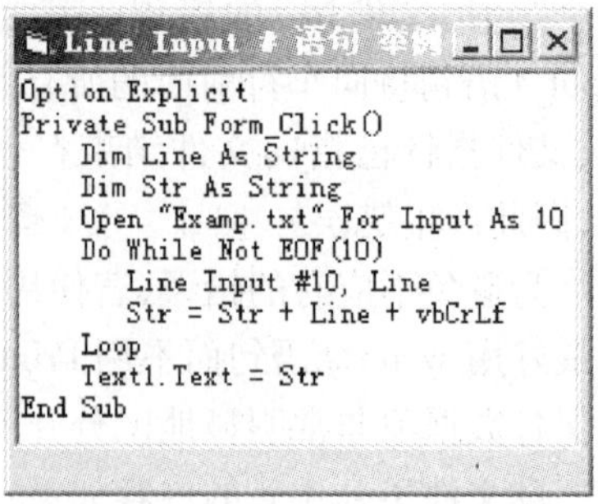

图 8-2

3. Input 函数

Input 函数的功能是:以字符串形式返回从某个以 Input 或 Binary 模式打开的文件中读出的一个或多个字符。

Input 函数的调用格式如下:

Input(n,[#]文件号)

其中,n 是任意合法的数值型表达式,指明从文件中一次读出字符的个数。但 n 的值不得超过文件的长度,否则将产生一个"超出文件尾"的错误。

与 Input #语句不同,Input 函数返回所读的所有字符,包括前导空格、逗号、双引号以及回车换行符。

下面是用 Input 函数从文件中读数据的示例程序:

```
Option Explicit
Private Sub Form_Click( )
    Dim Str As String, I As Integer
    Open "Examp" For Output As #10
    For I = 1 To 10
        Str = Chr(I + 64)
        Print #10, Str; " ";
    Next I
    Close 10
    Open "Examp" For Input As #15
    Seek #15, 5
    Str = Input(10, #15)
    Text1.Text = Str
    Close 15
End Sub
```

图 8-3

本例利用 For 循环依次将 A~J 10 个大写英文字母和字母间的分隔符(空格)写到 Examp 文件中。尔后用 Seek 语句将文件指针定位到第 5 个字符位置,再用 Input 函数一次读出 10 个字符(注意:空格也是字符),并显示在文本框中(图 8-3)。

【例 8-2】 使用 Input 函数复制一个文本文件。

程序代码如下:

```
Option Explicit
Private Sub Form_Click( )
    Dim Text As String, N As Long, I As Integer
    Open "C:\Myfile.txt" For Input As #20
    N = LOF(20)
    Text = Input(N, #20)
    Open "A:\Myfile.txt" For Output As #25
    Print #25, Text
    Close   20, 25
End Sub
```

本例假定在 C 盘当前目录中有一个测试文件 Myfile.txt。在程序中以 Input 模式打开该文件,用 LOF 函数求出它的长度,用 Input 函数将文件 Myfile.txt 的全部内容原封不动地读到字符串变量 Text 中。然后,再用 Print #语句将字符变量 Text 中的内容写到 A 盘根目录 Myfile.txt 中。这样在 A:盘中存有 C:盘上的 Myfile.txt 的一个备份。

注意:LOF 函数和 FileLen 函数返回的是相关文件的字节数。文件中一个汉字的编码是两个字节,而 Input 函数是按一个字符对它进行处理,所以上述方法不适合处理含有汉字或其他非标准 ASCII 代码字符的文件,否则会产生"超出文件尾"错误。

【例 8-3】 编写程序,将参加计算机等级考试的学生上机和笔试成绩登记到名为"考试成绩"的文件中。

程序中使用 App.path 返回正在运行的应用程序的路径。

App 对象:App 是"应用程序"(Application)的缩写,代表正在运行的应用程序。Path 是 App 对象的运行时属性,它返回应用程序的路径信息(驱动器与文件夹)。

本例的参考界面如图 8-4 所示。文本框 Text1 的 MultiLine 属性设为 True,ScrollBars 属性设为 2;命令按钮 CmdInput 的 Caption 属性设为"录入成绩",CmdEnd 的 Caption 属性设为"结束"。

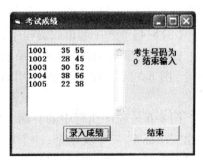

图 8-4

程序代码如下:

```
Option Explicit
Private Sub CmdInput_Click( )
    Dim Number As String * 6, Score1 As Integer
    Dim Score2 As Integer, St As String
    Open App.Path & "\考试成绩" For Append As #10
```

```
            Number = "1"
            Label1.Caption = "考生号码为 0 结束输入"
            Do
                Number = InputBox("输入考生号码")
                If Trim(Number) <> "0" Then
                    Score1 = InputBox("输入上机成绩")
                    Score2 = InputBox("输入笔试成绩")
                    St = Number & Str(Score1) & Str(Score2)
                    Text1.Text = Text1.Text & St & vbCrLf
                    Write #10, Number, Score1, Score2, Score1 + Score2
                End If
            Loop Until Trim(Number) = "0"
            Close #10
        End Sub
        Private Sub CmdEnd_Click()
            End
        End Sub
```

8.2.3 使用外部程序处理顺序文件

由于顺序文件实质就是一个文本文件,通过 Print #或 Write #语句建立的文件可以使用"记事本"(文件长度不超过 64KB)或"写字板"将其打开,自然也可以使用这些文本处理软件对其进行编辑处理。用户完全可以使用上述软件把一批需要程序处理的数据写入一个文件并保存,再使用程序打开该文件读取数据进行各种处理。

【例 8-4】 一个超市收费程序。

使用"记事本"程序输入货品的名称、代码及单价(图 8-5),保存文件到应用程序所在的文件夹。

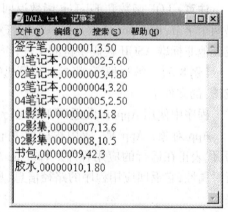

图 8-5

图 8-6 是程序执行中的界面。程序界面由三个标签,三个文本框,一个用于显示顾客购买物品名称、数量、单价及小计的列表框和三个命令按钮组成。收款员输入顾客购买的商品代码及数量,单击"小计"按钮,系统自动计算该商品的总价,并显示到列表框,收款员可接着输入顾客购买的第二种商品的代码与数量,再单击"小计",依次类推,在"总金额"文本框中会自动累计

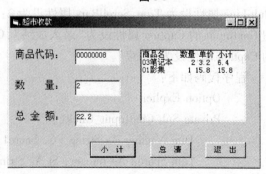

图 8-6

该顾客购买商品的总价。一个顾客处理完毕,单击"总清"按钮,界面又恢复到初始状态。

程序代码如下:

```
Option Explicit
Dim Id( ) As String * 8, Price( ) As Single
Dim BName( ) As String * 10, Ide As String * 8, Num As Integer
Dim J As Integer, Sum As Single
Private Sub Command1_Click( )          '"总清"按钮单击事件过程
    Text1.Text = ""
    Text2.Text = ""
    List1.Clear
    Text3.Text = ""
    List1.AddItem "商品名    数量 单价 小计"
    Text1.SetFocus
End Sub
Private Sub Command2_Click( )          '"小计"按钮单击事件过程
    Dim i As Integer, t As Long
    Dim Total As Single
    Ide = Text1.Text
    For i = 1 To UBound(Id)
        If Ide = Id(i) Then Exit For
    Next i
    If i > UBound(Id) Then
        t = MsgBox("代码错误!重输!",,"程序示例")
        Text1.Text = ""
        Text2.Text = ""
        Text1.SetFocus
        Exit Sub
    Else
        J = i
    End If
    Num = Val(Text2.Text)
    Total = Price(J) * Num
    List1.AddItem BName(J) & CStr(Num) & "" & Price(J) & "" & Total & Chr(13)
    Sum = Sum + Total
    Text3.Text = Sum
    Text1.Text = ""
    Text2.Text = ""
    Text1.SetFocus
End Sub
```

```
Private Sub Command3_Click()
    Unload Me
    End
End Sub
Private Sub Form_Load()                    '读数据文件
    Dim k As Integer, Df As String
    Df = App.Path & "\" & "data.txt"
    Open Df For Input As #11
    k = 1
    Do While Not EOF(11)
        ReDim Preserve BName(k), Id(k), Price(k)
        Input #11, BName(k), Id(k), Price(k)
        k = k + 1
    Loop
    Close (11)
End Sub
```
Form_Load()事件过程完成从数据文件中读取数据,并赋给相应数组的任务。

8.3 随机文件

以随机存取(Random Access)的方式存取的文件称为随机文件。随机文件是由一组长度相等的记录组成。它有如下特点:

(1)随机文件的记录是定长的。

(2)记录可包含有一个或多个字段(又称为域)。只有一个字段的记录可以是任何一个标准变量类型。例如,可以是一个固定长度的字符串或一个整型数。如果记录是由多个字段组成的,则记录必须是用户自定义类型。

(3)随机文件打开后,既可读又可写,可根据记录号访问文件中任何一个记录,无需按顺序进行。

处理一个随机文件也要用Open语句先打开它,再用Get #语句或Put #语句进行读写操作,操作完毕,要用Close语句将其关闭。

8.3.1 变量声明

在应用程序打开随机文件之前,应先声明所有用来处理该文件数据所需的变量。这些变量应包括与文件中记录类型一致的标准类型变量或用户自定义类型变量。

1. 定义记录类型

如果需要打开(建立)的随机文件的记录是由多个字段组成的,那么就应在标准模块中用Public Type-End Type语句,或在窗体模块中用Private Type-End Type语句定义一个记录类型,这个类型应和该随机文件已有的或者将要建立的记录类型相一致。例如,要建立一个存储学生考试成绩的随机文件,该文件的记录是由学生姓名、学号以及英语、数学和计算机三门课程考试成绩五个字段组成,那么首先应在标准模块或窗体模块中定义一个用户自定义类型。假定将该类型命名为 Student_Score:

  Type Student_Score
    Name As String * 8
    Student_Id As String * 6
    English As Integer
    Math As Integer
    Computer As Integer
  End Type

因为随机文件中所有记录的长度应相同,因此自定义类型中的字符串数据,要使用定长度的字符串。例如,在定义 Studen_Score 类型时,将 Name 和 Studen_Id 都声明为定长的字符串型变量。

2. 声明变量

在处理包含多字段记录的随机文件时,除了需要定义记录类型外,还必须在相应的程序段中声明应用程序在处理随机文件时所需要的变量。例如,在处理学生考试成绩的随机文件时用下面语句定义变量:

  Public Score As Student_Score

该语句的作用是把变量 Score 说明为 Student_Score 类型,用于读写随机文件。

8.3.2 随机文件的打开

使用下面的 Open 语句打开一个随机文件:

  Open 文件名 [For Random] As [#]文件号 [Len = 记录长度]

因为"Random"是缺省访问模式,因此 For Random 子句可以缺省。

Len 子句指定随机文件的记录长度;"记录长度"以字节为单位,等于各字段长度之和。如果给打开文件指定的记录长度比实际写入的数据长度短,将会产生错误;如果记录长度比实际写入的数据长度长,记录将会正确地把数据写入到文件中去,但会浪费一些磁盘存储空间。

例如,下面的程序片断可以打开一个名为"考试成绩"的随机文件:

  Dim Filenum As Integer
  Dim Reclength As Long
  Dim Score As Student_Score
  Filenum = FreeFile
  Reclength = Len(Score)
  Open "考试成绩" As #Filenum Len = Reclength

8.3.3 随机文件的写操作

Put #语句的功能是:将变量内容写到打开的随机文件或二进制访问的文件中去。语句格式如下:

Put #文件号,[记录号],变量

其中：
- 文件号其含义同前。
- 记录号：为可选参数,记录号可以是整型的常数,也可以是已赋值的变体变量或长整型的变量,取值范围为 $1 \sim 2^{31}-1$,即 $1 \sim 2147483647$。对随机文件,"记录号"是要写入记录的编号,对于用"Binary"模式打开的二进制访问文件,"记录号"是要开始写的字节位置。一个文件的第一个记录或字节(以"Binary"模式打开的文件)所在位置规定为1,第二个记录或字节所在位置规定为2,依此类推。在 Put #语句中,如果省略了"记录号"参数,那么,是将变量中内容写到最近执行的 Get #或 Put #语句读或写过的记录(字节)的下一个记录(字节)位置,或者由 Seek 语句所指定的位置。换句话说,就是将变量内容写到文件指针的当前位置。若在 Put 语句中缺省"记录号"参数,语句中的逗号分隔符也不可省略。例如：

　　　　Put #Filenum, ,Score

变量名是要写入到磁盘文件中的数据的变量名,通常其类型为自定义的记录类型。

执行 Put #语句时要注意：

① 如果要写入的数据长度小于 Open 语句中的 Len 子句所指定的长度,Put #语句则以记录长度为边界写入随后的记录,并以文件缓冲区中的内容填充刚写入记录的多余空间。但由于充填数据的长度无法精确确定,最好写入数据的长度与指定的记录长度相匹配。

② 如果要写入的是一个变长字符串变量,Put #语句将写入一个包含字符串长度的两个字节的描述符,然后再写入变量。因此,Len 子句所指定的记录长度至少要比字符串长度多2个字节。

③ 如果要写入的变量是一个数字(Numeric)类型的 Variant 变量,Put #语句将先写入2个字节来标识 Variant 变量的变量类型(VarType),然后再写入变量。因此,Len 子句所指定的记录长度至少要比实际存储变量所需字节数多2个字节。

④ 如果要写入的变量类型为变长字符串的 Variant 变量,Put #语句将先写入2个字节来标识 Variant 变量的变量类型,2个字节标识字符串长度,然后才是字符串数据。这样 Len 子句所指定的记录长度至少要比字符串的实际长度多4个字节。

⑤ 如果要写入的变量是其他类型的变量(非变长字符串或 Variant 变量),则 Put #语句只写入变量的内容。因此,Len 子句所指定的记录长度要大于或等于被写入的数据的长度。

【例8-5】 用随机文件建立通讯录,通讯录内容包含姓名、电话号码和邮政编码。

参考界面使用的对象及属性设置如下：

对 象	名 称	Caption
窗体	FrmWrite	随件文件写操作
标签1	Lblname	姓名
标签2	Lbltel	电话
标签3	Lblpost	邮编
标签4	Lblnum	写入记录号
文本框1	Txtname	

续表

对 象	名 称	Caption
文本框2	Txttel	
文本框3	Txtpost	
文本框4	Txtnum	
命令按钮1	CmdOpen	打开文件
命令按钮2	CmdPut	写文件
命令按钮3	CmdEnd	结束

窗口界面见图8-7。

标准模块文件中的程序代码如下：

  Option Explicit
  Type RecordType
    Name As String * 8
    Tel_number As String * 8
    Post_code As String * 6
  End Type

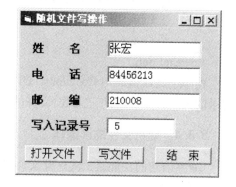

图8-7

窗体模块文件中的程序代码如下：

  Option Explicit
  Dim Person As RecordType
  Dim Filenum As Integer
  Dim Reclength As Long, Recnum As Long
  Private Sub CmdOpen_Click( )
    Reset
    Filenum = FreeFile
    Reclength = Len(Person)
    Open "address" For Random As Filenum Len = Reclength
    Recnum = LOF(Filenum) \ Reclength + 1
    Txtnum. Text = Str(Recnum)
    Txtname. SetFocus
  End Sub
  Private Sub CmdPut_Click( )
    If Txtname <> "" And TxtTel <> "" And Txtpost <> "" Then
      Person. Name = Txtname. Text   '给字段变量赋值
      Person. Tel_number = Txttel. Text
      Person. Post_code = Txtpost. Text
      Put #Filenum, Recnum, Person   '写文件记录
      Txtname. Text = ""

```
            Txttel. Text = ""
            Txtpost. Text = ""
            Txtname. SetFocus
            Recnum = Recnum + 1
            Txtnum. Text = Str(Recnum)
        Else
            Txtnum. Text = "输入数据错,重新输入"
        End If
    End Sub
    Private Sub CmdEnd_Click()
        Close #Filenum
        End
    End Sub
```

程序中的赋值语句 Recnum = LOF(Filenum)\Reclength + 1 是用文件的长度(字节数)除记录的大小得到文件的记录数,文件的记录数加 1 是将要添加的记录号。

8.3.4 随机文件的读操作

Get #语句的功能是:将打开文件中的数据读到变量中。

语句格式如下:

  Get #文件号,[记录号],变量

Get #语句的参数含义均与 Put #语句类似,不再赘述。Get #语句在程序中的应用,可参阅下例中的 CmdRead_Click()事件过程。

【例 8-6】 将例 8-5 创建的随机文件通讯录中的记录内容读出并显示在文本框中。

程序代码如下:

```
    Option Explicit
    Private Type RecordType
        Name As String * 8
        Tel_number As String * 8
        Post_code As String * 6
    End Type
    Dim Person As RecordType, Filenum As Integer
    Dim Reclength As Long, Recnum As Long
    Private Sub CmdOpen_Click()
        Reset
        Filenum = FreeFile
        Reclength = Len(Person)
        Open "address" For Random As Filenum Len = Reclength
    End Sub
    Private Sub CmdRead_Click()
```

```
        Dim Choice As Integer
        Recnum = Str(InputBox("输入记录号"))
        Seek #Filenum, Recnum
        Do While Not EOF(Filenum)         'Recnum <= LOF(Filenum)/Reclength
            Text4.Text = Str(Recnum)
            Get #Filenum, Recnum, Person    '读文件记录
            Txtname.Text = Person.Name
            Txttel.Text = Person.Tel_number
            Txtpost.Text = Person.Post_code
            Choice = MsgBox("继续查看?", vbYesNo)
            If Choice = vbNo Then
                Exit Do
            End If
            Recnum = Recnum + 1
        Loop
    End Sub
    Private Sub CmdEnd_Click()
        Close #Filenum
        End
    End Sub
```

图 8-8 是本程序运行时的界面。

8.3.5 增加、删除随机文件中的记录

1. 增加记录

给随机文件增加一条记录,实际上就是在文件尾部添加一条记录。问题的关键是如何确定随机文件中最后一条记录号是多少?可以通过下面公式求得:

$$最后一条记录的记录号 = 文件长度/记录长度$$

通过 LOF 函数可以获取打开文件的长度。多字段记录类型变量的长度就是记录的长度,可以利用 Len 函数求得,即

$$记录长度 = Len(记类型变量)$$

而单字段记录的长度是显而易见的。最后一条记录的记录号 +1,就是要添加的记录的位置。

2. 删除记录

在随机文件中删除一条记录,有两种做法:

(1) 把要删除记录的下一条记录写到要删除的记录位置,其后所有记录依次前移。这样要删除的记录内容不复存在了,但是文件的最后两条记录相同,文件中记录数没有减少。

(2) 打开一个临时文件,将原文件中所有不删除的记录一条一条地复制到临时文件中去。删除原文件后,重新命名临时文件。参见下例。

【例 8-7】 将例 8-5 创建的通讯录中的无用记录删除掉。

```
Option Explicit
Private Type RecordType
    Name As String * 8
    Tel_number As String * 8
    Post_code As String * 6
End Type
Private Sub CmdErase_Click()
    Dim Person As RecordType, Filenum As Integer
    Dim Reclength As Long, Recnum As Long
    Dim Filenum1 As Integer, Readnum As Long
    Dim Writenum As Long, Erasenum As Long
    Filenum = FreeFile
    Reclength = Len(Person)
    Open "address" For Random As Filenum Len = Reclength
    Filenum1 = FreeFile
    Open "tempfile" For Random As # Filenum1 Len = Reclength
    Label4.Caption = "删除记录号"
    Erasenum = Str(InputBox("输入删除记录号"))
    Do While Not EOF(Filenum)
        Readnum = Readnum + 1
        Get #Filenum, Readnum, Person
        If Readnum <> Erasenum Then
            Writenum = Writenum + 1
            Put #Filenum1, Writenum, Person
        End If
    Loop
    Close #Filenum
    Kill "address"
    Close #Filenum1
    Name "tempfile" As "address"
    Text4.Text = Str(Erasenum) & "号记录已删除"
End Sub
```

8.4　二进制文件

在使用文件时,二进制访问模式可以提供最大的灵活性。二进制存取可以获取任何一个文件的原始字节。任何类型的文件(顺序文件或随机文件)都可以二进制访问模式打开。二进制存取模式与随机存取模式一样使用 Get #语句获取数据,用 Put #语句写入数据。

二进制存取模式与随机存取模式不同之处是：二进制存取可以定位到文件中任一字节位置，而随机存取要定位在记录的边界上。二进制存取从文件中读取数据或向文件写入数据的字节长度取决于 Get #语句或 Put #语句中"变量"的长度，而随机存取方式读写固定个数的字节(一个记录的长度)。

对二进制访问模式的文件进行读操作时，除用函数 EOF( ) 判断文件是否结束外，还可以结合使用 LOF 和 LOC 两个函数确定文件是否结束。LOF 函数返回文件的长度，LOC 函数则返回文件指针的当前位置。当 LOF 的值等于 LOC 的值时，则表明文件已读完。

下面的例题利用以二进制访问模式对文件进行读写的方法，将一个文件的内容复制到另一个文件中。

```
Option Explicit
Private Sub Command1_Click( )
    Dim S As String * 1, S1 As String * 1
    Open "D:\stud.txt" For Binary As 10
    Open "E:\myfile.txt" For Binary As 15
    Do While Loc(10) < LOF(10)
        Get #10, , S
        Put #15, , S
    Loop
    Seek #15, 1                    '将刚复制的文件的指针移到文件开始位置
    Seek #10, 1
    Do While Loc(15) < LOF(15)     '验证刚复制的文件是否正确
        Get #15, , S
        Get #10, , S1
        Debug.Print Asc(S), Asc(S1)
        If S <> S1 Then
            Exit Do
        End If
    Loop
    If Loc(15) <> LOF(15) Then
        Print "复制的文件有错"
    Else
        Print "文件复制正确"
    End If
    Close
End Sub
```

习 题

一、选择题

1. 下列有关文件用法的描述正确的是_____。
   A. 只有顺序文件在读写前需要使用 Open 语句打开
   B. 使用同一个文件号,可同时打开多个不同的文件
   C. 如果以 Input 方式打开的顺序文件不存在,则会出错
   D. 如果程序中缺少 Close 语句,即使程序运行结束,打开的文件也不会自动关闭
2. 下列关于文件的叙述错误的是_____。
   A. 用 Output 模式打开一个顺序文件,即使不对它进行写操作,原来的内容也被清除
   B. 可以用 Print # 语句或 Write # 语句将数据写到顺序文件中
   C. 若以 Output、Append、Random、Binary 方式打开一个不存在的文件,系统会出错
   D. 顺序文件或随机文件都可以用二进制访问模式打开

二、填空题

1. 向一个顺序文件写数据时,用 Output 方式打开文件,该文件原有的内容将会被_____,用 Append 方式打开文件,输入数据将_____。
2. 用 Print #语句向顺序文件写入数据,数据按使用的_____格式存放;用 Write #语句写入数据,数据之间用_____分隔。

三、编程题

1. 编写程序:先在 D 盘根目录上用记事本程序建立一个名为 Data.txt 的数据文件,数据文件的内容为以下数据:37,45,23,84,79,32,66,54,72,19。再通过程序从文件中读取上述数据,按从小到大的顺序进行排序,再将排好序的数据写入新的文件 Data1.txt(要求读取的数据和排序结果用文本框显示)。
2. 先采用 Windows 的"记事本"程序建立一个名为"Score"的文本文件,每行记录一个学生的考试成绩,数据排列形式是:学号,姓名,英语成绩,数学成绩,计算机成绩。数据间用逗号分隔。
   编写程序,读取该文件的数据,求每名学生的总分和平均成绩,并创建一个名为"Score1"的新文件,新文件的每个数据行除老文件中原有数据外,后面添加该学生的总分和平均成绩两个数据项。
3. 试有一个记录学生成绩的随机文件"Score1",它的记录结构如下:
       Studno   String * 6
       Studname String * 8
       English   Integer
       Math   Integer
       Computer Integer
   试编写程序,删除其中有两门课程不及格的学生的记录。

4. 将例8-4的超市收款程序中的文本文件改用随机文件,程序也进行相应改变。(提示:定义有关商品数据的记录类型,专门编写一段进行文件变换的程序代码,读取顺序文件的数据,先赋给记录类型变量的各字段变量,再写入记录文件)
5. 建立一个二进制文件,随机写26个小写英文字母,再将每个小写英文字母转换成大写英文字母并存入文件。

第9章

程序调试

在程序设计的过程中,不可避免地会发生这样那样的错误。程序调试就是对程序进行测试,验证其正确性,查找错误并加以排除。只有经过调试验证的程序才能正常的使用。

作为一种功能强大的程序设计语言,VB 也提供了丰富的程序调试的工具。

9.1 错误类型与程序调试工具

9.1.1 错误类型

在 VB 程序设计中所产生的错误通常可分为三类:

第一类错误是语法错误。所谓语法错误是指由于违反了语言有关语句形式或使用规则而产生的错误。例如,语句格式错误、语句定义符拼错、内置常量名拼错、变量名定义错、没有正确地使用标点符号、分支结构或循环结构语句的结构不完整或不匹配等。

VB 提供了一个自动语法检查选项,如果设定本选项,就能在输入代码时自动检测和改正语法错误。属于语句使用形式的语法错误,在一行代码输入完,准备输入下一行时,系统即可检测到,并以红色显示,显示一个消息框,在消息框中对错误作出解释以帮助编程者改正错误;而违反语法规则产生的错误,则会在运行程序代码时,被快速检测,且也会立即给出相关的出错信息。

第二类错误是运行错误。运行错误是由于试图执行一个不可进行的操作而引起的。比如使用一个不存在的对象或使用一个某些关键属性没有正确设置的对象;在程序运行过程中,数组下标越界、数据溢出等。

对于运行错误,系统也会在检测到后,给出相应的错误信息,并中止程序的运行。

第三类错误是逻辑错误。逻辑错误是由于编写的程序代码不能实现预定的处理功能要求而产生的错误。要实现既定的数据处理功能,必须依据一定的"算法",即由算法规定的处理方法与步骤。如果所编写的程序代码,违反了算法,尽管没有任何语法错误,也没有执行任何非法操作,得到的结果却是错误的。下面就是一个含有错误的判断一个整数是否为素数的函数过程:

```
Private Function prime(n As Integer) As Boolean
    Dim I As Integer
```

```
        For I = 2 To Sqr(n)
            If n Mod I = 0 Then Exit For
        Next I
            prime = True
    End Function
```

该过程的每一个语句都符合格式要求,也不存在运行错误。如果调用该过程,程序会正常执行,但会给出错误的结果。仔细分析过程中的语句,就会发现是 If 语句中的 Exit 子句出了错误。按照算法,当 n 被某个 I 整除时,则表明 n 不是素数,此时应当退出过程,并返回一个缺省的 False 值,而不应退出 For 循环,执行 prime = True 语句,再退出过程。这就是所谓的"逻辑错误"。

逻辑错误也有可能引起运行错误或陷入不能正常终止的"死循环"。

对于逻辑错误,系统无法自动检测。只能由用户通过测试,来验证结果的正确性。如果结果有误,则应检查是否有逻辑错误存在,并加以排除。

9.1.2 VB 调试工具

1. 设置自动语法检查

设置自动语法检查的方法是:在 VB 集成开发环境中,打开"工具"菜单,再单击"选项"命令,并在打开的对话框中选择"编辑器"选项卡(图 9-1),在"代码设置"栏中选中"自动语法检测"即可。

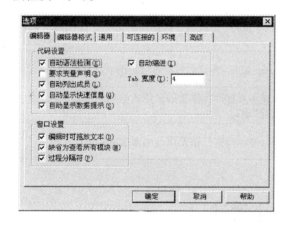

图 9-1

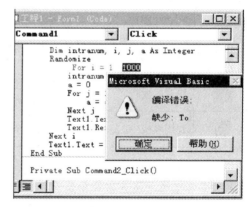

图 9-2

图 9-2 是在输入代码过程中系统自动检测的实例。在输入一个 For 语句时,因疏忽漏掉了 To,系统检测到后,给出了有关错误的提示信息,编程者可根据提示信息修正错误。

2. VB 调试工具

使用 VB 的调试工具,可便捷有效地检查逻辑错误产生的地点和原因。

VB 提供了一个专用于程序调试的工具栏。如果该工具栏不可见,则只要在工具栏的任何位置上单击鼠标右键,在弹出式菜单中单击"调试"即可。

图 9-3 是"调试"工具栏中的调试工具按钮图。

图 9-3

用户可利用该工具栏提供的便捷按钮运行要测试的程序、中断程序运行、在程序中设置断点、监视变量（取值）、单步调试、过程跟踪等，以查找并排除代码中存在的逻辑错误。

表 9-1 给出了图 9-3 中的各个按钮的功能。

表 9-1

图标	按钮名	功能
	启动	从启动窗体开始，运行程序，所有变量初始化
	中断	中断程序运行，并使其进入中断模式
	结束	停止程序运行，并返回设计态
	切换断点	创建或删除断点，断点是程序中 VB 停止执行的地方
	逐语句（调试）	执行程序的下一行代码，单步执行后续的每个代码行，如果调用了其他过程，则单步执行该过程的每一行
	逐过程（调试）	执行程序的下一行代码，单步执行后续的每个代码行，如果调用了其他过程，则完整执行该过程，然后继续单步执行
	跳出	执行完当前过程的所有余下代码后，在调用本过程的代码的下一行中断执行
	"本地"窗口	显示局部变量的当前值
	"立即"窗口	显示"立即"窗口，在"立即"窗口中可在中断模式下执行代码或查询变量值
	"监视"窗口	显示"监视"窗口，在"监视"窗口中可显示选定的表达式的值
	快速监视	在中断模式下，可显示光标所在位置的表达式的当前值，该表达式还可快速添加到"监视"窗口
	调用堆栈（列表）	可弹出一个对话框，显示所有已被调用且尚未结束的过程

9.2 程序调试

9.2.1 中断状态的进入与退出

程序在执行的中途被停止，称为"中断"。在中断状态，用户可以查看各个变量及属性的当前值，从而了解程序执行是否正常。另外，还可以修改发生错误的程序代码、观察应用界面的状况、修改变量及属性值、修改程序的流程等。进入中断状态一般有以下四种方式：

① 程序在运行中，由于发生运行错误而进入中断状态。

② 程序在运行中，因为用户按下"Ctrl"+"Break"键或使用"Run"（运行）菜单中的"中断"命令而进入中断状态。

③ 由于用户使用创建断点命令在程序代码中设置了断点,当程序执行到断点处时而进入中断状态。

④ 在采用单步调试方式时,每运行一个可执行语句后,即进入中断状态。

此外,还可使用 Stop(暂停)语句,但由于它会带来一些副作用,现已很少使用。

当程序在可能有错的地方暂停运行并进入中断状态,即可使用 VB 提供的调试工具检查和发现错误及产生错误的原因。在修正了程序的错误之后,通过使用"运行"菜单中的"继续"命令、"结束"命令或"重新启动"命令,可退出中断状态。

9.2.2 使用调试窗口

VB 6.0 提供了三种用于调试的窗口:"本地"窗口、"立即"窗口和"监视"窗口。在程序进入中断状态后,首先调出"调试"工具栏,在"调试"工具栏中单击相应的按钮,即可打开任意一个调试窗口。

1. "本地"窗口

"本地"窗口可显示当前过程所有局部变量的当前值(图 9-4)。

第一行的 Me 表示当前窗体,用鼠标单击 Me 前的加号,将打开窗体及窗体中各个控件对象的属性"树"(图 9-5),即可查看各个属性的当前值。

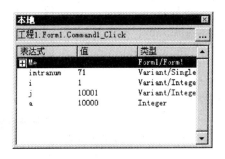
图 9-4

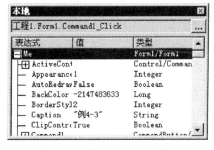
图 9-5

单击标题条下当前过程名右侧的标有省略号的按钮,还可打开"调用堆栈"对话框,了解过程、函数等的调用情况。

2. "监视"窗口

"监视"窗口用于查看指定表达式的值。指定的表达式称为"监视表达式"。指定或增加监视表达式的方法有多种。例如,可使用"调试"菜单中的"添加监视"命令或"编辑监视"命令来指定或修改"监视表达式"。

图 9-6 是使用"添加监视"命令打开的"添加监视"对话框。"编辑监视"对话框的形式和内容与"添加监视"对话框完全一样。

在对话框的"表达式"文本框中输入需要监视的表达式或变量名,再在"上下文"框内的"过程"与"模块"列表中选定监视表达式的所在位置,最后再确定监视的类型即可。

启动程序运行,当程序运行被中断时,单击"调试"工具栏上的"'监视'窗口"按钮,就可打开"监视"窗口,并从"监视"窗口中看到监视表达式(或变量)的当前值(图 9-7)。

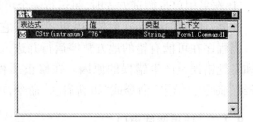

图 9-6   图 9-7

使用"调试"菜单中的"编辑监视"命令,从打开的"编辑监视"对话框中可对监视项进行修改或删除。

3. "立即"窗口

"立即"窗口用于显示当前过程中的有关信息。当测试一个过程时,可在"立即"窗口中输入代码并立即执行;也可利用 Print 方法显示表达式或变量的值。

如果希望将某个变量或某些变量以及某些属性值输出到"立即"窗口,可以通过在程序代码行中使用下面形式的 Print 方法:

　　　　Debug. Print p1 < s > p2 < s > …

而将 p1、p2 等的值输出到"立即"窗口(p1、p2、s 等的意义见第 3 章);也可以在"立即"窗口直接使用:

　　　　Print p1 < s > p2 < s > …

输出有关变量或属性的值。(注:此时 Print 可用？替代)

例如,在"立即"窗口中显示下面程序的运行结果(图 9-8):

```
Private Sub Form_Click( )
    Dim p As Integer
    p = 1
    For i = 1 To 5
        p = p * i
        Debug. Print Str$(i);"! =";p
    Next i
End Sub
```

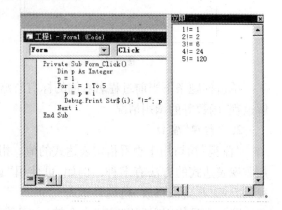

图 9-8

在"立即"窗口,用户还可输入程序代码,并立即执行。

9.2.3 断点设置与单步调试

1. 断点设置和取消

"断点"通常安排在程序代码中能反映程序执行状况的部位。比如,程序的错误可能和带循环的部分设计不当有关时,就可在循环体中设置一个断点。循环体每执行一次,在断点处引起中断,即可从调试窗口了解循环变量及其他变量的取值,从而确定出错的原因。VB

程序一般都由若干个过程组成。在某些过程中设置断点,就可对相关的过程进行跟踪检查,从而保证程序每个组成部分的正确性。所以,在程序中设置断点,是检查并排除逻辑错误和比较复杂的运行错误的重要手段。

在 VB 程序中设置断点,极其容易简单。打开代码窗口,将光标指向打算作为断点的代码行,然后使用"调试"菜单中的"切换断点"命令或直接单击"调试"工具栏上的"切换断点"按钮即可。被设置为断点的代码行将加粗反白显示(图 9-9)。还有一种更简便的方法,就是用鼠标在代码窗口相应代码行对应的左边的灰色条状区域单击,也会建立一个断点。

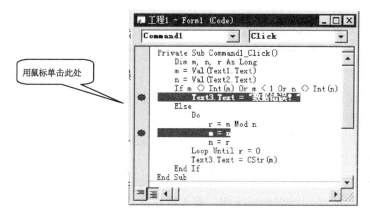

图 9-9

通过检查,消除了存在的错误,就可把断点再取消。取消断点的方法,也是将光标指向定为断点的代码行,再使用和设置断点同样的操作。如果要取消程序中所有的断点,则可使用"调试"菜单中的"清除所有断点"命令。在断点标志处单击,也可将设置的断点取消。

2. 单步调试

单步调试即逐个语句或逐个过程的执行程序,每执行完一个语句或一个过程,就发生中断,因此可逐个语句或逐个过程地检查每个语句的执行状况或每个过程的执行结果。

(1) 单步语句调试

使用"调试"菜单中的"逐语句"命令或单击"调试"工具栏上的"逐语句"调试按钮,即可进行单步调试。单步语句调试过程中,大多采用快捷键"F8"进行操作。每按一次"F8"键,程序就执行一条语句,在代码窗口,标志下一条要执行的语句的箭头和彩色框也随之移向下一条语句(图 9-10)。

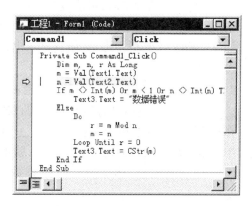

图 9-10

每执行一个代码行,系统就进入中断状态,即可通过"立即"窗口检查语句的执行情况,如变量的当前值、某些属性值等,或者输入可立即执行的程序代码,再接着执行程序,观察程序的运行是否符合预定的要求。将鼠标光标移向某个变量名时,也会在变量名附近出现一个方框,自动显示变量的当前值。这比通过"立即"窗口显示变量当前值的做法更为简便。

图9-11是在单步调试过程中使用"立即"窗口的情况。

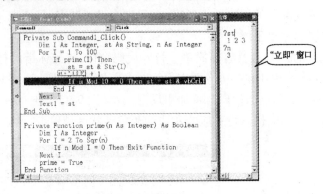

图9-11

当单步语句调试要执行的下一条语句是另一个过程时,系统会自动转向该过程去执行。

(2) 单步过程调试

当可以确认某些过程不存在错误时,则不必对该过程再进行单步语句调试,而可直接执行整个过程,这就是单步过程调试。

如需对某个过程实行单步调试,可使用"调试"菜单中的"逐过程"命令或单击"调试"工具栏上的"逐过程"单步过程调试按钮。有关操作读者可自行练习。

习　　题

一、填空题

1. 在开发VB应用程序时,可能发生的三类错误分别是语法错误、运行错误和_____。系统可以自动检查发现的错误是_____和_____。
2. 如果"调试"工具栏不可见,使它显示出来的操作是_____。
3. 进入中断的方式有_____种。
4. "本地"窗口可用于_____,"监视"窗口可用于_____,"立即"窗口可用于_____。不设置监视表达式,"监视"窗口中_____显示。
5. 在程序中设置断点的方法有_____种。
6. 单步语句调试的功能是_____,单步过程调试的功能是_____。
7. 下面的三个过程,都是判断某个整数是否为素数的函数过程。其中有错误的过程是_____。

　　A. Private Function prime(n As Integer) As Boolean
　　　　Dim I As Integer
　　　　For I = 1 To Sqr(n)
　　　　　If n Mod I = 0 Then Exit Function
　　　　Next I
　　　　prime = True
　　End Function

B. Private Function prime(n As Integer) As Boolean
   Dim I As Integer
   prime = True
   For I = 2 To Sqr(n)
      If n Mod I = 0 Then prime = False
   Next I
   End Function

C. Private Function prime(n As Integer) As Boolean
   Dim I As Integer
   prime = False
   For I = 2 To Sqr(n)
      If n Mod I = 0 Then Exit For
   Next I
   prime = True
   End Function

二、练习题

1. 下面程序的功能是把一个正整数序列重新排列,新序列的排列规则是:奇数在序列左边,偶数在序列右边,排列时,奇、偶数依次从序列两端向序列中间排放。例如,原序列是:71,54,58,29,31,78,2,77,82,71,重新排列后新序列是:71,29,31,77,71,82,2,78,58,54。请调试程序并改正错误。程序运行界面如图 9-12 所示。

```
Option Explicit
Option Base 1
Private Sub Cmd1_Click()
   Dim a(10) As Integer, I As Integer, J As Integer
   Dim b(10) As Integer, K As Integer
   For I = 1 To 10
      a(I) = Int(Rnd * 100) + 1
      Picture1.Print a(I);
   Next I
   Picture1.Print
   J = 1 : K = 5
   For I = 1 To 10
      If a(I) Mod 2 = 0 Then
         b(J) = a(I)
         J = J + 1
      Else
         b(K) = a(I)
         K = K + 1
      End If
```

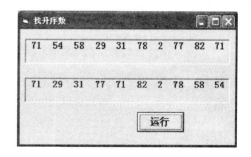

图 9-12

```
            Next I
            For I = 1 To 10
                Picture2. Print b(I);
            Next I
            Picture2. Print
        End Sub
```

2. 下面是一个查找所有 3~5 位整数中的升序数的程序。请检查并排除程序中隐藏的错误。程序运行界面如图 9-13 所示。

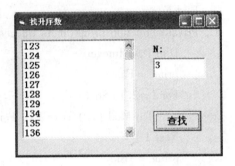

图 9-13

```
        Private Sub Command1_Click()
            Dim n As Integer, st As Long, _fi As Long
            Dim i As Integer
            n = Text1
            st = 10 ^ (n - 1): fi = 10 ^ n - 1
            For i = st To fi
                If increase(i) Then List1. AddItem i
            Next i
        End Sub
        Private Function increase(n As Long) As Boolean
            Dim k As Integer, a() As Integer, i As Integer
            k = Len(CStr(n))
            ReDim a(k)
            For i = k To 1
                a(i) = n Mod 10
                n = n \ 10
            Next i
            For i = 1 To k - 1
                If a(i) >= a(i + 1) Then Exit For
            Next i
            increase = True
        End Function
```

第10章 文件管理与公共对话框控件及其应用

在进行文件操作时,需要提供准确详细的需打开文件的文件名及路径信息。使用文件管理控件或公共对话框控件,可使用户非常方便地在任意一个磁盘的任意目录中找到所需文件。此外,使用公共对话框控件还可以得到标准 Windows 风格形式的颜色设置、字体设置、打印设置的对话框。

10.1 文件管理控件

VB 用于文件管理的控件有驱动器列表框（DriveListBox）、目录列表框（DirListBox）和文件列表框（FileListBox）。通常要将它们组合起来使用,创建与文件操作有关的自定义对话框,能非常方便地查看系统的磁盘、目录和文件的信息。文件管理控件在工具箱中的图标如图 10-1 所示。

图 10-1 驱动器列表框

驱动器列表框是一个下拉式列表框。缺省状态时,顶端突出显示用户系统当前驱动器名称。当用户单击列表框右侧的箭头时,列表框下拉可列出系统所有的有效驱动器名称（图 10-2）。当驱动器列表框获

图 10-2

取焦点时,用户可以键入任何有效的驱动器标识符,或者单击列表框右侧箭头,再从下拉列表中选择一个新的驱动器,则指定的或选中的驱动器名字就会出现在列表框的顶端。

1. 常用属性

驱动器列表框的常用主要属性有：
- Name：名称属性。本属性通常采用"Drv"作为驱动器列表框控件名的前缀。缺省时,Name 属性值为"Drive1"。
- Drive：驱动器属性。本属性只能在程序运行中使用,用于返回用户在驱动器列表框中选取的驱动器或通过赋值语句改变 Drive 属性值,指定出现在列表框顶端的驱动器。例如,假定驱动器列表框名字为"Drive1",可以用下列语句改变驱动器列表框的 Drive 属性值：
   Drive1. Drive = "C:\"

从驱动器列表框中选择驱动器并不能自动地变更当前工作驱动器;但是可以将驱动器列表框的 Drive 属性,作为 ChDrive 语句的操作数,将系统的当前工作驱动器改为 Drive 属性值所指定的磁盘驱动器。

ChDrive Drive1.Drive

2. 常用事件

● Change 事件:这是驱动器列表框最常用的事件。每当用户在驱动器列表框的下拉列表中选择一个驱动器,或者输入一个合法的驱动器标识符,或者在程序中给 Drive 属性赋一个新的值都会改变列表框顶端显示的驱动器名,Change 事件就会发生,并激活 Change 事件过程。因此可以在驱动器列表框控件的 Change 事件过程中,使用 Drive 属性来更新目录列表框中显示的目录,以保证被显示的目录总是当前驱动器下的目录。

3. ChDrive 语句

ChDrive 的功能是改变当前工作驱动器。

语句格式如下:

ChDrive Drive

其中 Drive 参数是一个字符串型的参数,应为系统有效的磁盘驱动器名。如果它是一个空字符串,则表示不改变当前工作驱动器;如该参数是一多字符的字符串,语句仅取第一字符作为语句参数。使用该语句不会改变驱动器列表框的 Drive 属性值,不会引发它的 Change 事件,也不会改变列表框的文本框显示的内容,只是改变当前工作驱动器,即指定对文件进行存取操作时的缺省驱动器。

例如,有过程如下:

```
Private Sub Change_Drive( )
    ChDrive "D:"                '将当前工作驱动器改为 D 盘
    Open "ABC.txt" For Input As #14
    ChDrive "C:"                '将当前工作驱动器改为 C 盘
    Open "ABC.txt" For Output As #15
End Sub
```

上面程序中的第一个 Open 语句打开的是 D 盘当前工作目录中的 ABC.txt 文件,而第二个 Open 语句打开的是 C 盘当前工作目录中的 ABC.txt 文件。

10.1.1 目录(文件夹)列表框

目录列表框显示用户系统的当前驱动器的目录结构,并突出显示当前目录。在目录列表框中显示的目录结构是这样安排的:按目录结构层次逐层排列,层层缩进的方式显示了从根目录开始到当前目录这条路径间的所有目录,以及当前目录的下属所有的第一级子目录(图 10-3)。

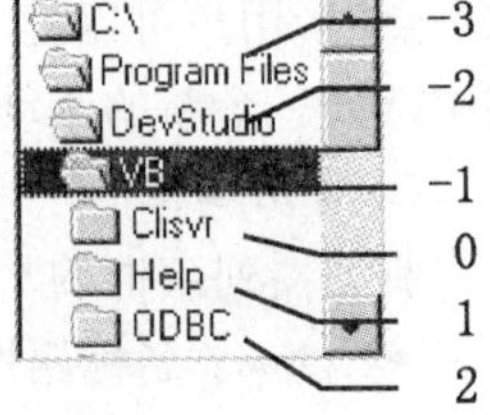

图 10-3

目录列表框中每一个目录都有一个与之相联系的整型标识符,用以标识不同层次的目录,目录列表框的 Path 属性指定的目录(当前目录)的索引值为 -1。紧邻其上的目录索引值为 -2,再上一层为 -3,依此类推,直到最高层的根目录。而由 Path 属性指定的当前目录的第一个子目录索引值为 0,若第一级子目录有多个,则其他每个子目录的索引值依次为1,2,3…(图10-3)。

1. 常用属性

- Name：名称属性。目录列表框的 Name 属性通常以"Dir"作为前缀。缺省时,Name 属性为"Dir1"。
- Path：路径属性。Path 属性用来设置和返回目录列表框中的当前目录。Path 属性只能在程序代码中设置,即它是一个运行时属性。

在应用程序中可以使用下述语句改变当前目录：

<目录列表框名>. Path = 路径

例如,假定目录列表框的缺省名为 Dir1,可用下面的赋值语句将图 10-3 中的当前目录改为 C:\Progzam Files\DevStudio,并突出显示"DevStudio"：

Dir1. Path = "C:\Program Files\DevStudio"

单击目录列表框中的某一目录项时,该目录项就被突出显示。但是此次操作并没有改变 Path 属性的值。而双击目录列表框中某一项时,则该目录项的路径就赋给了 Path 属性,这个目录项就变为当前目录。目录列表框中的显示内容也随之发生变化。

目录列表框中只能显示当前驱动器上的目录。当改变驱动器列表框中的当前驱动器时,目录列表框中显示的目录内容也应当同步随之变化,即显示该驱动器上的目录内容。为此需要使用下面形式的语句：

<目录列表框名>. Path = <驱动器列表框名>. Drive

该语句功能是将驱动器列表框的 Drive 属性值赋给目录列表框的 Path 属性。

为了叙述方便,假定驱动器列表框名为 Drive1,目录列表框名为 Dir1,如上节所述,当改变驱动器列表框的当前驱动器时,驱动器列表框的 Drive 的属性也就被改变,并发生 Drive1 的 Change 事件,调用 Change 事件过程。因此,在编写 Drive1_Change 事件过程时,只须将语句：

Dir1. Path = Drive1. Drive

添加到程序中,就可以在驱动器列表框和目录列表框之间实现同步变化。

```
Private Sub Drive1_Change( )
    Dir1. Path = Drive1. Drive
End Sub
```

把驱动器列表框的 Drive 属性值赋给目录列表框的 Path 属性后,目录列表框中将突出显示当前驱动器的当前目录以及它的所有上级目录和它的所有第一级子目录,同时将当前目录的索引值置为 -1。

2. 常用事件

同驱动器列表框一样,Change 事件是目录列表框控件的最基本的事件。

当用户双击目录列表框中的目录项,或在程序代码中通过赋值语句改变 Path 属性值时,均会发生 Change 事件。

在目录列表框的当前目录发生变化时,如果希望文件列表框内显示的内容是当前目录下的所有文件名,就应在目录列表框控件的 Change 过程中编写相应的程序代码,将目录列表框的 Path 属性值指定给文件列表框的 Path 属性。

3. ChDir 语句

ChDir 语句的功能是设置当前工作目录。

语句格式如下：

　　ChDir　Path

语句中的参数 Path 是一个字符串型表达式，用来指明哪个目录或文件夹将成为新的缺省工作目录或文件夹。也就是说，改变了系统存、取文件的缺省路径。Path 中可以包含驱动器符号。如果不指明驱动器符号，ChDir 则改变当前工作驱动器上的缺省的工作目录或文件夹。特别要注意的是，ChDir 语句改变的是缺省的工作目录而不是缺省的工作驱动器。例如，缺省的工作驱动器是 C:，下面的语句只是改变 D:上的缺省工作目录，而缺省的工作驱动器仍然是 C:

　　ChDir "D:\Workdir"　'将 D:盘的 Workdir 目录设置成当前工作目录

再如：

　　ChDir Dir1.Path

该语句的功能是将目录列表框的当前目录设置成系统的当前工作目录。

10.1.2　文件列表框

文件列表框是驱动器—目录—文件链中的最后一个环节。文件列表框在运行时列出由文件列表框控件的 Path 属性指定目录中的文件（图 10-4）。

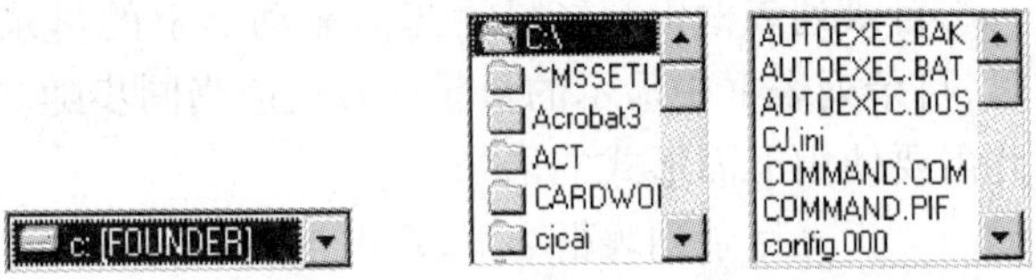

文件列表框在目录列表框控件的 Change 事件中被更新，而目录列表框是当用户在目录列表框中选取某个目录项或在驱动器列表框中选取新的驱动器时被更新的。

图 10-4

1．常用属性

● Name：名称属性。文件列表框的 Name 属性通常以"Fil"作为前缀。缺省时，Name 属性为"File1"。

● Path：路径属性。文件列表框的 Path 属性用来设置和返回文件列表框中所显示文件的路径。它是一个运行时属性，在程序代码中可以通过下面的赋值语句重新设置 Path 属性的值。例如：

　　File1.Path = 路径

或

　　File1.Path = Dir1.Path

一旦文件列表框控件的 Path 属性的值发生改变时，就会引发文件列表框控件的 Path Change 事件。文件列表框中内容被更新，显示由 Path 属性指定目录中的文件。

● Pattern：模式属性。Pattern 属性用来设置程序运行时文件列表框中需要显示的文件种类。该属性可以在设计阶段用属性窗口设置，也可以通过程序代码设置。缺省时 Pattern 属性值为 *.*，即显示所有文件。若将 Pattern 属性设为 *.EXE，则只显示扩展名为 EXE 的文件。在程序代码中设置 Pattern 属性的格式如下：

　　［窗体.］<文件列表框名>.Patten = 属性值[;属性值…]

省略"窗体"，则指的是当前窗体上的文件列表框。例如：

　　File1.Pattern = "*.EXE"

执行该语句后在文件列表框中将只显示扩展名为 EXE 的文件。

而执行：

   File1.Pattern = "*.EXE;*.Frm"

后文件列表框中将只显示扩展名为 EXE 和 Frm 的文件。

  VB 支持？通配符。例如，若给 Pattern 属性指定的值为???.EXE,则在文件列表框中显示所有的文件名包含三个任意字符且扩展名为 EXE 的文件。当 Pattern 属性发生改变时，将产生 PatternChange 事件。

  ● FileName：文件名属性。FileName 属性用来设置和返回文件列表框中将显示的文件名称。这里的"文件名称"可以带有路径，文件名中也可以包含通配符。FileName 属性是运行时属性，只能在程序代码中设置或改变。设置 FileName 属性的语法格式如下：

   ［窗体名.］＜文件列表框名＞.FileName = 文件名称

  例如：在程序代码中有如下语句：

   File1.FileName = "D:*.EXE"

执行该语句后，在文件列表框中显示 D 盘根目录下的所有扩展名为 EXE 的文件。同时 FilePath 的属性值也改变为"D:\",且产生 File1_PathChange 事件。

  ● ListCount：列表项数目属性。本属性与组合框、驱动器列表框、目录列表框的同名属性一样，返回控件内所列项目的总数。该属性是运行时属性，只能在程序代码中使用。例如：

   Print File1.ListCount

该语句的功能是在窗体中显示文件列表框 File1 中所列文件数。

  ● ListIndex：表索引属性。与组合框、列表框、驱动器列表框、目录列表框的同名属性一样，用来设置或返回当前控件上所选择项目的"索引值"。该属性是运行时属性，只能在程序代码中作用。驱动器列表框和文件列表框中的第一项的索引值为 0,第二项索引值为 1,依此类推。对于文件列表框而言，若在其中没有文件被显示，则 ListIndex 返回 -1。

  例如：

   Dir1.ListIndex = -2

执行该语句，在目录列表框中突出显示当前目录的上一层目录，但并不改变 Dir1.Path 的属性。

   Drive1.ListIndex = 2

  执行该语句后，在驱动器列表框顶端突出显示驱动器列表框中的第三个项目（假定为 D:）。Drive1.Drive 属性值设置为"D:",并触发其 Change 事件。

  2. 常用事件

  文件列表框控件最基本的事件是 Click 事件。另外，它还可以响应 PathChange 和 PatternChange 这两个特别的事件。

  （1）PathChange 事件

  当文件列表框的 Path 属性改变时，就会产生 PathChange 事件，下述两种情况均会改变文件列表框控件的 Path 属性，从而引起 PathChange 事件的发生。

  ① 改变驱动器列表框中的当前驱动器或在目录列表框中重新选取当前目录，即在程序代码中使用：

   File1.Path = Drive1.Drive

或

File1.Path = Dir1.Path

这两条语句都会改变文件列表框控件的 Path 属性,从而引发 PathChange 事件。

② 在程序代码中给文件列表框控件的 FileName 属性重新赋值,会自动改变文件列表框控件的 Path 属性。例如,执行下面语句时,File1.Path 的属性值为"C:\":

File1.FileName = "C:\CONFIG.SYS"

(2) PatternChange 事件

当文件列表框的 Pattern 属性在程序代码中被改变时就发生 PatternChange 事件。通常做法是:在程序运行时,用户可以在一个文本框中输入某种"Pattern",并将它传递给 Pattern 属性,当用户输入了一个可能很危险的"Pattern"时,则可以在 PatternChange 事件过程中将 Pattern 属性复原。

3. 使用文件属性

可以使用文件属性(Archive、Normal、System、Hidden 和 Readonly)来指定在文件列表框中显示哪一类的文件。System 和 Hidden 属性的缺省值为 False,而 Archive、Normal 和 Readonly 属性的缺省值为 True。假如要在列表框中只显示"只读"文件,只需将 Readonly 属性设置为 True,而将其他属性设置为 False:

File1.Readonly = True
File1.Archive = False
File1.Normal = False
File1.System = False
File1.Hidden = False

当 Normal 属性为 True 时,具有 System 和 Hidden 属性的文件不显示。当 Normal 属性为 False 时,仍然可以显示具有 Readonly 和 Archive 属性的文件,不过必须将这些属性设置为 True。

10.1.3 组合使用文件管理控件

驱动器、目录和文件列表框控件通常总是在一起使用,如果同时使用文件系统的这三个控件时,则应该在每个控件的 Change 事件过程中编写相关的同步化程序代码,以保证在三个列表框中同步地显示相关信息。假定驱动器列表框、目录列表框和文件列表框的缺省名分别为 Drive1、Dir1 和 File1,通过下面两个事件过程可使得文件系统的三种列表框同步操作。

当驱动器列表框的 Drive 属性被改变时,发生驱动器列表框的 Change 事件,调用执行 Drive1_Change 事件过程。通过执行其中的 Dir1.Path = Drive1.Drive 语句,改变目录列表框的 Path 属性,使得目录列表框突出显示由驱动器列表框的 Drive 属性指定的驱动器的当前目录,这样就保证了驱动器列表框与目录列表框的同步。同样由于目录列表框的 Path 属性发生变化,就会产生目录列表框的 Change 事件,调用 Dir1_Change( )事件过程。执行其中的 File1.Path = Dir1.Path 语句后,改变文件列表框的 Path 属性,从而将 File1 文件列表框中的显示内容更新为 Dir1.Path 指定目录中的文件,保证了文件列表框中显示的内容与目录列表框和驱动器列表框同步。

【例 10-1】 文件管理控件应用示例。

图 10-5 是本例的窗体参考界面。

(a)

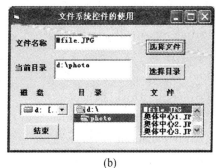
(b)

图 10-5

表 10-1 给出了本例使用的对象及有关属性值。

表 10-1

对　象	名　称	Caption
窗体	Form1	
标签 1	LblFname	文件名称
标签 2	LblPath	当前目录
标签 3	LblDrive	磁盘
标签 4	LblDir	目录
标签 5	LblFile	文件
命令按钮 1	CmdFile	选定文件
命令按钮 2	CmdDir	选定目录
命令按钮 3	CmdEnd	结束
驱动器列表框	Drive1	
目录列表框	Dir1	
文件列表框	File1	
文本框 1	TxtFile	
文本框 2	TxtPath	

程序代码如下:

```
Option Explicit
Private Sub CmdFile_Click()
    Dim Fname As String
    Dim I As Integer, N As Integer
    Fname = TxtFile.Text
    File1.FileName = Fname
    TxtFile.Text = File1.FileName
End Sub
Private Sub CmdDir_Click()
    Dir1.Path = TxtPath.Text
    TxtFile.Text = "*.*"
```

```
        End Sub
        Private Sub CmdEnd_Click()
            End
        End Sub
        Private Sub Drive1_Change()
            Dir1.Path = Drive1.Drive
            File1.Pattern = "*.*"
        End Sub
        Private Sub Dir1_Change()
            File1.Path = Dir1.Path
            TxtPath.Text = Dir1.Path
            File1.Pattern = "*.*"
            TxtFile.Text = File1.Pattern
            Drive1.Drive = Dir1.Path
        End Sub
        Private Sub File1_Click()
            TxtFile.Text = File1.List(File1.ListIndex)
            File1.FileName = File1.List(File1.ListIndex)
        End Sub
        Private Sub File1_PathChange()
            Dir1.Path = File1.Path
        End Sub
        Private Sub Form_Load()
            TxtPath.Text = Dir1.Path
            TxtFile.Text = "*.*"
        End Sub
```

本示例程序用以说明驱动器、目录和文件列表框的同步操作的一般过程。在文本框 TxtFile 中输入一个有效的文件名(例如,A:\Mfile),再按"选定文件"按钮,执行 CmdFile_Click()事件过程。在这个过程中用赋值语句改变了 File1.Filename 属性值,因此 File1.Path 属性值跟着发生变化,从而引发 File1_PathChange 事件。在 File1_PathChange()事件过程中,执行赋值语句 Dir1.Path = File1.Path,改变了目录列表框 Dir1 的 Path 属性,产生 Dir1 的 Change 事件,调用 Dir1_Change()事件过程,同时目录列表框突出显示"d:\photo"。在 Dir1_Change()过程中通过赋值语句 Drive1.Drive = Dir1.Path 改变了驱动器列表框 Drive1 的 Drive 属性值,产生 Drive1 的 Change 事件,程序调用 Drive1_Change 事件过程,驱动器列表框显示"d:"。当然文件列表框中的内容也跟随发生了变化,并突出显示"mfile"[图 10-5(b)]。图 10-5(a)是程序运行时的初始窗体画面。

如果在文本框 TxtPath 中输入一个有效路径,按"选定目录"按钮后,程序的执行过程与上述情况类似,不同点是,在文件列表框中显示指定目录中的所有文件。当然也可以单击或双击任何一个列表框中的某一项来改变三个列表框的显示内容。

10.2 公共对话框

在 VB 中,除了可使用上一节所介绍的标准文件控件来建立选择文件的对话框外,还可以使用 CommonDialog 公共对话框控件提供的打开和保存文件对话框来查看目录结构或者选择文件。

10.2.1 概述

CommonDialog 控件属于 ActiveX 控件。使用该控件可以在应用程序中非常方便地创建各种标准的 Windows 风格的诸如打开文件、保存文件等的对话框。要想在应用程序中使用 CommonDialog 公共对话框控件,可按以下步骤操作:

① 用鼠标右键单击工具箱的任何位置,在弹出的快捷菜单中选择"部件"选项,则弹出如图 10-6 所示的"部件"对话框;或者选择"工程"→"部件"菜单命令,也可以打开"部件"对话框。

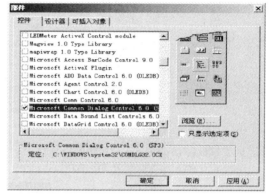

图 10-6

② 在对话框的控件列表中选择"Microsoft Common Dialog Control 6.0 项目"(在项目前的方框上单击选中),再单击"确定"按钮,公共对话框控件的图标就被添加到 VB 的控件工具箱中。

所有的 ActiveX 控件被加入工具箱后,就可以与其他控件以同样的方式使用。如需在程序中使用公共对话框控件,用户可在窗体的任何位置上加入一个 CommonDialog 控件。

之所以可以将控件放在任何地方,是因为 CommonDialog 控件的大小是不能改变的,在设计时 CommonDialog 控件以图标的形式显示在窗体上;在程序运行时代表 CommonDialog 控件的图标被隐藏。只有调用控件的 Show 方法或给 Action 属性赋值,才能打开具体的对话框。

通过设置 CommonDialog 控件的 Action 属性值或使用不同的方法,就可得到不同的对话框。CommonDialog 控件的 Action 属性值与相关方法见表 10-2。

表 10-2

Action	方法	所显示的对话框
1	ShowOpen	显示"打开"(Open)对话框
2	ShowSave	显示"另存为"(Save As)对话框
3	ShowColor	显示"颜色"(Color)对话框
4	ShowFont	显示"字体"(Font)对话框
5	ShowPrinter	显示"打印"或"打印选项"对话框
6	ShowHelp	调用 Windows 帮助引擎

10.2.2 公共对话框控件的应用

调用 CommonDialog 控件的 ShowOpen 和 ShowSave 方法或为其 Action 属性赋以特定值,

即可打开"打开"和"保存"对话框。图10-7显示"打开"对话框。在对话框中可以指定驱动器、目录和要打开的文件名,然后通过它的FileName属性就可得到用户选择的文件名(其中包含了路径)。

图 10-7

与文件操作相关的属性如下：

● DialogTitle：对话框标题属性。返回或设置对话框标题栏所显示的字符串。"打开"对话框缺省的标题是"打开","另存为"对话框缺省的标题是"另存为"。

● FileName：文件名属性。返回或设置所选文件的路径和文件名。如果没有选择文件,FileName返回长度为0的空字符串。

● InitDir：初始化路径。返回或设置对话框的初始文件目录,如果此属性没有指定,则使用当前目录。

● FileTitle：文件名称属性。返回要打开或保存文件的名称(不包括文件的路径)。

● Filter：过滤器属性。返回或设置在对话框的类型列表框中所显示的过滤器。其格式如下：

    Object. Filter ［ ＝Des1｜f1｜Des2｜f2…］

其中：

◇ Object：通用对话框对象名。

◇ Des1、Des2、…：说明文件类型的字符串表达式。

◇ f1、f2、…：指定文件扩展名的字符串表达式。

说明：

① 过滤器指定在对话框的文件类型列表框中显示的文件类型。例如,选择过滤器为*.txt,则显示所有的文本文件。

② 使用该属性可在对话框显示时提供一个允许选择的文件类型列表,可以用它有选择地显示不同类型的文件。

③ 使用管道（｜）符号Chr(124)将f1、f2等与Des1、Des2等的值隔开。管道符号的前

后不应留空格。

下面是一个过滤器的例子,该过滤器允许显示文本文件或位图和图标文件:

Text（*.txt）│*.txt│Pictures（*.bmp;*.ico）│*.bmp;*.ico

- FilterIndex:过滤器索引属性。本属性用于指定在文件类型组合框的文本框中显示的列表项序号。缺省值为1,即过滤器中第1个项目。
- Flags:标志属性。Flags 属性用于设置或返回与显示对话框的状态、行为等有关的数值。设置 Flags 属性时,可使用相应的系统常量、对应的十进制数或相应的十六进制数。例如,如果需要隐藏打开文件对话框中的"只读"复选框,则可设置 Flags 属性如下:

CommonDialog1.Flags = cdlOFNHideReadOnly

或

CommonDialog1.Flags = &H4

有关 Flags 属性的详细信息,可参阅相关手册。

以上所述属性(除 FileTitle 属性外)既可在控件的"属性"列表窗口中设置,还可以在公共对话框的"属性页"窗口中设置。

用鼠标右键单击公共对话框控件,选择快捷菜单中的"属性"选项,即可弹出"属性页"对话框,如图10-8所示。

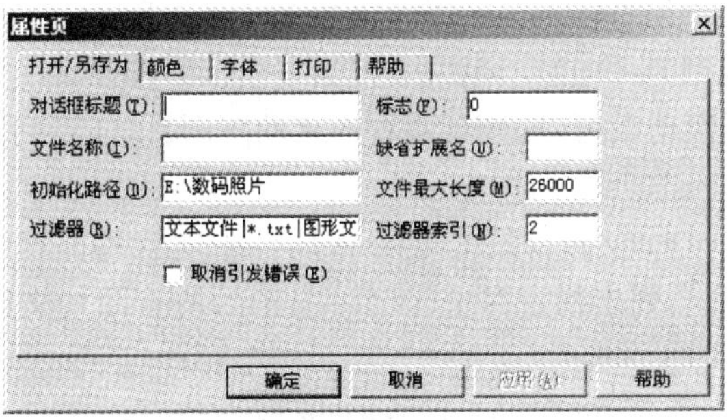

图 10-8

CommonDialog 控件本身并不能打开或保存文件,DriveListBox、DirListBox 和 FileListBox 控件组合也不能。这些控件所能做的只是返回一个文件名和这个文件的绝对路径(从盘符开始的路径)。用户必须使用相应的文件操作语句打开或保存文件。

【例10-2】 应用 CommonDialog 控件打开文件。

在窗体上添加一个 CommonDialog 控件以及"浏览"、"显示文件"和"退出"三个命令按钮,CommonDialog 控件的 Name 属性设为 CmDialog。运行程序,单击"浏览"按钮,执行 Command2_Click（）事件过程。在过程中设置 CommonDialog 控件的 Filter、InitDir 和 FilterIndex 属性;执行 ShowOpen 方法,在弹出的"打开"对话框中选择要显示的文件。单击"显示文件"按钮,执行 Command1_Click（）事件过程。在过程中,Open 语句利用 CommonDialog 控件的 FileName 属性打开选定的文件,然后将该文件一行一行读出并显示在文本框中(图10-9)。程序中设置 CommonDialog 控件属性的工作,也可以在控件属性列表中进行。

```
Option Explicit
Private Sub Command1_Click()
```

```
    Dim Fname As String, S As String
    Fname = CmDialog.FileName
    Open Fname For Input As #5
    Do While Not EOF(5)
        Line Input #5, S
        Text1 = Text1 & S & vbCrLf
    Loop
End Sub
Private Sub Command2_Click( )
    CmDialog.Filter ="文本文件│*.txt│所有文件│*.*"
    CmDialog.InitDir = "E:\"
    CmDialog.FilterIndex = 3
    CmDialog.ShowOpen
End Sub
```

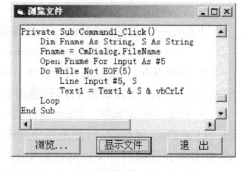

图 10-9

【例 10-3】 利用 CommonDialog 和 FileListBox 两个控件设计一个简单的图片浏览器。

在本程序中使用了两个 PictureBox 控件 Pict1 和 Pict2。Pict1 是 Pict2 的容器,要显示的图画放置在 Pict2 中。Pict1 的 AutoSize 属性设置为 False,而 Pict2 的 AutoSize 属性设置为 True。Pict1 的用途是限制 Pict2 自动调整大小的范围。当 Pict2 不能完全显示整幅图画时,就会显示滚动条。使用滚动条可以上下、左右地移动图画,以便看到图画的全貌。程序运行界面如图 10-10 所示。

在程序中用 CommonDialog 控件的 FileName 属性中所含的路径来改变 File1 的 Path 属性的值;文件列表框中就会列出指定目录(文件夹)中的所有图片文件。CommonDialog 控件的 Name 属性设为 CmDl。

程序运行时,由于文件列表框 File1 的 Visible 属性值已设置为 False,所以它是不可见的。子程序 ShowPicture 中的 Pict2.Picture = LoadPicture(File1.List(P))语句利用文件列表框的 List 属性显示文件列表框 File1 中的图片文件。

图 10-10

```
Option Explicit
Dim Pointer As Integer
```

```
Private Sub CmdOpen_Click()
    Dim L As Integer, Path As String
    CmDl.ShowOpen
    If Len(CmDl.FileName) = 0 Then
        Command1.Enabled = False
        Command2.Enabled = False
        Exit Sub
    End If
    L = InStr(CmDl.FileName, CmDl.FileTitle)
    Path = Left(CmDl.FileName, L - 1)              '获取文件的绝对路径
    File1.Pattern = "*.jpg;*.gif;*.tif"
    File1.Path = Path                              '设置文件列表框的路径
    For L = 0 To File1.ListCount - 1
        If File1.List(L) = CmDl.FileTitle Then
            Pointer = L
            Exit For
        End If
    Next L
    Command1.Enabled = True
    Command2.Enabled = True
    Call ShowPicture(Pointer)
End Sub
Private Sub Command1_Click()                       '显示下一幅图
    Pointer = Pointer + 1
    If Pointer <= File1.ListCount - 1 Then
        Call ShowPicture(Pointer)
        If Command2.Enabled = False Then
            Command2.Enabled = True
        End If
    Else
        Command1.Enabled = False
        Pointer = Pointer - 1
    End If
End Sub
Private Sub Command2_Click()                       '显示上一幅图
    Pointer = Pointer - 1
    If Pointer >= 0 Then
        Call ShowPicture(Pointer)
        If Command1.Enabled = False Then
```

```
                Command1.Enabled = True
            End If
        Else
            Command2.Enabled = False
            Pointer = Pointer + 1
        End If
End Sub
Private Sub Form_Load()
    CmDl.Filter = "图片|*.jpg;*.gif;tif"
    CmDl.InitDir = "E:\"
    File1.Visible = False
End Sub
Private Sub HScrollbar1_Change()                '横向移动图画
    Pict2.Left = -HScrollbar1.Value
End Sub
Private Sub VScrollbar1_Change()                '纵横向移动图画
    Pict2.Top = -Vscrollbar1.Value
End Sub
Private Sub ShowPicture(P As Integer)
    Pict2.Picture = LoadPicture(File1.List(P))
    If Pict2.Width > Pict1.ScaleWidth Then
        HScrollbar1.Visible = True
        HScrollbar1.Value = 0
        HScrollbar1.Max = (Pict2.Width - Pict1.ScaleWidth)
        HScrollbar1.SmallChange = Pict2.ScaleWidth/50
        HScrollbar1.LargeChange = Pict2.ScaleWidth/10
        Pict2.Left = 0
    Else
        HScrollbar1.Visible = False
        Pict2.Left = (Pict1.ScaleWidth - Pict2.ScaleWidth)\2
    End If
    If Pict2.Height > Pict1.ScaleHeight Then
        Vscrollbar1.Visible = True
        Vscrollbar1.Value = 0
        Vscrollbar1.Max = Pict2.Height - Pict1.ScaleHeight
        Vscrollbar1.SmallChange = Pict2.ScaleHeight/20
        Vscrollbar1.LargeChange = Pict2.ScaleHeight/10
        Pict2.Top = 0
    Else
```

```
            Vscrollbar1.Visible = False
            Pict2.Top = ( Pict1.ScaleHeight – Pict2.ScaleHeight ) \2
        End If
    End Sub
    Private Sub CmdEnd_Click( )
        Unload Me
        End
    End Sub
```

【例 10-4】 简易文本编辑程序。

文本框控件不仅可用于接受从键盘输入的数据或显示程序的处理结果，也可以用作文本编辑。图 10-11 是本程序运行时的起始画面。为了使文本框可以显示一个比较大的打开的文本文件，文本框的 MultiLine 属性被设为 True，Scrollbar 属性设为 3（同时具有水平与垂直滚动条）。程序的"文件"菜单包含了"打开"、"关闭"、"退出"等命令。另外，本程序还使用了公共对话框部件，以便通过它获得标准的"打开"文件与"保存"文件对话框。

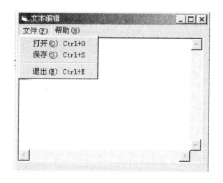
图 10-11

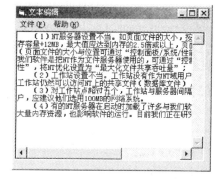
图 10-12

使用程序中的"打开"命令，可以打开一个文本文件并通过文本框的 Text 属性把文件的内容显示在文本框内（图 10-12）。用户可使用滚动条浏览文件内容，也可以对文件内容进行编辑操作。使用"保存"命令，通过"保存"对话框可将编辑过的文本再存盘。

在退出程序时，利用 Unload 事件过程，将提示用户保存已被修改过的文本内容。在该过程中调用了"保存"文件的事件过程。

全局变量 flag 用于获取文本被修改的信息，只要文本发生改变，就会引发文本框的 Change 事件，变量 flag 的值就变为 True。在 Unload 事件过程中正是依据 flag 的取值给用户提示信息，让用户决定是否保存文件的。

程序代码如下：

```
    Option Explicit
    Dim flag As Boolean
    Private Sub Form_Unload( Cancel As Integer)
        Dim f As Integer
        If flag Then
            f = MsgBox("文本已改变,要保存吗?", vbYesNo,"程序示例")
```

```
            If f = 6 Then
                 Call M1_2_Click
            Else
                 End
            End If
        Else
             End
        End If
    End Sub
    Private Sub M1_1_Click( )
        Dim Iname As String, s As String
        '设置公共对话框的 Filter 属性
        CommonDialog1.Filter = "*.txt(文本文件)|*.txt"
        CommonDialog1.ShowOpen                    '显示"打开"公共对话框
        Iname = CommonDialog1.FileName
        Open Iname For Input As #11
        Do While Not EOF(11)
            s = s & Input(1, 11)
        Loop
        Text1.Text = s
        Close 11
    End Sub
    Private Sub M1_2_Click( )
        Dim Oname As String, n As Long, s As String
        '设置公共对话框的 Filter 属性
        CommonDialog1.Filter = "*.txt(文本文件)|*.txt"
        CommonDialog1.ShowSave                    '显示"保存"公共对话框
        Oname = CommonDialog1.FileName
        Open Oname For Output As #12
        s = Text1.Text
        Print #12, s
        Close 12
        flag = False
    End Sub
    Private Sub M1_4_Click( )
        Unload Me
    End Sub
    Private Sub Text1_Change( )
        flag = True
```

End Sub

使用公共对话框控件还可以得到颜色设置、字体设置、打印设置以及调用帮助引擎的标准对话框。有关它们的使用方法,请参阅相关手册。

习　　题

一、填空题

1. DriveListBox(驱动器列表框)控件与 DirListBox(文件夹列表框)控件常用的都是_____事件,而 FileListBox(文件列表框)控件常用的是_____事件。

2. 从驱动器列表框中选择驱动器并不能_____变更当前工作驱动器。

3. 设窗体界面上放置有一个名为 Drive1 的驱动器列表框控件和一个名为 Dir1 的文件夹列表框控件。如果要求改变 Drive1 中的当前驱动器时,Dir1 中显示的目录内容也同步随之变化,则应在_____控件的_____事件过程中,添加一条_____语句。

4. 设置或改变文件列表框的_____属性,可以改变程序运行时文件列表框中显示的文件种类。

5. _____属性用来设置和返回文件列表框中将显示的文件名称,该属性是_____时属性。

6. 公共对话框控件_____基本控件,需要打开"工程"菜单,通过"部件"命令,从"部件"对话框中选择。

7. 通过设置公共对话框控件的_____属性或使用公共对话框控件的不同方法,可以得到不同的对话框。

8. CommonDialog 控件本身_____直接打开或保存文件,用户必须使用相应的文件操作语句打开或保存文件。

二、编程题

1. 编写程序,利用 DriveListBox 控件、DirListBox 控件和 FileListBox 控件设计一个如图 10-13 所示的"打开文件"对话框,要求在程序运行时,三个控件的窗口内容可联动改变。

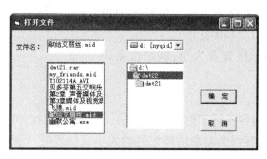

图 10-13

2. 编写程序,使用公共对话框控件,自行设计例 10-4 的程序界面,并添加相应代码。观察程序的运行效果。

第 11 章

图形处理及多媒体应用

VB 程序设计语言还提供了图形处理及多媒体处理功能,学习和了解这些功能也很有意义。

11.1 图形处理

利用 VB 除了可以处理数值型及文本型数据之外,还可以处理各种图形,比如可在窗体或其他容器类控件上绘制直线、圆、椭圆、矩形以及函数曲线等图形。为此,VB 不仅提供了相应的控件(Shape 和 Line),还提供了若干用于绘图的方法。

11.1.1 坐标系统

在绘制图形时,图形的大小与位置至关重要。不仅如此,窗体以及窗体中的各种控件对象在显示时,也有一个大小与显示位置的问题。这些均由坐标系统决定。

VB 规定了两种坐标系统:系统坐标系和容器坐标系。

1. 系统坐标系

系统坐标系也称为"桌面(屏幕)坐标系"。它的原点位于屏幕左上角的像素处,即屏幕最左上角的像素的坐标值为(0,0),从原点出发,水平向右为 X 轴正方向,垂直向下为 Y 轴正方向。坐标系的单位为 Twip(特维,1Twip = 1/1440 英寸)。

窗体在桌面上的显示位置及大小,就是由系统坐标系决定的(图 11-1)。

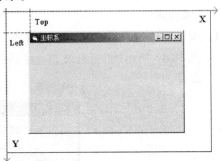

图 11-1

2. 容器坐标系

窗体以及图片框可包容各种其他的控件对象(Frame 框架控件除外),因此被称为"容器类对象"。当改变或移动容器类对象内部控件的大小或位置时,则使用容器坐标系。

容器坐标系的原点位于容器对象工作区最左上角的像素处,即该点的坐标值为(0,0),与系统坐标系类似,从原点出发,水平向右方向为容器坐标系 X 轴的正方向,垂直向下为容器坐标系 Y 轴的正方向。坐标系的单位仍为 Twip(特维,1Twip = 1/1440 英寸)。

若利用绘图方法在窗体或某容器类对象上绘图,均使用容器坐标系。

Twip 是 VB 系统缺省的度量单位。在打印文档时则常用"磅"为单位(1 磅 = 20Twip)，人们日常生活中则习惯使用厘米、毫米等公制单位，通过设置窗体等容器类对象的 ScaleMode 属性，可以由用户另行定义容器坐标系的度量单位。ScaleMode 属性的主要设置值如表 11-1 所示。

表 11-1

设置值	描　述
0-User	用户定义。若直接设置了 ScaleWidth、ScaleHeight、ScaleTop 或 ScaleLeft，则 ScaleMode 属性自动设为 0
1-Twip	特维。缺省刻度，1 440 特维等于一英寸
2-Poiny	磅。72 磅等于一英寸
3-Pixel	像素。像素是监视器或打印机分辨率的最小单位。每英寸里像素的数目由设备的分辨率决定
4-Character	字符。打印时，一个字符有 1/6 英寸高、1/12 英寸宽
5-Inch	英寸
6-MilliMeter	毫米
7.-Centimeter	厘米

当用户另行设定了容器坐标系的刻度模式后，容器的 ScaleLeft、ScaleTop、ScaleWidth 和 ScaleHeight 值将随之变化，Left、Top、Width 和 Height 属性值则仍以 Twip 为单位。但容器内对象的 Left、Top、Width 和 Height 属性值将使用容器坐标系的新度量单位计量。

11.1.2　自定义坐标系

通过改变容器对象的 ScaleMode 属性，只能改变容器坐标系的坐标度量单位，坐标系的位置、方向并未改变。使用容器对象的 Scale 方法，则可由用户随意定义自己的坐标系。

使用 Scale 方法的格式如下：

　　[Object.]Scale (x1, y1) - (x2, y2)

格式中，Object 是窗体或图片框的 Name 属性名，当对象为带有焦点的窗体时，Object 可以缺省；第 1 个括号中的 x1 和 y1 分别是容器对象左上角的 X 坐标与 Y 坐标值，其数据类型均为单精度数；第 2 个括号内的 x2 和 y2，分别是容器对象右下角的 X 坐标与 Y 坐标值，数据类型也是单精度数。注意：两个坐标值都必须用括号括起来，且不得随意省略。Scale 方法若不带参数，则坐标系恢复为以特维为单位的原始系统。

使用 Scale 方法自定义的坐标系，在运行时，将影响到所有的绘图语句，包括相关控件的位置。

设窗体上有一个图片框 Picture1，使用下面的语句即可将图片框坐标系重新定义：

　　Picture1.Scale (-10, 10) - (10, -10)

自定义的坐标系如图 11-2 所示。箭头所指为控件左上与右下两个点新的坐标值。

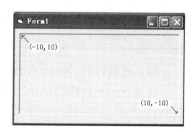

图 11-2

11.1.3 色彩函数

在进行图形处理时,为图形或文本设置背景色、前景色是最平常不过的事,因此像 BackColor、ForeColor 等与颜色有关的属性也应加以掌握。在设计时,用户可以通过属性窗口打开上述属性的调色板进行设置,但若要在程序运行时,通过程序代码改变对象的相关色彩,则大多通过使用色彩常量或色彩函数来进行。

色彩常量是系统内置的,可不加说明直接使用,如可使用下面的代码将名为 Label1 的标签对象的文字颜色改为红色:

  Label1.ForeColor = vbRed

色彩常量使用虽比较简单,但不够灵活,与之相比,色彩函数不仅容易记忆,用起来也更为方便。

色彩函数的调用格式如下:

  RGB(r,g,b)

自变量 r、g、b 分别为红色、绿色、蓝色三种基本色的亮度等级,取值范围为 0~255。RGB 函数可以根据 r、g、b 的设置值自动生成相应的色彩数据。例如,上面的示例可改为

  Label1.ForeColor = RGB(255,0,0)

结果不变。

11.1.4 使用绘图控件

绘图控件 Shape 和 Line 都仅用于在窗体或图片框控件内绘制图形或画线。绘制的图形或线段只能作为某种装饰,也就是说,绘出的图形不支持任何事件。

1. Shape 控件

Shape 控件的主要属性如表 11-2 所示。

表 11-2

属 性 名	类 别	功 能
Shape	外观	设置图形种类
BackColor	外观	设置图形背景色
FillColor	外观	设置图形填充色
FillStyle	外观	设置图形底纹
BorderColor	外观	设置图形边框色
BorderWidth	外观	设置图形边框宽度
Name	杂项	对象引用名

除上述属性外,Shape 控件还有一些与大小、位置、是否可见等有关的属性。

改变 Shape 属性的取值,可以绘制不同形状的图形。表 11-3 给出了 Shape 属性的设置值。

表 11-3

设 置 值	描 述
0-Rectangle	矩形(缺省值)
1-Square	正方形
2-Oval	椭圆
3-Circle	圆
4-Rounded Rectangle	圆角矩形
5-Rounded Square	圆角正方形

下面是一个使用 Shape 控件的程序示例。

【例 11-1】 图形变换程序。

本程序窗体中图形的形状可在每次单击窗体时变换,图形的颜色则每运行一次程序就变换一次。图 11-3 是程序运行中的两个画面,以下是本程序的代码:

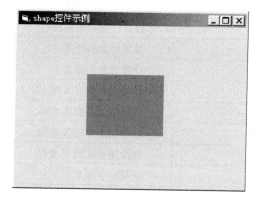 

图 11-3

```
Option Explicit
Private Sub sh( x As Integer )
    Shape1. Shape = x           '给 Shape 属性赋值
End Sub
Private Sub Form_Click( )
    Static i As Integer
    i = i + 1
    If i <= 5 Then
        Call sh(i)
    Else
        i = 0
        Call sh(i)
    End If
End Sub
Private Sub Form_Load( )
```

```
'初始化,确定图形颜色及初始形状
Dim r As Integer, g As Integer, b As Integer
Randomize
r = Int( Rnd * 256 )
g = Int( Rnd * 256 )
b = Int( Rnd * 256 )
Shape1. FillColor = RGB( r, g, b )
Shape1. BorderColor = RGB( r, g, b )
Shape1. Shape = 0
End Sub
```

2. Line 控件

Line 控件的常用属性如表 11-4 所示。

表 11-4

属 性 名	类 别	功 能
BorderColor	外观	设置绘制对象的颜色
BorderStyle	外观	设置对象的样式
BorderWidth	外观	设置对象的宽度
X1	位置	线段端点 1 的 X 坐标
Y1	位置	线段端点 1 的 Y 坐标
X2	位置	线段端点 2 的 X 坐标
Y2	位置	线段端点 2 的 Y 坐标
Name	杂项	对象的引用名

改变 BorderStyle 属性的取值,可以得到不同形式的画线。表 11-5 给出了 BorderStyle 属性的各种设置值。

表 11-5

属性值	描 述
0-Transparent	透明线
1-Solid	实心线(缺省值)
2-Dash	由破折号组成的虚线
3-Dot	由点号组成的虚线
4-Das9-Dot	由破折号-点号组成的点画线
5-Das9-Do9-Dot	由破折号-点号-点号组成的双点画线
6-Inside Solid	内实线

注意:只有在 BorderStyle 属性为 0、1、6 时,BorderWidth 可设置为不等于 1 的数值。

下面是一个使用 Line 控件的程序示例。

【例 11-2】 转动的指针程序。

本程序的界面上有一个作为指针的红色细线,当单击窗体时,该细线就会绕着一个固定点旋转一周。图 11-4 是程序运行中的两个画面。程序代码如下：

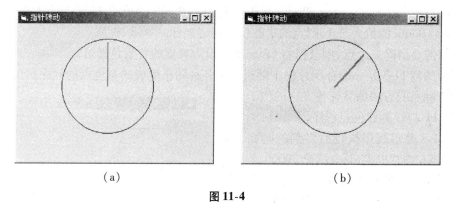

(a)　　　　　　　　　　　　(b)

图 11-4

```
Option Explicit
Private Sub Form_Load( )
    Line1.BorderColor = RGB(255,0,0)
    Line1.BorderWidth = 2
    Timer1.Interval = 1000
End Sub
Private Sub Timer1_Timer( )
    Static a As Integer
    Dim x As Single, y As Single
    Const pi = 3.14159265
    a = a Mod 360
    x = 1000 * Sin(a * pi/180)
    y = ( - 1) * 1000 * Cos(a * pi/180)
    Line1.X2 = x + 2160
    Line1.Y2 = y + 1440
    Line1.Refresh
    a = a + 6
End Sub
```

11.1.5 使用绘图方法

使用绘图方法也可在窗体或图片框一类控件上绘图。绘图方法共有三种,分别是画点、画线和绘制圆与椭圆的方法。

1. 画点

画点实质上是通过为指定像素设置颜色来实现的。画点方法的一般形式如下：

　　　　［Object.］Pset［Step］(x, y), ［Color］

其中,Object 是用于绘图板的"容器"对象名;x、y 分别是绘制点在容器坐标系中的水平坐标值与垂直坐标值,类型为单精度型;Color 用于指定绘制点的色彩。若在本窗体上画点,Object 参数可以缺省;若不指定 Color,则缺省颜色为当前设定的 ForeColor 颜色;可选的 Step

是由 CurrentX 和 CurrentY 属性所指定的图形当前位置的参数。

绘制点的大小取决于 DrawWidth 属性。若 DrawWidth 的值为 1,则点的大小为一个像素;若 DrawWidth 的值大于 1,则点的中心位于指定坐标。

如果需要清除一个点,则只需将 Color 参数设为容器的背景色即可。

下面的例 11-3 是一个在图片框中随机填充各种随机生成的彩色点的程序示例;例 11-4 则是用清除点的方法擦除标签文字的例子。

【例 11-3】 画彩色点程序。

图 11-5 是本程序执行后得到的画面。运行程序,将在图片框 Pic1 中填充 30000 个彩色点。点的位置是随机生成的,点的颜色也是随机生成的。填充过程将给人一种如同"天女散花"的感觉。

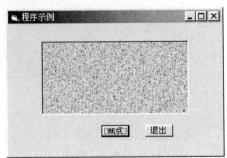

图 11-5

程序代码如下:

```
Option Explicit
Private Sub Command1_Click()
    Dim i As Integer
    For i = 1 To 30000
        Call draw
    Next i
End Sub
Private Sub Command2_Click()
    End
End Sub
Private Sub draw()
    Dim r As Integer, g As Integer, b As Integer
    Dim x As Single, y As Single
    Dim w As Integer, h As Integer
    Randomize
    r = Int(Rnd * 256)
    g = Int(Rnd * 256)
    b = Int(Rnd * 256)
    w = Pic1.Width
    h = Pic1.Height
    x = Int(Rnd * w)
    y = Int(Rnd * h)
    Pic1.PSet (x,y), RGB(r,g,b)
End Sub
```

【例 11-4】 清除标签文字程序。

图 11-6 是本程序执行前的画面。单击"清除"命令按钮,标签文字将逐渐消失。尽管

随机生成的点的位置有可能重复,但处理的点的个数达到对象范围内的总点数时,从视觉角度看,可以认为标签文字已被清除了。

程序代码如下:

```
Option Explicit
Private Sub Command1_Click()
    Dim h As Integer, w As Long, n As Long
    Dim L As Integer, t As Integer
    Dim x As Single, y As Single
    h = Label1.Height
    w = Label1.Width
    L = Label1.Left
    t = Label1.Top
    Randomize
    Do
        x = Int(Rnd * w) + L
        y = Int(Rnd * h) + t
        PSet(x,y), BackColor
        n = n + 1
    Loop Until n >= w * h
    Command2.SetFocus
End Sub
Private Sub Command2_Click()
    End
End Sub
```

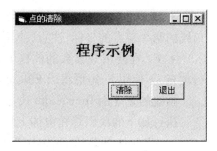

图 11-6

2. 画线

画线方法的一般形式如下:

[Object.]Line [Step](x1,y1)-[Step](x2,y2),[Color],[B][F]

画线方法既可以单个画线,也可以连续画线,还可以用于绘制矩形。它的各个参数的意义如下:

- Object:对象名,在当前对象上画线则可缺省。
- 第一个 Step:可选项,用于指定由 CurrentX 与 CurrentY 属性所提供的当前图形起点坐标。
- (x1,y1):起点坐标,x1、y1 分别表示起点的水平、垂直坐标,它们均为单精度数。如果缺省,则上一个画线方法画线的终点即为本次画线的起点。
- 第二个 Step:可选项,用于指定由 CurrentX 与 CurrentY 属性所提供的图形当前终点坐标。
- (x2,y2):必选项,终点坐标。
- Color:设置画线颜色的长整型数,如果缺省,则使用 ForeColor 属性规定的颜色。

- B：可选项，用于绘制矩形，在绘制矩形时，(x1，y1)、(x2，y2)分别用于指定矩形对角线的两个端点的坐标，注意，使用 B 参数时，参数前的两个逗号不可缺省。
- F：在使用 B 参数的前提下使用，用于指定对矩形以矩形边框的颜色（ForeColor）进行填充，不使用 F，矩形将以 FillColor 及 FillStyle 规定的颜色与形式填充。

画线的宽度由 DrawWidth 决定。画线的形式则由 DrawMode 与 DrawStyle 决定。

执行如下的代码将在窗体上绘制一个三角形（图11-7）：

```
Private Sub Command1_Click()
    Line(1500, 500) - (2500, 750)
    Line - (1750, 1500)
    Line - (1500, 500)
End Sub
```

使用 Step 参数的最大好处是起点与终点的坐标可以采用与上一坐标点的相对值，这对于连续画线十分方便。比如上述代码改为下面的形式，执行结果将完全相同。

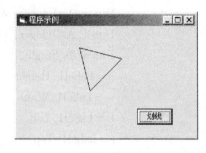

图 11-7

```
Private Sub Command1_Click()
    Line(1500, 500) - Step(1000, 250)
    Line - Step( - 750, 750)
    Line - Step( - 250, - 1000)
End Sub
```

利用 Line 方法绘制矩形，更为简便，只要给出矩形对角线两个端点的坐标，再加上一个 B 选项即可：

```
Line(1500, 500) - (2500, 1500), , B
```

下面的代码则可在窗体上绘制一个红色的矩形：

```
ForeColor = RGB(255, 0, 0)
Line(1500, 500) - (2500, 1500), , BF
```

【例 11-5】 在窗体上绘制 0~360°的正弦函数曲线。

绘制函数曲线的方法并不复杂。首先可使用 Line 方法绘制坐标系的两个坐标轴线，再依次求出每个自变量 x 对应的函数值 y，使用 Pset 方法画点即可。根据自变量的变化范围，可使用循环实现。但在绘制函数曲线时要注意以下几点：一是确定 Y 轴的比例尺，示例程序按照窗体的大小，设置一个单位为 500 特维，由于正弦函数的值域为[-1, +1]，因此图形的高度不超过 1000 特维；X 轴的比例尺是按照窗体的宽度确定的，以度为单位，一度为 8 特维。二是根据用户绘制的图形坐标系决定画点的实际位置，由于窗体坐标系的圆点在左上角，所以画点的坐标还要加上相应的位移量。三是用户坐标系的 Y 轴正方向向上，而窗体坐标系 Y 轴的正方向向下，要保证图形的正确性，可将计算出来的函数值乘上(-1)。

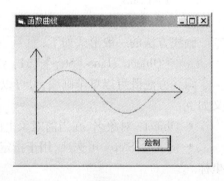

图 11-8

图 11-8 是程序执行的结果,程序代码如下:

```
Option Explicit
Private Sub Command1_Click( )
    Dim x As Single, y As Single, a As Integer
    Const pi = 3.14159265
    '画 X 轴
    Line(450, 1500) - (4000, 1500)
    Line(4000, 1500) - (3800, 1350)
    Line(4000, 1500) - (3800, 1650)
    '画 Y 轴
    Line(500, 500) - (500, 2500)
    Line(500, 500) - (350, 700)
    Line(500, 500) - (650, 700)
    '画函数曲线
    For a = 0 To 360
        y = ( -1) * Sin(a * pi / 180) * 500 + 1500
        x = a * 8 + 500
        PSet(x, y), RGB(255, 0, 0)
    Next a
End Sub
```

3. 画圆与椭圆

画圆与椭圆的方法都是 Circle,它的一般形式如下:

[Object.]Circle [Step](x, y), Radius, [Color], [Start], [End] [, Aspect]

Circle 方法既可用于画圆,也可用于画椭圆,还可以画圆弧。它的各个参数的意义如下:

- Object:绘图容器的对象名,在当前对象上画图时可省略。
- Step:可选项,意义同 Line 方法。
- (x,y):x、y 分别为绘制的圆的圆心或椭圆的中心水平与垂直坐标,单精度数。
- Radius:圆的半径或椭圆的长轴半径。
- Color:指定图形颜色的长整型数,如果缺省,则使用 ForeColor 属性规定的颜色。
- Start:在画圆弧时,用于设置圆弧的起始弧度值。
- End:在画圆弧时,用于设置圆弧的结束弧度值。
- Aspect:在画椭圆时用于指定水平长度和垂直长度比的正浮点数,由于 Radius 永远指定的是椭圆的长轴半径,所以,当 Aspect 的值 <1 时,Radius 指的是水平方向的 X 半径,当 Aspect 的值≥1 时,Radius 指的是垂直方向的 Y 半径。

需要注意的是,在省略参数时,逗号是不可缺省的,比如画一个椭圆,要省掉 Color、Start、End 三个参数,必须使用下面的形式:

Circle(1500,1000),500, , , ,0.5

但如果画圆或圆弧,则后面的参数及逗号可以省略,比如:

Circle(1500,1000),500

绘制圆弧时,如果 Start 与 End 为负数,则系统会自动将圆弧的两个端点与圆心相连接;若 Start 的绝对值 > End 的绝对值,则绘制的圆弧角度将大于 180°。

最后需要说明的是,绘制图形时必须考虑图形的大小与位置,如果设置不当,超出了容器对象的表示范围,图形则有可能不可见。

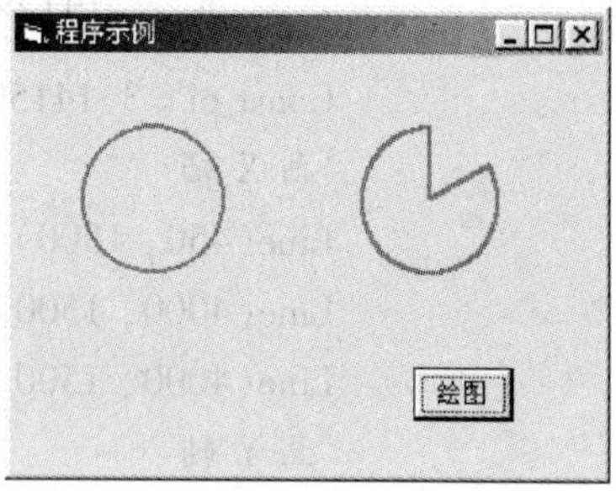

下面是几个使用 Circle 方法的程序示例。

【例 11-6】 在窗体上画一个圆和一个圆弧。

图 11-9 是本程序执行的画面。程序代码如下:

```
Option Explicit
Private Sub Command1_Click()
    Const pi = 3.14159265
    DrawWidth = 2                    '设置图形宽度
    Circle(1000,1000),500,RGB(255,0,0)
    Circle(3000,1000),500,RGB(255,0,0),-pi/2,-pi/6
End Sub
```

图 11-9

如将程序代码修改为

```
Private Sub Command1_Click()
    Const pi = 3.14159265
    DrawWidth = 2
    Circle(2000,1500),800,RGB(255,0,0),-pi/2,-pi/6
    '将圆心移位,绘出楔型部分
    Circle Step(100,9-150),800,RGB(255,0,0),-pi/6,-pi/2
End Sub
```

执行修改后的代码,将绘出与饼型图类似的图形来(图 11-10)。

图 11-10

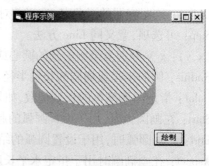

图 11-11

【例 11-7】 绘制一个立体饼图。

立体饼图的主体就是一个椭圆,为了产生立体感,可连续绘制多条原始椭圆的弧线,弧线的中心与原始椭圆平行位移,如果再设置与原始椭圆边框不同的颜色,就会得到具有立体感的饼图。图 11-11 是本程序执行后的画面,程序代码如下:

```
Option Explicit
Private Sub Command1_Click( )
    Dim i As Integer, n As Single
    Const pi = 3.14159265
    FillStyle = 4                                              '用斜线填充
    Circle(2000,1200),1500,RGB(0,0,255),,,0.5
    For i = 1 To 100
        n = i * 5
        Circle(2000, 1200 + n),1500,RGB(0, 120,255), pi,2 * pi,0.5
    Next i
End Sub
```

4. 清除图形

使用 Cls 方法可以清除绘制的图形。Cls 方法的一般使用形式如下：

[Object.]Cls

其中，Object 是绘制图形所在的容器对象名。

5. 在图形中加入文本

在窗体、图片框中增加文字说明时，可使用容器控件的 CurrentX 与 CurrentY 属性指定文字输出的位置。CurrentX 与 CurrentY 属性均为运行时属性。

例如，使用语句：

CurrentX = 1000

CurrentY = 1000

Print "输出位置"

执行结果，就会在窗体指定位置输出指定的文字。

6. 使用自定义坐标系绘图

使用 Scale 方法自定义坐标系，在自定义坐标系绘图，可有效地控制图形的大小、位置，应用更为方便。下面是一个使用自定义坐标系绘制螺旋线的示例程序。图 11-12 是程序执行的画面。

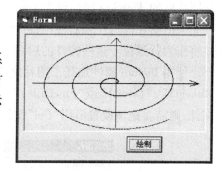

程序代码如下：

图 11-12

```
Option Explicit
Private Sub Command1_Click( )
    Dim x As Single, y As Single, I As Single
    Pic1.Scale( -20, 18) - (20, -18)                  '自定义坐标系
    Pic1.Line(0, 17) - (0, -17)                       '画 Y 轴
    Pic1.Line( -1, 15) - (0, 17)
    Pic1.Line(0, 17) - (1, 15)
    Pic1.Line(18.5, 0) - ( -18.5, 0)                  '画 X 轴
    Pic1.Line(16.5, 1) - (18.5, 0)
    Pic1.Line(18.5, 0) - (16.5, -1)
```

```
        For I = 0 To 18 Step 0.01                    '绘制曲线
            y = I * Sin(I)
            x = I * Cos(I)
            Pic1.PSet(x, y)
        Next I
    End Sub
```

11.1.6 使用图片框

在 VB 中,图片框应用很广,它不仅可用于绘制图形、显示各种图片或图像以及文本或数据,还经常被用作其他控件的容器。

尽管 VB 提供了图形控件及几个绘图方法,但难以与一些专门的绘图软件、图像处理软件的功能相比。人们更多的用法是使用专业软件制作或从外部获取图像或图片,以文件形式保存,再通过图片框(或直接使用窗体或图像控件)来显示。

使用图片框可以显示各种种类与格式的图形文件,如位图文件、图标文件、矢量图文件(又称元文件)等,其中还包括 jpeg 格式和 gif 格式的文件。

1. 使用 Picture 属性显示图片

在设计时可以通过 Picture 属性为图片框加载图片。单击属性窗口中 Picture 属性项右端带省略号的按钮,就会打开一个如图 11-13 所示的对话框,用户可在该对话框中选取需要加载到图片框控件中的图片文件。图片文件选定后,单击"打开",图片画面就会显示在图片框中。

加载的图片大小可能会大于图片框设置的大小,这时图片框只能显示图片的局部。如果把图片框的 AutoSize 属性设为 True,则图片框就能自动适应图片的大小了。

如果把图片框当作容器使用,也就是说,在图片框内还加入了其他控件对象,则加载的图片将作为背景位于这些控件的后面。

当使用 Picture 属性加载了图片之后,在 Picture 属性设置栏中根据文件的种类将出现"(Bitmap)"、"(icon)"或"(metafile)"(元文件)等设置值。如果需要在图片框中另加载一个文件,则需要把该设置值用"Del"键删除,这时设置值将变为"(None)"。

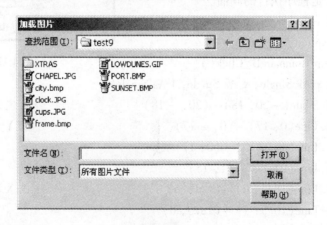

图 11-13

用户也可以从其他绘图软件把一个图形或一幅图片剪切/复制、再粘贴到图片框中,其效果与通过 Picture 属性加载完全相同。

2. 使用 LoadPicture 函数加载图片

LoadPicture 函数是专用于给窗体、图片框或图像控件的 Picture 属性赋值以加载图片的函数,它的一般调用形式如下:

LoadPicture([Fname],[Size],[Colordepth],[x,y])

其中,Fname 是要加载的图片文件及其路径名,如果缺省,将清除图像或图片框控件;Size 参数用以指定加载图片的大小;Colordepth 参数用以指定图片的颜色深度;x、y 用以指定图片的最佳位置。后面的 4 个参数都只用在加载的图片为鼠标的光标图形文件或图标文件的场合。

在程序中加入如下代码,即可将图 11-13 中指定的文件加载到图片框 Pic1 中:

Pic1.Picture = LoadPicture("c:\dmt\test9\city.bmp")

3. 使用 PaintPicture 方法处理图片

利用 PaintPicture 方法可对加载到窗体或图片框中的图片进行处理。它的一般使用形式如下:

[Object.]PaintPicture Picture, Dx, Dy[, Dw[, Dh[,Sx[,Sy[,Sw[,Sh,Op]]]]]]

其中:

- Object:是目标窗体或图片框对象名,缺省则为当前窗体名。
- Picture:是要处理的图片源,它必须是某窗体或某图片框的 Picture 属性。
- Dx、Dy:用于指定在目标对象中图片的 X、Y 坐标值,它使用的是对象的坐标系。
- Dw、Dh:用于指定目标对象中图片的宽度与高度。
- Sx、Sy:用于指定对欲处理的图片进行剪裁时剪裁图片左上角的坐标值。
- Sw、Sh:用于指定对欲处理的图片进行剪裁时剪裁图片的宽度与高度。
- Op 参数:用于指定在目标对象上绘图时的光栅操作。

当 Dw 或 Dh 使用负值时,可实现图片对象的水平或垂直翻转。

图 11-14 是一个使用 PaintPicture 方法的简单程序示例的执行画面。

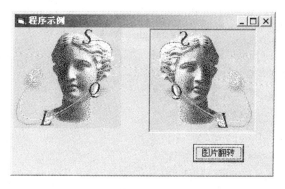

图 11-14

本示例的程序代码如下:

Private Sub Command1_Click()

Picture1.PaintPicture Form1.Picture, 2200, 0,9 − 2200

End Sub

Image(图像)控件也可以用于显示图片,但功能与应用范围远不及 PictureBox 控件。在此不在赘述。

11.1.7 应用鼠标事件

鼠标是图形界面下应用最多的输入与控制设备。前已述及,VB 系统除可对常用的鼠标单击、双击事件进行捕获之外,还可以捕获鼠标按钮的按下、释放及鼠标的移动动作,也就是说,当鼠标在对象上时,鼠标按钮的按下、释放或鼠标的移动,将引发鼠标的 MouseDown、MouseUp 及 MouseMove 事件。

当按下或释放给定的一个鼠标按钮时,将引起指定的一些操作,可以使用 MouseDown 或者 MouseUp 事件过程。不同于 Click 和 DblClick 事件的是 MouseDown 和 MouseUp 事件能够区分出鼠标的左、右和中间按钮。还可以为使用"Shift"、"Ctrl"和"Alt"等键盘换挡键编写用于鼠标—键盘组合操作的代码。

MouseMove 事件伴随鼠标光标在对象间移动时连续不断地产生。除非有另一个对象捕获了鼠标,否则,当鼠标位置在对象的边界范围内时该对象就能接收 MouseMove 事件。

在这些事件过程中,使用绘图方法,即可使鼠标像一枝"画笔"一样,由用户通过鼠标操作在容器对象上绘出图形。

MouseDown、MouseUp 与 MouseMove 事件过程的一般形式见本书第 7 章。

运行下面的示例程序代码,用户可在窗体上随意绘制直线。方法是:先在直线起点处点击,接着再在直线终点处点击,窗体上就会出现一条线段。利用这种方法,可在窗体上"画"出字来(图 11-15)。

```
Option Explicit
Dim k As Integer
Private Sub Form_Load( )
    k = 1
End Sub
Private Sub Form_MouseUp( Button As Integer, Shift As Integer, _
                          X As Single, Y As Single)
    Static x1 As Single, y1 As Single
    If k Mod 2 <> 0 Then
        x1 = X: y1 = Y
    Else
        Line(x1, y1) - (X, Y)
    End If
    k = k + 1
End Sub
```

图 11-15

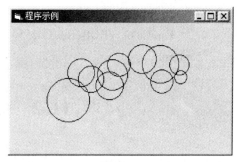
图 11-16

利用下面的代码,即可在窗体上绘出若干个圆。只要在窗体任意位置上点击一下,就会出现一个以该点为中心的圆形(图 11-16)。

```
Option Explicit
Private Sub Form_MouseDown(Button As Integer, Shift As Integer, _
                X As Single, Y As Single)
    Dim r As Single
    Randomize
    r = Int(Rnd * 400) + 100
    Form1.Circle(X,Y),r
End Sub
```

自然也可以将这三个事件综合起来使用。以下是微软公司提供的一个示例程序的程序代码。运行该程序,用户按住鼠标按键拖动,即可在窗体上如同使用一个"刷子"一样绘制任意图形,放开鼠标按键,停止绘图。用户可自行测试。

```
Option Explicit
Dim PaintNow As Boolean            '说明变量
Private Sub Form_MouseDown(Button As Integer, Shift As Integer, _
                X As Single, Y As Single)
    PaintNow = True                '启动绘图
End Sub
Private Sub Form_MouseUp(Button As Integer, Shift As Integer, _
                X As Single, Y As Single)
    PaintNow = False               '关闭绘图
End Sub
Private Sub Form_MouseMove(Button As Integer, Shift As Integer, _
                X As Single, Y As Single)
    If PaintNow Then
        PSet(X, Y)                 '画一个点
    End If
End Sub
Private Sub Form_Load()
```

DrawWidth = 10　　　　　　　　　　　'设置刷子宽度
　　　ForeColor = RGB(0, 0, 255)　　　　　'设置绘图颜色
End Sub

11.2　多媒体应用

在VB的控件工具箱中并没有与多媒体有关的控件,多媒体应用控件是以另一种形式提供的,这就是所谓的ActiveX控件,又称为"部件"。ActiveX控件,是利用Micrisoft公司的ActiveX技术开发的一类控件的总称。使用"工程"菜单中的"部件"命令,从打开的对话框的列表框中(图11-17),选取需要使用的"部件",单击"确定"按钮之后,系统就会把选取的部件加载到控件工具箱中。此后这些"部件"的使用方法,就和工具箱中其他固有控件的使用方法完全相同。

VB中与多媒体有关的ActiveX控件使用较多的有两个:一个是"媒体控制器(MCI)"控件,一个是"动画(Animation)"控件。

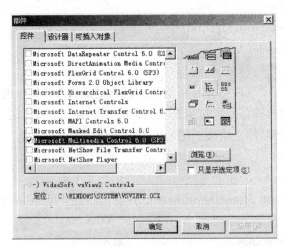

图 11-17

11.2.1　动画控件

动画控件用于播放无声的.avi数字电影文件。利用它可通过播放有关应用程序的无声动画,提供应用程序的使用指示;也可用在对话框中显示出操作的时间长短和特征。

在Windows 9X系统中拷贝文件时,表示复制进程的信息窗口中,可看到有一张代表"文件"的纸张从一个文件夹飞往另一个文件夹,就是使用动画控件实现的。

1. 在工具箱中添加动画控件

使用"工程"→"部件"命令,打开"部件"对话框,在控件列表框中选定"Microsoft Windows Common Contral9-2 6.0"后(注意,必须在该控件名前面的方框内单击,并确认方框中出现表示选中的标记"√"),单击"确定"按钮即可。此时的工具箱中将会增加包括动画控件在内的几个新的控件按钮。

2. 动画控件的 Open、Play、Stop 和 Close 方法

使用动画控件播放无声.avi 文件时,需要先使用 Open 方法打开要播放的文件;再使用 Play 方法进行播放;使用 Stop 方法可以停止播放,播放结束,应使用 Close 方法关闭文件。

Open 方法的一般形式如下:

　　Object. Open fname

其中,Object 是动画控件名,fname 是欲打开播放的文件名。

Play 方法的一般形式如下:

　　Object. Play [repeat][,start][,end]

其中,Object 的意义同上,三个可选参数分别表示:

- repeat:重复播放次数的正整数。
- start:起始播放的帧号。avi 文件由若干幅可以连续播放的画面组成,每一幅画面称为 1 帧,第 1 幅画面为第 0 帧。利用 Play 方法可以控制从指定的帧开始播放。
- end:停止播放的帧号。

例如,使用名为 animat1 的动画控件要把已打开的.avi 文件的第 10 幅画面到第 25 幅画面重复播放 5 遍,可使用以下的代码:

　　animat1. Play 5,9,24

Stop 与 Close 方法的一般形式分别如下:

　　Object. Stop

　　Object. Close

由于使用了特别的技术(多线程),所以通过动画控件播放无声.avi 文件,不会影响应用程序自身的正常运行。

下面是一个简单的程序示例。

【例 11-8】 播放无声动画的程序。

图 11-18 是本程序的设计画面,窗体中包含有名为 anim1 的动画控件,三个分别名为 CmdOpen、CmdPlay、CmdStop 的命令按钮和一个名为 CommonDialog1 的公共对话框控件。公共对话框控件也是一个"部件",它可以提供标准 Windows 风格的"打开"文件、"保存"文件等对话框。

在 VB 系统中附带有若干个无声的.avi 文件,读者可在存放 VB 系统的 \common\graphics\videos 文件夹中找到它们并播放。

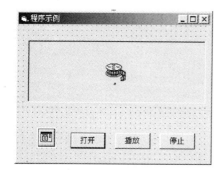

图 11-18

图 11-19

图 11-19 是播放 Count24.avi 文件过程中的一个画面。

程序的执行过程是：先单击"打开"按钮，屏幕出现如图 11-20 所示的对话框，选定要打开的文件后，单击"打开"按钮；接着单击"播放"按钮，就开始播放打开的文件；播放过程中随时可通过单击"停止"按钮结束播放。

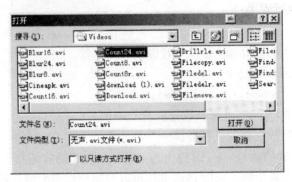

图 11-20

程序代码如下：

```
Option Explicit
Dim fname As String
Private Sub CmdPlay_Click( )
    '使用 Open 方法打开要播放的文件
    Anima1.Open fname
    '进行播放
    Anima1.Play
End Sub
Private Sub CmdOpen_Click( )
    '设置公共对话框控件显示的文件类型
    CommonDialog1.Filter = "无声.avi 文件( *.avi) | *.avi |"
    '显示"打开"文件对话框
    CommonDialog1.ShowOpen
    '将从"打开"文件对话框中选定的文件及其路径赋给 fname 变量
    fname = CommonDialog1.FileName
End Sub
Private Sub CmdStop_Click( )
    '停止播放
    Anima1.Stop
    '关闭文件
    Anima1.Close
End Sub
```

3. 动画控件的常用属性

动画控件的常用属性有两个：Center 和 AutoPlay。

Center 属性用于设置动画播放的位置。由于动画控件并不提供专门的播放图文框，而用户播放前可能并不了解动画每一帧的大小,所以动画的实际播放位置难以把握。如将 Center 属性设为 True,则可确保播放的画面位于动画控件的中间位置。

AutoPlay 属性用于设定已打开的动画文件的自动播放。使用下面的程序代码可以获得与上述代码同等的执行效果:

```
Option Explicit
Dim fname As String
Private Sub CmdPlay_Click()
    Anima1.AutoPlay = True
    '使用 Open 方法打开并自动开始播放文件
    Anima1.Open fname
End Sub
Private Sub CmdOpen_Click()
    '设置公共对话框控件显示的文件类型
    CommonDialog1.Filter = "无声.avi 文件(*.avi)|*.avi|"
    '显示"打开"文件对话框
    CommonDialog1.ShowOpen
    '将从"打开"文件对话框中选定的文件及其路径赋给 fname 变量
    fname = CommonDialog1.FileName
End Sub
Private Sub CmdStop_Click()
    '通过设置 AutoPlay 属性为 False 停止播放
    Anima1.AutoPlay = False
    '关闭文件
    Anima1.Close
End Sub
```

最后需要特别指出的是:如果试图用动画控件播放有声的.avi 文件,系统将给出代码为 35752 的错误信息,表示系统不能打开该文件。

11.2.2 多媒体控件

MultimediaMCI 多媒体控件是用于管理、控制各种 MCI(Media Contral Interface,媒体控制接口)设备的控件。MCI 提供了应用程序与相关的多媒体设备进行通信的命令驱动机制,多媒体控件正是通过 MCI 实现多媒体文件的保存与播放。

表 11-6 给出了 MCI 所支持的主要多媒体设备。

表 11-6

设备类型	字符串	文件类型	描　　述
CD audio	cdaudio		音频 CD 播放器
Digital Audio Tape	dat		数字音频磁带播放器
Digital video(not GDI-based)	DigitalVideo		窗口中的数字视频

续表

设备类型	字符串	文件类型	描述
Other	Other		未定义 MCI 设备
Overlay	Overlay		叠加设备
Scanner	Scanner		图像扫描仪
Sequencer	Sequencer	.mid	音响设备数字接口（MIDI）序列发生器
Vcr	VCR		视频磁带录放器
AVI	AVIVideo	.avi	视频文件
videodisc	Videodisc		视盘播放器
waveaudio	Waveaudio	.wav	播放数字波形文件的音频设备

VB 的多媒体控件从概念上说，就是提供了一组控制按钮，可以通过这些按钮控制如表 11-6 所示的各种多媒体设备来记录或播放多媒体数据，具体的讲，就是管理和控制像声卡、CD-ROM、VCD 播放器、MIDI 音序器一类设备。

1. 在工具箱中添加多媒体控件

多媒体控件与动画控件一样也属于"部件"，它的部件名为 Microsoft Multimedia Contral 6.0(sp3)；使用与添加动画控件同样的方法，即可将多媒体控件添加到控件工具箱。

2. 多媒体控件

在窗体中放置一个多媒体控件，看到的是如图 11-21 所示的画面。这是一组类似于一般的 CD 播放机的控制按钮，它们用于执行相关的 MCI 命令。但哪些按钮可以使用以及多媒体控件能够提供什么样的功能，则都取决于计算机相应硬件与软件的具体配置。

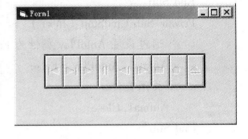

图 11-21

多媒体控件的主要属性有：

• Enabled 与 Visible 属性：多媒体控件尽管提供了如图 11-21 所示的可见的外观，但是由于多媒体控件主要是通过 MCI 命令机制工作的，而且给定的外观和控制多媒体数据录制或播放的具体需求未必一致，所以完全可以不使用它们。此时只需将 Enabled 与 Visible 属性设置为 False 就可以了。

• DeviceType 与 AutoEnable 属性：DeviceType 属性用于在设计时或运行时设置多媒体控件所要管理控制的设备类型。注意，设备类型名必须使用表 11-6 中列出的设备名称对应的字符串，而且运行程序的计算机必须已经正确安装了相应的设备。当 AutoEnable 属性值为 True 时，多媒体控件可以根据 DeviceType 属性指定的设备类型，自动激活相关的控制按钮，用户也就可以为这些按钮编写程序代码。从多媒体控件的属性窗口可以看到，每一个控制按钮如 Play、Back 等都有独自的活动与可视属性 PlayEnabled、PlayVisible、BackEnabled 与 BackVisible，当 AutoEnable 属性为 True 时，这些按钮的属性都无效，只有在 AutoEnable 为 False 时，这些按钮的设置才有效。

• FileName 属性：指定使用 MCI 的 Open(打开)命令或 Save(保存)命令要打开或保存的文件名。

- Command 属性：这是一个只能在运行时使用的属性，用于指定需要执行的 MCI 命令。

3. MCI 命令

多媒体控件是通过一套高层次的与设备无关的命令来控制多媒体设备的。这套命令被称为 MCI（Media Control Interface 媒体控制接口）命令。表 11-7 是多媒体控件使用的 MCI 命令表。

表 11-7

命 令	描 述
Open	打开 MCI 设备
Close	关闭 MCI 设备
Play	用 MCI 设备进行播放
Pause	暂停播放或录制
Stop	停止 MCI 设备
Back	向后步进可用的曲目
Step	向前步进可用的曲目
Prev	使用 Seek 命令跳到当前曲目的起始位置。如果在前一 Prev 命令执行后三秒内再次执行，则跳到前一曲目的起始位置；或者如果已在第一个曲目，则跳到第一个曲目的起始位置
Next	使用 Seek 命令跳到下一个曲目的起始位置（如果已在最后一个曲目，则跳到最后一个曲目的起始位置）
Seek	向前或向后查找曲目
Record	录制 MCI 设备的输入
Eject	从 CD 驱动器中弹出音频 CD
Save	保存打开的文件

从表列命令可以看出，不少命令都与相应的命令按钮相对应。例如，Play 命令就与控制播放的 Play 按钮相对应。

设多媒体控件名为 Mmcontrol1，使用 MCI 命令的一般方式如下：

Mmcontrol1.Command = "commandname"

式中，Command 是多媒体控件的命令属性，commandname 代表要执行的 MCI 命令。例如，要执行打开命令的语句是：

Mmcontrol1.Command = "Open"

多媒体控件的使用由于与多媒体计算机的硬件与软件配置紧密相关，所以尽管多媒体控件为各种多媒体应用的开发提供了强大的功能，但在具体使用时哪些功能可以使用，哪些功能不能使用都要视具体情况而定。感兴趣的读者可以参阅 VB 的有关手册及相关的资料。

习 题

一、填空题

1. VB 窗体的位置采用_____坐标系,窗体中控件的位置采用_____坐标系。
2. 若自行设置容器对象的 ScaleMode 属性值,则容器的_____属性值将随之变化,_____属性值则仍以 Twip 为单位。但容器内对象的_____属性值将使用容器坐标系的新度量单位计量。
3. RGB 函数的三个参数分别为_____、_____和_____的亮度等级值。
4. 使用容器对象的_____方法,即可建立自定义坐标系。

二、编程题

1. 编写程序,利用图形控件,显示一个不断增大的方框的简单动画。(提示:使用计时器控件,每隔一个时间段,改变方框的位置与大小)
2. 编写程序,利用画线方法,绘制如图 11-22 所示的直方图。

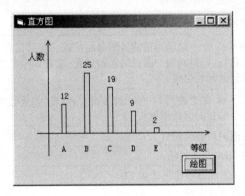

图 11-22

3. 编写程序,在同一坐标系中,用两种不同颜色同时绘出 $[-360°, 360°]$ 的正弦曲线与余弦曲线。
4. 编写程序,在同一坐标系中,用两种颜色同时绘出 $y_1 = e^x$ 与 $y_2 = \ln x$ 的函数曲线$(0 < x \leq 2)$。
5. 编写程序,在窗体上绘制一个 9×9 黑白相间的棋盘。

第12章 数据库操作与编程

VB 具有强大的数据操作功能,利用 VB 能够开发各种数据库应用系统,建立多种类型的数据库,并管理、维护和使用这些数据库。

12.1 数据库基本知识

12.1.1 概述

现代社会是一个信息化的社会。在政治、经济、军事、文化、教育、科学、艺术等各种活动中都会产生大量的信息,这些信息通过各种物理符号及其组合表示出来,就产生了大量的数据。人们将收集到的各种数据经过加工处理(如数据的收集、记载、分类、排序、存储、计算、加工、传输、制表等),使信息资源得到合理、充分的使用。二十世纪四十年代中期,第一台计算机的问世,为数据处理进入全自动化的电子数据处理创造了条件。随着科学技术的发展和进步,计算机作为信息处理的先进工具,其优越性也越来越明显。计算机能够存储大量数据并能长期保存,是其他工具所无法比拟的;另外,计算机处理数据还具有高速度、高效率等特点。

计算机数据管理技术的发展大致经历了三个阶段。第一阶段是人工管理阶段。数据处理的性质是计算机代替了人的手工劳动,如计算工资、会计账目等数值运算。其特点是数据不长期保存,没有软件系统对数据进行管理,没有文件的概念,一组数据对应着一个程序。第二阶段是采用文件管理方式。其基本特征是数据不再是程序的组成部分,而是有组织、有结构地构成文件形式,形成数据文件。文件管理系统就是应用程序与数据文件的接口。第三阶段为数据库管理方式。其主要特征是对所有数据实行统一、集中、独立的管理。数据独立于程序存在并可以提供给各类不同用户使用。目前它已经成为现代管理信息系统强有力的工具。

12.1.2 数据库的基本概念

数据库(Data Base)、数据库管理系统(DBMS——Data Base Management System)和数据库系统(Data Base System)是数据库技术中常用的术语。

1. 数据库

一般认为,数据库是数据的集合,是存储数据的"仓库"。数据库中的数据是以一定的组织方式存储的相关数据。数据库文件与应用程序文件分开,数据库是独立的。它可以为多个应用程序所使用,达到共享数据的目的。

2. 数据库系统

数据库系统是组织数据、存储数据的管理系统,是帮助用户使用数据库的工具。它是由计算机系统中引进数据库后的系统构成,主要包括用户、数据库和数据库管理系统三个方面。

3. 数据库管理系统

它是管理、维护数据库数据的一组软件。它的主要功能是维护数据库、接受和完成用户程序或命令提出的访问数据的各种请求,如检索、存储数据等。用户使用数据库的数据是目的,数据库管理系统是帮助达到这一目的的工具和手段。

12.1.3 数据模型

数据是描述客观事物的数字、字符等符号的集合。各个数据对象及它们之间存在的关联的集合成为数据模型。它是指数据在数据库中排列、组织所遵循的规则。目前流行的数据模型有层次模型、网络模型、关系模型。

1. 层次模型

其结构为树型结构。特点是各节点分为若干个层次。同层次的节点没有联系,每个节点下可以有多个子节点,而一个子节点只有一个父节点。其结构如图 12-1 所示。

层次模型应用的示例,如邮件的传送,要将一个邮件准确送到目的地,就要确定它要邮寄到哪一个省、哪一个市、街道以及门牌号码,这样"逐层"传送,才能送到。

2. 网络模型

各节点间形成网状结构。它是一个不加任何条件的无向图形。如一个教学关系可以表示为图 12-2,其抽象图可表示为图 12-3。

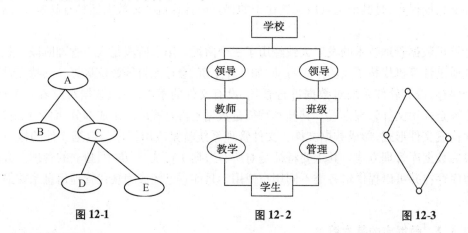

图 12-1　　　　　　　　图 12-2　　　　　　　　图 12-3

3. 关系模型

关系模型不像层次模型、网络模型的结构可以抽象为某种图形,它把数据组织成二维的表格,即关系表。如表 12-1 所示是学生的关系数据表。

表 12-1

姓　名	性　别	年　龄	籍　贯	班　级
王胜利	男	20	内蒙古	计算机 81
李　芳	女	19	江苏	计算机 81
华卫国	男	21	北京	英语 71
孙　雯	女	20	江西	英语 71

12.2　数据库的建立

12.2.1　关系数据库的基本结构

采用关系模型的数据库称为关系型数据库。由于关系型数据库具有坚实的数学理论基础，可采用现代数学理论和方法对数据进行处理，因此获得了最广泛的应用，成为目前最流行的数据库系统。关系型数据库把数据组织成一张或多张二维的表格。如现有一个教师数据库，它由两个数据表组成，一个是教师个人数据表(js)，另一个是教师任课情况表(kc)。图 12-4 是这两个表的结构和内容。

对于关系型数据库，经常使用以下记录、字段、数据表、数据库等术语，它们的意义是：
- 记录(Record)：数据表中的每一行数据称为该表中的一个记录。
- 字段(Field)：数据表中的每一列称为一个字段，表头(第一行)的内容为各字段名称。
- 数据表(Table)：相关数据组成的二维表格。
- 数据库(Database)：相关的数据表的集合。

工号	姓名	性别	系名	工龄	职称	基本工资	备注
ID001	李大海	男	计算机系	30	教授	1205	
ID002	王非	男	计算机系	5	讲师	565	
ID003	林淼	男	计算机系	15	副教授	890.5	
ID004	王萍	女	外语系	6	讲师	555	
ID005	柳莺	女	外语系	28	教授	128.9	
ID006	刘大力	男	外语系	20	副教授	900.9	
ID007	王书和	男	外语系	8	讲师	670.5	
ID008	李小娟	女	外语系	2	助教	450	

课程代码	课程名称	课时数	必修课	任课教师工号
KC001	计算机基础	3	✓	ID001
KC002	数据结构	4	✓	ID003
KC003	英语	4	✓	ID005
KC004	管理信息系统	3		ID001
		0		

图 12-4

在图 12-4 的教师表(js)中，共有 8 个字段，每个字段的名称分别是：工号、姓名、性别、系名、工龄、职称、基本工资和备注；表中共有 8 个记录，每一个记录有 8 个数据，分别是表中

8个字段的取值。在教师任课情况表(kc)中,有5个字段及4个记录。

教师数据库(js.mdb)即由这两个表构成。

数据库及数据表可以通过数据库管理系统软件如 Access、FoxPro、Oracle、Sybase 等建立。在 VB 环境下,可直接建立 Access 数据库。

12.2.2 数据库的建立

建立数据库,其实质就是确定数据库的结构,也就是说,要确定本数据库由哪些数据表组成,每个数据表有些什么字段,每个字段的名称、数据类型和数据长度(宽度)等。下面以上一节提到的教师数据库为例,介绍建立数据库的操作方法。

1. 启动数据管理器

要建立数据库,首先在 VB 系统界面菜单的"外接程序"中选择"可视化数据管理器"命令(图12-5),即可打开如图 12-6 所示的数据库设计窗口。

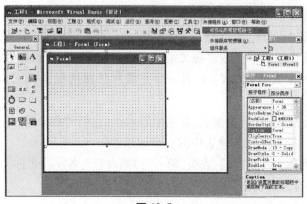

图 12-5

图 12-6

2. 建立数据库

单击数据库设计窗口"文件"菜单中的"新建"命令,在其级联菜单中选择"Microsoft Access 版本 7.0"命令,并在出现的对话框中把将要建立的数据库文件名设为 js.mdb,再单击"保存"按钮,屏幕显示如图 12-7 所示。

刚建立的数据库中没有任何数据表。可以先把教师数据表添加进来。

在数据库设计窗口中单击鼠标右键,即可出现一个快捷菜单,从中选择"新建表"命令,将显示如图 12-8 所示的"表结构"设置对话框,利用该对话框可以建立数据表的结构。

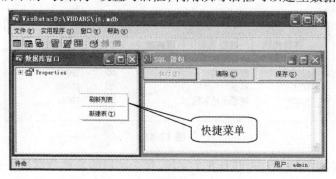

图 12-7

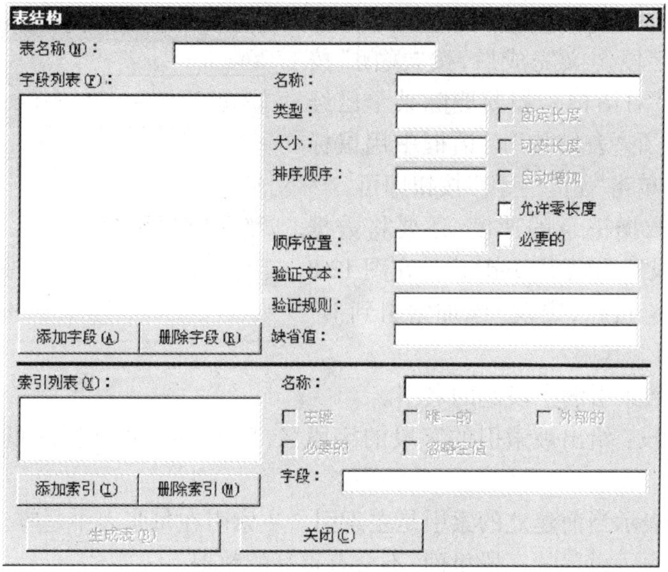

图 12-8

3．建立数据表结构

表结构是指数据表中的各个字段的名称、类型、大小等。字段的大小是指字段所取的具体值的宽度，以宽度最大的为准。Access 数据库的数据表字段类型包括以下几种：

① 文本：最多可有 255 个字符。
② 数据：用于数值计算的数字串，最多可有 255 个字符。
③ 日期/时间：日期与时间值。
④ 货币：用于表示货币值的数字串。
⑤ 自动编号：对每条新记录顺序编号。
⑥ 逻辑：设置每个字段的取值是"真"还是"假"。
⑦ 备注：变长的文本。
⑧ OLE 对象：一幅图像，一张电子表格，或其他软件中的一项。
⑨ 超级链接：利用各种字段类型，可以从当前字段跳到其他文档中的某条信息。
⑩ 查阅向导：从其他表中选择值的字段。

如在教师表中，需要一个存放教师姓名的字段，字段名可以定为"姓名"，它的类型应为文本型，其取值"刘大力"、"王非"等的宽度分别为 6 和 4 个字节，若设定该字段的所有可能取值的最大宽度为 6，则我们就定义"姓名"这一字段的宽度为 6。

首先在"表结构"对话框中输入表的名称 js；然后单击"添加字段"按钮，出现"添加字段"对话框，如图 12-9 所示。

先输入一个字段的名称、类型、大小等选

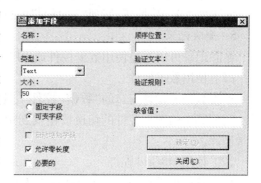

图 12-9

项,按"确定"按钮后,再依次输入其他各字段的相应内容。所有字段定义完成后,按"关闭"按钮,返回"表结构"对话框。如要删除某个已经建立的字段,只要在"表结构"对话框中用鼠标选取该字段后,再单击"删除字段"按钮即可。

为加快搜索数据记录的速度,还要将数据表中的某些字段设置为索引(Index)。在图 12-8 中单击"添加索引"按钮,出现"添加索引到 js"对话框(图 12-10)。其中:

图 12-10

- 名称:给被索引的字段起的名字。
- 索引的字段:给出被索引的字段的字段名,单击"可用字段"中的某个字段名进行选取。
- 主要的:表示当前建立的索引是主索引。主索引在每张表中是唯一的。
- 唯一的:表示设置的字段里面,不会有重复的数据。
- 忽略空值:搜索索引时,将忽略掉空值的记录。

设置完一个索引,按"确定"按钮,可设置另一个索引。所有索引设置完毕,单击"关闭"按钮,返回"表结构"对话框。

在"表结构"对话框中,选中一个索引,再按"删除索引"按钮,可以将设置好的索引去除。

以上内容定义好后,单击"生成表"按钮,则生成了一张表,此表被保存到数据库中。单击表名旁边的+号,可以看到字段的名字。

如要修改数据表结构,用鼠标右键单击该数据表名称,在快捷菜单中选择"设计"命令,打开"表结构"对话框,在其中进行表结构的更改。

4. 输入记录

表结构定义好后,就可以输入记录的各项数据了。

- 在数据库设计窗口,即"VisData"窗口,用鼠标右键单击数据表(如 js)的名称,在出现的快捷菜单中单击"打开"命令。
- 在各字段中输入 8 条记录的各项数据。
- 单击"关闭"按钮,回到"VisData"窗口中。

5. 删除记录

删除记录可以通过使用数据控件或 DBGrid 控件来进行。

(1) 使用数据控件

单击数据库设计窗口的"数据"控件工具按钮,再将数据表打开,数据呈单记录方式显示。利用其中的数据控件的切换按钮找到想要删除的记录,单击"删除"按钮,即可将该条记录删除。

(2) 使用 DBGrid 控件

单击数据库设计窗口的 BGrid 控件工具按钮,再打开数据表,表中数据呈多记录方式显示。只要在要删除的记录前的方框中单击鼠标左键,再按"Delete"键即可。

至此,一个数据库就建立起来了。当然,我们还可以用同样的方法向数据库中添加其他数据表,如教师任课情况表(kc)等。

12.2.3 建立查询

针对数据表的记录,有时需要找到符合某些条件的记录,这些记录又组成一个新的数据表,我们把这个表称为查询。如对上一节所建立的教师表(js),查询男性教师的记录,操作步骤如下:

- 用鼠标右键单击数据库窗口,在出现的快捷菜单中单击"新查询",显示"查询生成器"对话框,如图12-11所示。
- 单击"表"列表框中的教师数据表(js)。
- 在"字段名称"字段中选定"性别"选项。
- 单击"列出可能的值"按钮,选择"男"。
- 选择字段名称,并加入到"要显示的字段"列表框。
- 单击"运行"按钮,给出查询的名称,在数据库窗口就建立了一个查询。

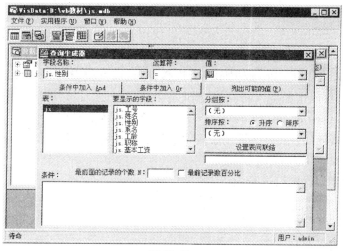

图 12-11

说明:

① 按"条件中加入 And"或"条件中加入 Or",可以实现多条件的记录的查询。

② 只要用右键单击查询文件名,再单击快捷菜单中的"打开"命令,就可以看到查询结果。

12.3 数据控件

VB 的数据控件具有强大的数据操作功能。使用数据控件需要首先建立与数据库的连接,建立连接后即可通过数据控件对数据库记录进行显示、修改、增加和删除。

12.3.1 数据控件及其属性

数据控件是 VB 控件工具箱中的基本控件之一,它在工具箱中的位置和表示图形为。双击该图标后,即可以在窗体中创建一个如图 12-12 所示的数据控件。其中,Data1 是它的缺省名称,上面的四个按钮分别为首条记录、前一记录、后一记录、最后记录。分别用于显示数据库的第一条记录、数据指针所指记录的前一条记录、后面一条记录、最后一条记录。

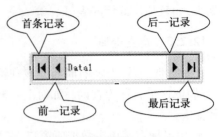

图 12-12

该控件有三个基本属性,分别是 Connect、DatabaseName、RecordSource。

这三个基本属性是利用数据控件访问数据库时必须设置的。它们可以通过属性窗口进行设置,也可以通过运行时在 Form_Load 事件中设置。这三个属性的功能和意义如下:

• Connect 属性:确定数据控件要访问的数据库的类型,包括 Microsoft Access、dBase、FoxPro 等,其缺省值是 Access。利用属性窗口设置,只要单击在 Connect 一栏右边的按钮,出现下拉菜单后进行选取即可。若在运行时设置,可以用如下代码:

　　　Data1.Connect = "Access"

• DatabaseName 属性:用于确定数据控件使用的数据库。如果要连接的是一个 Access 数据库,就把它的属性值设置为.mdb 文件。Access 的表都包含在一个扩展名为.mdb 的文件中。若是与 FoxBase、FoxPro 数据库进行连接,则把属性值设为包含数据库文件的路径。要在运行时设置,可以用如下代码(设数据库存放的路径是 d:\):

　　　Data1.DatabaseName = "d:\xxxxx" (xxxxx 为数据库文件名)

• RecordSource 属性:该属性用于确定访问的数据表的名称。例如:

　　　Data1.RecordSource = "js"

它也可以利用属性窗口进行设置。

12.3.2　应用数据控件

应用数据控件的具体步骤如下:

• 创建一个新工程。
• 设置窗体的属性(表 12-2)。

表 12-2

对　象	属　性	设　置　值
Form1	Name	Form1
	Caption	数据库连接示例
	AutoReDraw	True
	BackColor	白色

• 加入数据控制对象。双击"控件"工具箱中的"数据控件"工具按钮,即在窗体中出现一个数据控制对象,把它拖到窗体的下面并适当拉长该控件,如图 12-13 所示。

• 单击"Properties"窗口,再单击其"Connect"属性栏右边的按钮,出现下拉列表,单击列表中的"Access"项。

- 在"Properties"窗口中单击"DatabaseName"属性栏右边的按钮，出现"DatabaseName"对话框。在"DatabaseName"对话框中的"搜索"栏中找到数据库所在的文件夹，并双击所要连接的数据库的文件名，结果就在数据控制对象的"DatabaseName"属性栏中填入了数据库文件 js.mdb。在"RecordSource"属性栏中选择数据库的数据表 js。

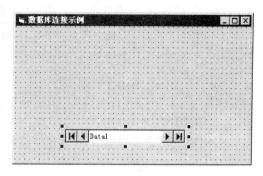

图 12-13

这样，应用数据控件就创建了一个数据控制对象，并使其与具体的数据库建立了连接，以后就可以使用所连接的数据库了。

12.3.3 数据库操作

1. 显示记录

（1）显示记录的控件及属性

设置了数据控件的 Connect、DatabaseName、RecordSource 等属性后，就可以在窗体中增加绑定控件用来显示数据库记录的数据。常用的绑定控件有：Label（标签）、TextBox（文本框）、CheckBox（复选框）、ComboBox（组合框）、ListBox（列表框）、PictureBox（图片框）、Image（图像）、DBCombo（ActiveX 控件，数据库组合框）、DBList（ActiveX 控件，数据库列表框）等。

要使窗体中绑定控件与数据库中的数据相关联，必须给有关控件定义以下两个属性：

- DataSource：该属性用于指定一个数据控件。控件对象通过指定的数据控件与数据库中的数据联系起来。DataSource 属性必须在设计时通过属性窗口进行设置。
- DataField：该属性表示控件对象显示的是哪一个字段的内容。它可以在属性窗口中进行设置，也可以在运行时设置。例如，Text1.DataField ="姓名"。

（2）显示记录

下面仍以上一节的工程和数据库为例，介绍显示数据库记录的方法。具体步骤如下：

- 在窗体中创建一个标签，并设置属性如表 12-3 所示。

表 12-3

对　　象	属　　性	设　置　值
Label1	Name	Label1
	Caption	工号
	Font	宋体,12 号字

- 再创建一个文本框，并设置属性如表 12-4 所示。

表 12-4

对 象	属 性	设 置 值
Text1	Name	Text1
	Text	空
	Font	宋体,12 号字

经过以上两个步骤后,Form1 窗体变化如图 12-14 所示。

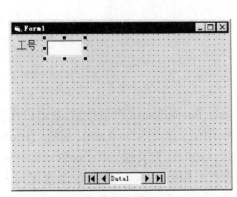

图 12-14

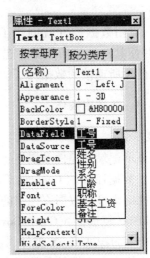

图 12-15

单击文本框 Text1 的"DataSource"属性栏,再单击其右边的下拉按钮,在下拉列表中选择 Data1;单击文本框 Text1 的"DataField"属性栏右边的下拉按钮后,下拉列表中列出了数据表 js 的所有的字段名。从中选择"工号"(图 12-15)。

运行程序,结果在文本框中显示第一条记录的教师的工号。

分别单击数据控件中的"前一记录"、"后一记录"、"首条记录"、"最后记录"按钮,即可查看数据库中的前一条记录、下一条记录、第一条记录和最后一条记录中的工号字段的具体内容。

- 下面再在窗体上增加几个标签和文本框并设置其属性(表 12-5),用来显示其他字段的内容。

表 12-5

对 象	属 性	属性值	对 象	属 性	属性值
Label2	Caption	姓名	Label3	Caption	性别
	Font	宋体,12 号字		Font	宋体,12 号字
Text2	Text	空	Text3	Text	空
	Font	宋体,12 号字		Font	宋体,12 号字
	DataSource	Data1		DataSource	Data1
	DataField	姓名		DataField	性别

续表

对象	属性	属性值	对象	属性	属性值
Label4	Caption	系名	Text6	Text	空
	Font	宋体,12 号字		Font	宋体,12 号字
Text4	Text	空		DataSource	Data1
	Font	宋体,12 号字		DataField	职称
	DataSource	Data1	Label7	Caption	基本工资
	DataField	系名		Font	宋体,12 号字
Label5	Caption	工龄	Text7	Text	空
	Font	宋体,12 号字		Font	宋体,12 号字
Text5	Text	空		DataSource	Data1
	Font	宋体,12 号字		DataField	基本工资
	DataSource	Data1	Label8	Caption	备注
	DataField	工龄		Font	宋体,12 号字
Label6	Caption	职称	Text8	Text	空
	Font	宋体,12 号字		Font	宋体,12 号字
				DataSource	Data1
				DataField	备注

在窗体中调整各控件的大小和位置,窗体的标题设置为"数据库操作"。然后运行程序,结果显示第一条记录的全部内容,如图 12-16 所示。

这样,利用数据控件的按钮,就可以显示数据库的记录了。

2. 修改记录

修改数据库中的数据的方法比较简单,在显示出要修改的数据记录后,直接进行修改。比如,要将前面示例的数据库中的第 6 号记录的职称改为"教授",工资改为"1230.00"。

- 单击数据控件的"下一记录"按钮,直到第 6 条记录出现,如图 12-17 所示。

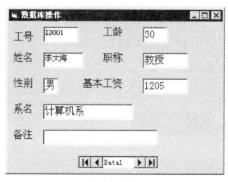

图 12-16

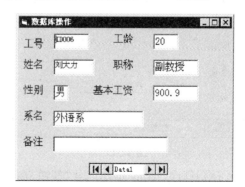

图 12-17

- 单击"副教授"所在的文本框,将"副教授"改为"教授"。

- 单击工资所在的文本框,将900.9删除,输入1230.00,结果如图12-18所示。
- 单击数据控件中的任意一个按钮,系统将自动把修改的内容送入并保存到数据库的数据表中。

3. 增加记录

增加记录是向数据表中添加新的记录数据。在VB环境下,向已通过数据控件连接的数据库添加记录的方法如下。

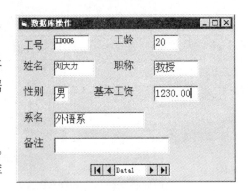

图 12-18

(1) 在窗体上添加"增加记录"按钮

如需向数据表js添加一条新的记录,内容为:工号,ID009;姓名,梁中华;性别,男;系名,计算机系;工龄,31;职称,教授;基本工资,1500.00。操作步骤如下:
- 先通过数据控件与数据库建立连接,并使数据库记录能够正确显示。
- 在窗体中增加一个"增加记录"命令按钮,并设置其属性值(表12-6)。

表 12-6

对 象	属 性	设 置 值
Command1	Caption	增加记录
	Font	黑体,10号字

- 调整"增加记录"按钮的位置,如图12-19所示。
- 双击"增加记录"按钮,编写Command1_Click( )过程代码如下:

    Private Sub Command1_Click( )
        Data1.Recordset.AddNew
        Data1.Recordset.Update
        Data1.Recordset.MoveLast
    End Sub

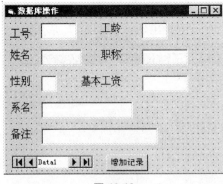

图 12-19

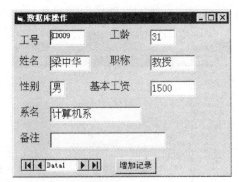

图 12-20

- 运行程序,单击"增加记录"按钮,在数据库中就增加了一条空白的记录。
- 单击"工号"字段(即与标签"工号"在同一行的文本框 Text1,下同),输入"ID009";单击"姓名"字段,输入"梁中华";单击"性别"字段,输入"男";单击"系名"字段,输入"计算机系";单击"工龄"字段,输入"31";单击"职称"字段,输入"教授";单击"基本工资"字段,输入"1500",如图12-20所示。

- 单击数据控件的任何一个按钮,数据库中就增加了一条新的记录。

(2)属性及方法

在过程Command1_Click()中,用到了一个属性及三个方法,它们分别是:

- Recordset 属性:它是数据控件的一个属性,在用户设计时,在属性窗口见不到它。它是指数据表中所有数据的集合。对数据库操作的许多方法都作用到这个属性上。
- AddNew 方法:用在语句Data1.Recordset.AddNew中,表示向数据控件所连接的数据表中增加一个空的记录。这一功能在执行了Data1.Recordset.Update后生效。
- Update 方法:用在语句Data1.Recordset.Update中,表示向系统发送一个更新数据库的命令。
- MoveLast 方法:用在语句Data1.Recordset.MoveLast中,表示把数据库记录指针指向最后一条记录。这一功能与用户单击数据控件的"最后记录"按钮的作用相似。

4. 删除记录

(1)删除记录

删除记录也是数据库中比较重要的一项操作。现在我们把前面新增加的姓名为"梁中华"的整条记录删掉。

在窗体中,增加一个命令按钮并进行属性设置(表12-7)。

表 12-7

对　　象	属　　性	设　置　值
Command2	Caption	删除记录
	Font	黑体,10号字

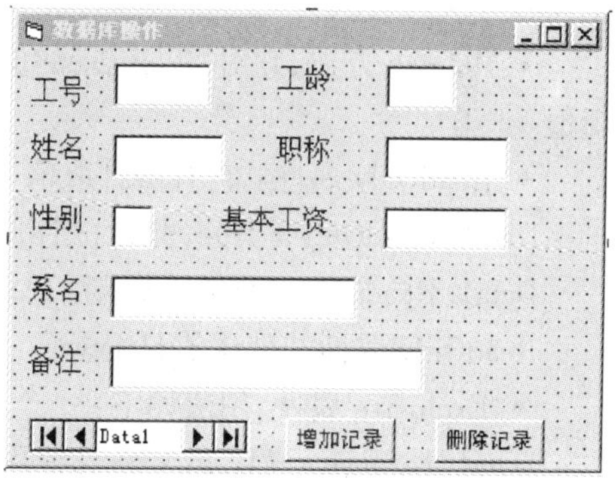

图 12-21

调整"删除记录"命令按钮的位置,如图12-21所示。

双击"删除记录"按钮,编写Command2_Click()过程代码如下:

```
Private Sub Command2_Click( )
    Data1.Recordset.Delete
    Data1.Recordset.MoveLast
End Sub
```

其中,Data1.Recordset.Delete 的含义是删除数据库中的当前记录(数据指针所指的记录)。由于当前记录被删除,必须重新设置记录指针。设置数据指针的语句有以下几种方法:

　　Data1.Recordset.MoveFirst　　　　'数据指针移到第一条记录
　　Data1.Recordset.MovePrevious　　 '数据指针移到上一条记录
　　Data1.Recordset.MoveNext　　　　 '数据指针移到下一条记录
　　Data1.Recordset.MoveLast　　　　 '数据指针移到最后一条记录

运行程序,利用数据控件上的按钮把要删除的记录显示出来,如图12-22所示。

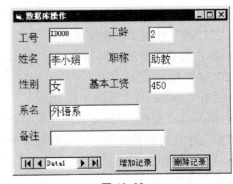

图 12-22　　　　　　　　　　图 12-23

单击"删除记录"按钮,则当前记录被删除,并把指针重新定位后所指的记录显示出来(图 12-23)。

(2) 相关属性及方法

在利用数据控件连接数据库并对数据库进行操作的过程中,除了以上所述针对不同控件如何进行属性设置、各种方法的使用以及相关过程代码的设计之外,还经常使用以下几个属性和方法。

● Refresh 方法,它对数据记录的值进行更新,使屏幕上显示的数据记录的当前值是最新值。

● ReadOnly 属性:它有两种取值:

Data1. ReadOnly = True,此时,用户不能对数据记录进行修改。

Data1. ReadOnly = False,表示用户对数据记录的任何修改都是有效的。

ReadOnly 属性的默认值是 False。

● Exclusive 属性:用法如下:

Data1. Exclusive = True,禁止其他用户使用数据库。

Data1. Exclusive = False,允许其他用户使用数据库。

Exclusive 属性的默认值是 False。需要注意的是,当使用 Data1. Exclusive = True 语句禁止其他用户使用数据库以后,现在又允许其他用户使用数据库,仅用 Data1. Exclusive = False 一条语句是不行的,必须在它后面使用 Data1. Refresh 语句,其设置才有效。

12.4　结构化查询语言 SQL

SQL 的英文含义是 Structure Query Language,中文翻译为"结构化查询语言"。它现在已经成为关系数据库语言的通用标准,广泛应用于各类计算机数据库应用系统。Access、FoxPro 以及我们介绍的 Visual Basic 都支持 SQL。

12.4.1　SQL 的基本组成

SQL 语言由命令、子句、运算和函数等组成。利用它们可以组成所需要的语句,以建立、更新和处理数据库数据。

1. SQL 命令

SQL 的主要命令以及功能如下：

CREATE	用于建立新的数据库结构
DROP	用于删除数据库中的数据表以及索引
ALTER	用于修改数据库结构
SELECT	用于查找符合设定条件的某些记录
INSERT	用于向数据库中加入数据
UPDATA	用于更新特定记录或字段的数据
DELETE	用于删除记录

2. SQL 子句

SQL 子句用于定义要处理的数据，常用的子句及功能有：

FROM	用于指定数据所在的数据表
WHERE	用于指定数据需要满足的条件
GROUP BY	将选定的记录分组
HAVING	用于说明每个群组需要满足的条件
ORDER BY	用于确定排序依据

3. SQL 运算符

SQL 的运算符有逻辑运算符和比较运算符两类。

逻辑运算符：And(与)、Or(或)、Not(非)。

比较运算符：<、<=、>、>=、=、<>等。

4. SQL 函数

主要的函数及功能如下：

AVG	求平均值
COUNT	记数
SUM	求和
MAX	求最大数
MIN	求最小数

12.4.2 SQL 语句应用

1. 建立数据表

语句格式如下：

  CREATE TABLE 数据表名称

    （字段名称 1 数据类型(长度)，

    字段名称 2 数据类型(长度)，

    字段名称 3 数据类型(长度)，

    …）

例如，建立一个文件名为 xsh 的数据表，表中含有两个字段，分别为 number(学号)、name(姓名)：

  CREATE TABLE xsh(number Text(5), name Text(6))

2．添加字段

语句格式如下：

  ALTER TABLE 数据表名 ADD COLUMN 字段名 数据类型（长度）

例如，在数据表 xsh 中增加一个"sex"即"性别"的字段，命令代码如下：

  ALTER TABLE xsh ADD COLUMN sex Text（2）

3．删除字段

语句格式如下：

ALTER TABLE 数据表名 DROP COLUMN 字段名

例如，删除 xsh 表中的"性别"字段，命令代码如下：

  ALTER TABLE xsh DROP COLUMN sex

4．数据查询

语句格式如下：

  SELECT 字段名表

  FROM 子句

  WHERE 子句

  GROUP BY 子句

  HAVING 子句

  ORDER BY 子句

例如，查询 xsh 表中性别为"男"的记录，命令代码如下：

  SELECT number,name,sex FROM xsh WHERE sex ="男"

或

  SELECT * FROM xsh WHERE sex ="男"

这里，* 代表数据表中的所有字段。

另外，在 SELECT 语句中，可以加入 INTO 子句，把查询结果制表，即查询结果形成一个新的数据表。例如：

  SELECT * INTO xsh1 FROM xsh WHERE sex ="男"

5．添加记录

语句格式如下：

  INSERT INTO 数据表名（字段名1，字段名2，…）

  VALUE（数据1，数据2，…）

例如，向 xsh 数据表中增加一个记录，学号为"98005"，姓名为"李小平"，性别为"男"，命令代码如下：

  INSERT INTO xsh（number,name,sex）

    VALUE（98001,李小平,男）

6．删除查询结果

语句格式如下：

  DELETE FROM 数据表名 WHERE 条件表达式

例如，删除 xsh 数据表中性别为"男"的记录，命令代码如下：

  DELETE FROM xsh WHERE sex ="男"

7. 更新查询结果

语句格式如下：

　　UPDATE 数据表名

　　SET 新数据值

　　WHERE 条件表达式

例如，将 xsh 数据表中姓名"李小平"改为"王东升"，命令代码如下：

　　UPDATE xsh

　　SET name ="王东升"

　　WHERE name ="李小平"

特别需要说明的是，SQL 语句在 VB 中的执行，是通过把整个 SQL 语句作为对象 Database 或 QueryDef 的 Excute 方法的参数来使用的。

Database 或 QueryDef 对象是 VB 的数据访问对象（DAO）之一。它们与我们前面介绍的控件对象的使用有所区别。要想使用 DAO 对象，必须首先设置 DAO 对象库。操作步骤如下：

- 单击"工程"菜单中的"引用"选项，出现"引用"对话框。
- 选中"Microsoft DAO 3.5 Object Library"选项，单击"确定"按钮。

12.5　数据处理

12.5.1　数据窗体向导

使用数据窗体向导可以帮助我们设计处理数据库数据的界面。

- 选择"外接程序"中的"VB 6 数据窗体向导"，进入向导的"数据窗体向导-介绍"界面（图 12-24）。

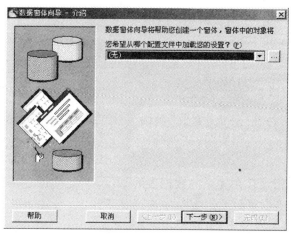

图 12-24

- 单击"下一步"按钮，进入选择数据库类型的界面，我们选择 Access 数据库类型。
- 单击"下一步"按钮，进入"数据库"界面，给出要处理的数据库文件名称（图 12-25）。

● 单击"下一步"按钮,进入"窗体"界面,如图 12-26 所示。我们可以选择窗体样式。

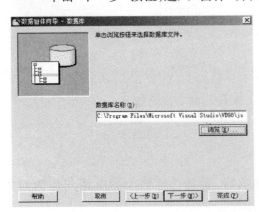
图 12-25

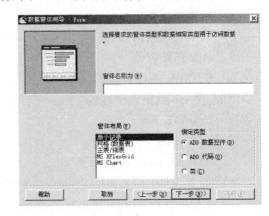
图 12-26

◇ 单个记录:窗体上只显示并处理单条记录。
◇ 网格(数据表):可以在窗体上显示并处理多条记录。记录呈二维表排列。
◇ 主表/细表:可以同时处理两张相互存在关系的表。

● 选择好后,单击"下一步"按钮,进入选择数据源界面,如图 12-27 所示。在此,给出表或查询的文件名做为数据源,选择要处理的字段名称,并选择一个字段作为排序依据。

● 单击"下一步"按钮,确定窗体上需要设置哪些控件用于处理数据(图 12-28)。数据处理向导提供的可用控件有"添加按钮"、"删除按钮"、"刷新按钮"、"更新按钮"和"关闭按钮"。

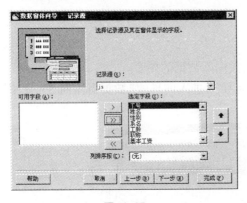
图 12-27

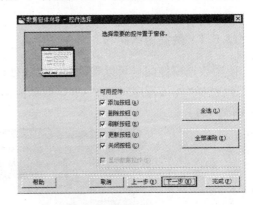
图 12-28

● 单击"下一步"按钮,进入"完成"画面。给出窗体文件名称后,单击"完成"按钮,则窗体保存到当前的工程文件中。

如果要建立两个相互存在关系的数据表的数据处理窗体,在上述步骤的图 12-26 中选择"主表/细表";在数据源界面中,分别给出两个表的名称及可用字段;单击"下一步"按钮以后,进入"记录源"界面,在此界面中,确定联系两个表的关系的字段,该字段一般为两个表中的相

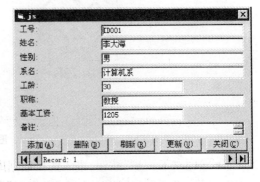
图 12-29

同的字段。以后的操作与前面的相同。

运行窗体后,结果显示如图 12-29 所示。

12.5.2 报表设计

VB 6.0 中已经把报表设计器集成到其集成开发环境里面。利用数据报表设计器可以进行报表设计、打印预览、报表打印等操作。

1. 数据报表设计器布局窗口

选择"工程"菜单,单击"添加 Data Report",即可打开数据报表设计器,如图 12-30 所示。

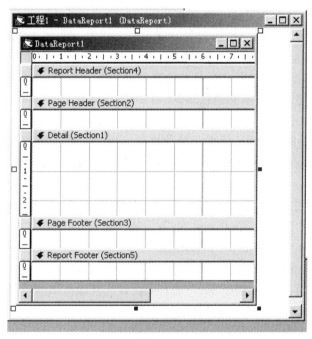

图 12-30

报表设计器包括三个部分:数据报表、数据报表设计器的设计、数据报表控件。

(1) 数据报表

它包括下面几个对象:

- DataReport 对象:它包括一个代码模块和设计器模块。可以使用设计器设计报表,代码模块用于存放表格操作的过程代码。
- Section 对象:报表设计器的每一个部分都由 Sections 集合中的一个 Section 对象表示。
- DataReport 控件:这些控件可以在工具箱里找到。

(2) 数据报表设计器的设计

数据报表设计器的设计包括以下元素:

- 报表标头(Report Header):它出现在数据报表的最上面。一般包含显示报表开始处的文本,比如标题、作者等。
- 页标头(Page Header):是指在每页顶部出现的信息。比如,页面的标题、页数、时间等。

- 分组标头/注脚(Group Header)：它包含了数据报表的"重复"部分。
- 细节(Detail)：包含报表内部的重复部分，一般指的是数据记录。
- 页注脚(Page Footer)：出现在每一页的底部，与页标头对应。
- 报表注脚(Report Footer)：报表结束处出现的文本。

(3) 数据报表控件

在工具箱里大家可以看到数据报表的控件。主要包括：RptTextBox、RptLine、RptFunction、RptLabel、RptImage、RptShape。这些控件用来显示数据，绘制图形、图片、标尺等。

2. 创建报表

在此使用前面一节介绍的 js.mdb 数据库的教师情况表作为示例进行设计。

首先，在数据环境设计器里添加一个分层的命令对象。新建一个工程，然后在"工程"菜单中选择"更多 ActiveX 设计器"中的"Data Environment"，将数据环境设计器添加进来；并把它的"名称"属性设置为 DEjs，在打开的数据环境设计器里，选择系统默认的连接对象 Connection1，单击右键，打开"数据链接属性"对话框，选择其中的"Microsoft OLE DB Provider for ODBC Drivers"选项，然后单击"下一步"按钮；选择数据源 js(本例中，先在 Windows 操作系统的"控制面板"里的"ODBC"建立一个数据源，名称为 js)，然后单击"确定"按钮，回到数据环境设计器界面；接着，右键单击"Connection1"图标，选择"添加命令"选项，系统将自动添加一个名称为 Command1 的对象；右键单击该对象，设置该对象的连接、数据库对象、对象名称属性。最后，进行报表的创建。在"工程"菜单中选择"添加 Data Report"命令，将数据报表设计器添加到工程中。在其属性窗口，设置 DataReport 的属性(注意，此时数据环境设计器应该是打开的。如果未打开，可以通过"工程资源管理器"打开它)。设置的主要属性包括 Name、DataSource、DataMember 等。本例中，将它们的值分别设置为 Rptjs、DEjs、Command1。然后进行报表的标头、细节、注脚的设计。其操作很简单，只要从数据环境设计器里把相应字段拖入到报表设计器合适的位置就可以了。

3. 报表预览

使用 Show 方法可以进行数据报表的预览。

代码如下：

    Private Sub Command1_Click( )

        Rptjs.Show

    End Sub

结果如图 12-31 所示。也可以使用工具箱中的数据报表控件在设计时添加表格线、图片、图形等，使表格更加美观。

no:	9101	name:	李华	Dep_name:	计算机系	Salary: 1200
no:	9102	name:	王宾	Dep_name:	数学系	Salary: 2030.9
no:	9103	name:	黄中	Dep_name:	数学系	Salary: 1500
no:	9104	name:	朱乐	Dep_name:	计算机系	Salary: 1100

图 12-31

4. 报表打印

在报表预览时,在界面里有一个打印机图标,单击该打印机图标就可以打印报表。也可以通过代码实现打印功能:

```
Private Sub Command1_Click( )
    Rptjs. PrintReport True
End Sub
```

12.6 ADO 数据访问对象

12.6.1 ADO 对象模型

ADO 是 ActiveX Data Object 的简称。它是 OLE DB 的一种开发接口。OLE DB 是一种开放规范,用于在开放式数据库连接(ODBC)上创建应用程序编程接口(API)。解决不同类型的数据访问的一个很好的方案,就是使用 OLE DB 作为数据提供者,使用 ADO 作为数据访问技术。ADO 为 OLE DB 提供了应用程序级的接口,使开发人员可以访问数据。它是在 VB 6.0 版本中引入的,是微软的最新数据访问技术,提供对以任何格式存储的任何数据的访问。从简单的工作站进程到大型网络应用程序,都可以使用基于 ADO 和 OLE DB 的数据访问,从而满足多种应用程序的设计需求。

作为数据访问方法在 VB 以前的版本中还有 DAO(Data Access Objects) 和 RDO(Remote Data Object)。所以这些都是 COM 接口,它们之间存在以下差异:

ADO 是访问 OLE DB 中所有类型数据的对象模型。比如,VB、Java、C++、VBScript 和 Jscript 语言都可以使用 ADO 来访问任何 OLE DB 源中的数据。ADO 可以访问关系数据、电子表格、E-mail 中的数据等。

RDO 是访问 ODBC 中关系数据的对象模型。它可以使 VB 开发人员访问 ODBC 数据时不需要编写 ODBC 的 API 代码。它是专门设计用来访问远程数据库的,一般不作为访问桌面数据库使用。

DAO 是通过访问 Jet 本地或 SQL 数据的对象模型。与 RDO 和 ADO 相比,其速度较慢,功能相对较少。

总之,ADO 可以访问各种类型的数据,而 RDO 和 DAO 只能访问关系数据。并且 ADO 对象模型相对简单,易于使用,需要的代码也较少。由于 ADO 结合了 RDO 和 DAO 的最好的性能,最终将取代后者。

ADO 对象模型提供了一组易于使用的对象、属性和方法,如图 12-32 所示,用于创建可访问与操作数据的应用程序。具体的模型描述如下:

ADO 对象模型含有七种对象,分别是:Connection 对象、Command 对象、Recordset 对象、Field 对象、Parameter 对象、Error 对象、Property 对象。

- Connection(连接)对象:用于建立一个和数据源的连接。在建立连接之前,应用程序可创建一个连接字符串。字符串包括数据库连接串、用户名和密码、游标类型和路径信息等。

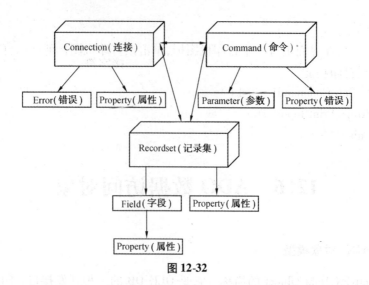

图 12-32

- Command(命令)对象：用于存放 SQL 命令或存储过程引用的相关信息，即在数据库连接中定义的有关检索到的数据的指定信息。
- Recordset(记录集)对象：代表数据库表格中的一整套记录或执行一条命令而得到的结果。该对象由记录(行)和字段(列)组成。
- Field(字段)对象：包含一个记录集中单列数据的相关信息。不仅包含字段的实际数据，还包含字段的数据长度、类型等属性。
- Error(错误)对象：包含由数据提供者提供的一条扩展错误信息。
- Parameter(参数)对象：用于指定参数命令的输入或输出参数。
- Property(属性)对象：包含了所有提供者定义的 ADO 对象的特征。

12.6.2 ADO Data 控件

ADO Data 控件使用 ADO 快速建立数据绑定控件与数据提供者之间的连接。ADO Data 控件与 Data 控件使用方法类似，但它也属于"部件"，需将它添加进工具箱。

单击"工程"菜单中的"部件"选项，出现如图 12-33 所示的对话框，在其中选择"Microsoft ADO Data Control 6.0(OLE DB)"后，单击"确定"按钮，在工具箱里即可看到新添加的 ADO Data 控件。

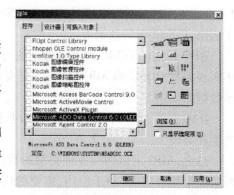

图 12-33

1. 连接数据源

设置 ADO Data 控件的 ConnectionString(连接字符串)属性可以创建数据源的连接。该属性指定了将要访问的数据库的位置和类型。在 ADO Data 控件属性窗口中单击 ConnectionString 属性旁边的省略号就可以设置这个属性，如图 12-34 所示。

可以通过其中的三个数据源选项来设置 ConnectionString 属性：

- 使用 Data Link 文件：该选项指定一个连接到数据源的自定义连接字符串。单击右边的"浏览"按钮，可以选择一个 Data Link 文件。

- 使用 ODBC 数据资源名称：该选项允许使用一个系统定义的数据源名称(DNS)作为连接的字符串。可以在该列表框内进行选择，也可以单击"新建"按钮添加与修改 DNS。
- 使用连接字符串：该选项定义一个到数据源的连接字符串。单击"生成"按钮，出现"数据连接属性"对话框，在其中可以指定提供者的名称、连接以及其他所需的信息。

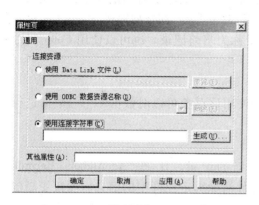

图 12-34

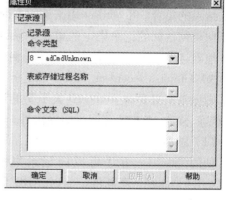

图 12-35

2. RecordSource 属性

建立了数据库的连接后，RecordSource 属性指定记录从何而来，也就是确定记录的来源。RecordSource 属性可以设置为数据库表格名、存储查询名或 SQL 语句。要设置该属性，可以在属性窗口中的 RecordSource 属性右边单击省略号，出现"属性页"对话框，如图 12-35 所示，在其中进行设置。

在"命令类型"选项中给出 4 种类型，具体含义如表 12-8 所示。

表 12-8

命令类型	具体含义
adCmdUnknown	未知命令，缺省值
adCmdText	允许在命令文本框中指定一个 SQL 语句
adCmdTable	显示所连接到的数据库的表格列表
adCmdStoredProc	显示数据库中所有有效的查询和存储过程

如果选择 adCmdTable 或 AdCmdStoredProc，则应该从"表或存储过程名称"列表框中选择具体的对象。

3. 绑定控件

数据绑定控件是指含有 DataSource 属性的控件，包括：复选框、组合框、图像、标签、列表框、图片框、文本框等。另外，VB 还提供了一些绑定控件，如 DataCombo、DataGrid、Chart、DataList。当然，也可以创建自己的 ActiveX 数据绑定控件。

添加一个绑定控件后，可以设置该控件的属性以显示数据。主要包括两个属性：DataSource 和 DataField 属性。它们可以在属性窗口中设置，也可以在代码里设置。

DataSource 属性：用于指定控件连接数据库时使用的数据源。

DataField 属性：指定一个由数据源创建的 Recordset 对象中的合法字段名。即通过该属性可以确定绑定的控件显示的是哪个字段的值。具体使用与 Data 控件相类似。

4. 数据访问

使用 ADO 编辑、查看记录,不需要编写任何代码。但对于更高级的使用,就需要编写代码了。

ADO Data 控件的 Recordset(记录集)属性是表示一个表中所有的记录或者已经执行命令的结果的集合。Recordset 用来访问查询结果返回的记录。在任何时候,Recordset 对象总是指向查询返回的记录集中的单条记录,该记录称为当前记录。也可以使用 Filter 属性有选择地筛选 Recordset 对象中的记录。例如:

AdcAuthors. Recordset. Filter = "au_id > 5"

则记录集只含有 AuthorID 大于 5 的记录。使用该对象可以对数据库中的数据进行添加、删除、修改、查找特定记录的操作等。

(1) 添加记录

使用 AddNew 方法可以向记录集中添加新的记录。比如:AdcAuthors. Recordset. AddNew。当添加一条新的记录时,ADO Data 控件清除绑定控件中的信息以便接受新的记录的数据的输入,并且本条记录将作为新的记录。当移动到其他记录或调用 Update 方法时,新记录被加到数据库中。使用 CancelUpdate 方法可以撤消对新记录的修改。

(2) 删除记录

使用 Delete 方法可以删除记录集中的记录。比如:AdcAuthors. Recordset. Delete,则将当前记录删除。但是,绑定控件上还会显示被删除的记录,直到把记录指针移到其他记录。Delete 方法有一个 AffectRecord 参数(表 12-9),可以用于设置 Delete 作用的记录数。

表 12-9

AffectRecord	定 义
AdAffectCurrent	只删除当前记录,缺省值
AdAffectGroup	删除符合当前属性设置 Filter 条件的记录。为使用该选项,必须先设置 Filter

转移数据指针的方法参见 Data 控件部分。

(3) 修改记录

将记录指针移到想要修改的记录,并做出必要的修改后,然后转移记录指针,就可以自动地修改记录。也可以使用 UpDate 方法,具体操作是:把下列代码加入到某个命令按钮的 Click 事件过程中。

AdcAuthors. Recordset. Update

(4) 查找记录

使用 Recordset 记录集对象的 Find 方法可以查找指定的记录,并指定查询的信息。Find 方法的语法格式如下:

Object. Find(criteria, skiprows, searchdirection, start)

各参数的具体含义如表 12-10 所示。

表 12-10

参　数	说　明
criteria（准则）	一个字符串，包含一条语句，用来指定查找中使用的列名、比较运算符（<、>、=、LIKE 子句）以及数值
skiprows（跳行）	可选，缺省值为 0。用来指定从当前行或是从"start"参数指定的开始行算起的偏移量
searchdirection（搜索方向）	可选，指定搜索方向以及搜索是从当前行开始还是从下一行开始。可以取下列两个值：adSearchForward（向前搜索）、adSearchBackward（向后搜索）
start（起始位）	可选，指定搜索的起始位置。它的值可以是 adBookmarkCurrent（当前记录搜索）、adBookmarkFirst（第一条记录搜索）、adBookmarkLast（最后一条记录搜索）

12.6.3 ActiveX 数据对象

使用控件可以不用编写程序就能实现数据库记录的显示与编辑，使用 ActiveX 数据对象则可以创建比 ADO Data 控件更为强大的应用程序。它提供了大多数应用程序需要的所有数据访问和处理功能。

使用 ActiveX 数据对象具有以下优点：
- 用户输入的任何数据在保存到数据库之前都进行有效性检验。
- 可以创建不需要一个用户界面的数据库应用程序。
- 可以使用 SQL 语句实现一次对多条记录的修改。

ActiveX 数据对象主要包括 Connection、Recordset 与 Command 对象，用来访问来自现有数据库的数据。

1. Connection 对象

该对象表示与数据源的物理连接。它含有数据提供者的有关信息。为创建 Connection 对象，应提供 ODBC 数据源或 OLE DB 提供者的名称。典型的基于 ADO 的应用程序使用以下操作访问数据源：声明一个 Connection 对象变量；建立与数据源的连接和验证用户；连接建立后，可运行查询修改记录或返回名为记录集的记录集合；执行 SQL 语句；关闭连接。

（1）建立连接

首先创建 Connection 对象。创建方法如下：

　　Dim con As ADODB.Connection
　　set con = new Connection

也可以这样设置：Dim con As New Connection。

ADODB 是程序标识符，它允许创建一个 Connection 对象。为创建 Connection 对象，需要设置 ConnectionString 和 CommandTimeout 属性。

- ConnectionString 属性：该属性包含用来建立到数据源连接的信息。它支持以下几个参数（表 12-11）：

表 12-11

属　　性	说　　明
Provider	指定用于连接提供者的名称,识别连接的数据库的类型
Data Source	指定连接数据源名称
User ID	指定打开连接时使用的用户名称
Password	指定打开连接时使用的密码

不同的 OLE DB 提供者的 Provider 参数值见表 12-12。

表 12-12

Provider	参　数　值
Microsoft Jet	Microsoft.Jet.OLEDB.3.51
Oracle	MSDAORA
Microsoft ODBC Driver	MSDASQL
SQL Server	SQLOLEDB

- CommandTimeout 属性：它给出了建立连接时,停止连接尝试并给出出错之前的等待时间。比如,建立一个到 Jet 数据库的连接,可以用以下方法实现：

  con.ConnectionString = "Provider = Microsoft.Jet.OLEDB.3.51;" & _
   "Data Source = c:\Program files\ Microsoft Visual Studio \VB98\Biblio.mdb"
  con.CommandTimeout = 30

（2）打开连接

使用 Open 命令建立并打开一个连接。打开连接之后,就可以连接执行命令或处理结果。其语法格式如下：

  Connection.Open [ConnectionString],[User ID],[Password]

例如,建立并打开一个连接,代码如下：

  Dim con As New Connection
  con.ConnectionString = "Provider = Microsoft.Jet.OLEDB.3.51;" & _
   "Data Source = c:\Program files\ Microsoft Visual Studio \VB98\Biblio.mdb"
  con.CommandTimeout = 30
  con.Open

当然,Open 方法中的 ConnectionString 属性也可以如下定义：

  con.Open "Provider = Microsoft.Jet.OLEDB.3.51;" & _
   "Data Source = c:\Program files\ Microsoft Visual Studio \VB98\Biblio.mdb"

（3）关闭连接

连接使用完后,可以使用 Close 方法断开与数据源的连接。在应用程序终止之前,关闭所有打开的连接是比较好的编程习惯。

关闭连接的操作为

  con.Close

注意：该连接关闭后,并未把该对象从内存中清除。为了完整地从内存中删除一个对象,需要把该对象设置为 Nothing。即：Set con = Nothing。

2. Recordset 对象

Recordset 对象是用来查看和修改数据库内容的主要方式。它具有以下功能：指定哪些行可以处理，对数据行进行浏览，指定浏览数据行的顺序，插入、删除与更新行，用修改过的行对数据库进行更新。它支持很多的属性与方法。创建并打开一个记录集 Recordset 对象的语句如下：

Recordset. open［Source］,［ActiveConnection］,［CursorType］,［LockType］,［Options］

具体参数含义与取值见表 12-13、表 12-14、表 12-15。

表 12-13

参　　数	说　　明
Source	可以是一个表的名称或是 SQL 查询语句。取决于连接的提供者
ActiveConnection	为合法的 Connection 对象变量名求值的变量，或含有 ConnectionString 参数的字符串
CursorType	决定使用者在打开记录集时使用的游标类型的值
LockType	决定使用者在打开记录集时使用的加锁类型的值
Options	指明提供者如何求出 Source 参数的值

表 12-14

游 标 类 型	说　　明
adOpenForwardOnly	除了只能在记录集中向前移动以外，其他与动态游标类似
adOpenKeyset	不允许查看其他用户添加的记录和访问其他用户删除的记录
adOpenDynamic	允许其他用户插入、更新、删除，支持在记录集所有方向上的移动
adOpentatic	支持在记录集所有方向上的移动,但是其他用户插入、更新、删除操作不可见

表 12-15

加　锁　值	说　　明
adLockReadOnly	数据只读，不可更改
adLockPessimistic	提供者在编辑后立即锁定数据源中的记录，确保对记录的编辑成功
adLockOptimistic	提供者使用开放式加锁功能，只有调用 Updata 方法时对记录加锁
adLockBatchOptimistic	记录以"批更新"模式加锁，而不是即时修改模式。客户端游标，包括未连接的记录集需选择该选项

例如，打开和建立一个记录集，使用的表是作者(Authors)表，其游标类型是键集(adOpenKeyset)，锁定类型是 adLockPessimistic：

　　　　Dim con As ADODB. Connection
　　　　Dim rs As ADODB. Recordset
　　　　Set con = New Connection
　　　　Set rs = New Recordset
　　　　con. ConnectionString = "Provider = Microsoft. Jet. OLEDB. 3. 51；" & _
　　　　　　"Data Source = c：\Program files\ Microsoft Visual Studio \VB98\Biblio. mdb"

con. CommandTimeout = 30

con. Open

rs. Open "select * from Authors", con, adOpenKeyset, adLockPessimistic

(1) 显示记录集中的数据

创建记录集后就可以访问记录的每个字段了。

比如，从数据表的当前记录中将姓名和地址赋给变量。代码如下：

Dim Name As String

Dim Address As String

Name = rs. Fields("c_name")

Address = rs. Fields("c_add")

注意，如果不想引用字段的名称，可以使用以下的代码(设姓名和名称是表中的第一个和第三个字段)：

Dim Name As String

Dim Address As String

Name = rs. Fields(0)

Address = rs. Fields(2)

除了以上方法外，还可以使用惊叹号(!)来描述：

Dim Name As String

Dim Address As String

Name = rs! c_name

Address = rs! c_add

将数据放入相应的控件(如文本框)，就可以实现记录集数据的显示。

(2) 浏览记录集

浏览记录集可通过以下方法实现(表 12-16)：

表 12-16

浏览方法	说　　明
Move	向前或向后移动指定数目的记录
MoveNext	移到下一条记录
MovePrevious	移到上一条记录
MoveFirst	移到第一条记录
MoveLast	移到最后一条记录

示例如下：

```
Private Sub CmdNext_Click( )
    rs. MoveNext
    If rs. EOF Then
        MsgBox "已经是最后一条记录"
        rs. MoveLast
```

End If
　End Sub
另外,下面的方法和属性也可用于浏览记录集(表12-17)。

表 12-17

方法和属性	说　明
Move	在 Recordset 对象内相对于当前位置移动游标
AbsolutePage	用来表示当前记录所在的页的页号
AbsolutePosition	表示 Recordset 对象当前记录的相对位置
NextRecordset	清除当前 Recordset 对象并通过一系列命令返回下一个记录集,只在处理多个记录集时使用

(3) 查找记录

如果用户要在记录集查找满足某个条件的记录,可以使用 Find 方法。其使用方法前面已经述及。例如,查找年龄大于 50 的顾客记录:

　　rs. Find "Age > 50", 0, adSearchForward, adBookmarkCurrent

需要注意的是,只有滚动的记录集才可以使用该方法。

(4) 编辑记录

编辑记录使用 Updata 方法。它有两个参数(表12-18)。

表 12-18

参　　数	说　明
Fields	指定想要修改的字段的名称
Values	指定新记录的字段值

例如,将修改好的姓名和地址数据保存回数据库:

　　rs! c_name = txtname. text

　　rs! c_add = txtadd. text

　　rs. Update

在将修改的数据保存到数据库之前,可以使用 CancelUpdate 方法取消记录的修改。

(5) 插入记录

使用记录集对象的 AddNew 方法可以插入一个新的记录。该方法应在插入具体数值之前调用,最后还要通过调用 Update 方法真正实现数据的插入。具体方法如下:

　　rs. AddNew

　　rs! C_Name = txtname. text

　　rs! C_Add = txtadd. text

　　rs. Update

(6) 删除记录

使用记录集对象的 Delete 方法可以删除当前记录。该方法一次只删除一个记录。记录删除掉后,在数据库中就不再存在。但在记录指针移动之前,它仍然是当前记录。记录指针移动之后,它就不可以再访问了。具体实现方法如下:

　　Private Sub CmdDel_Click( )

```
        Dim i As Integer
        i = MsgBox("确认要删除该记录吗?", vbYesNo)
        If i = vbYes Then
            rs.Delete
            rs.MoveFirst
        Else
            Exit Sub
        End If
    End Sub
```

(7) 关闭记录集

使用记录集对象的 Close 方法可以关闭一个记录集。

```
        rs.Close
```

3. Command 对象

Command 对象是一类特定的命令,用于对数据源执行特定操作。它以数据库对象(表格、视图、存储过程等)为基础,或以 SQL 命令为基础。使用记录集对象可以执行 SQL 命令来获取数据。因为该对象的 Open 方法提供了执行简单的查询和存储过程的能力。但要执行带参数的存储过程和 SQL 命令,就必须使用 Command 对象。Command 对象命令的属性和方法见表 12-19。

表 12-19

元 素	说 明
ActiveConnection 属性	引用命令执行对应的连接
CommandText 属性	包含想要执行命令的字符串,与数据源提供者有关
CommandType 属性	指出命令对象的类型
CreateParameter 方法	向 Command 对象的参数集添加一个参数
Execute 方法	执行 Command 对象

CommandType 属性的取值如表 12-20 所示。

表 12-20

值	说 明
adCmdText	当查询字符串是 SQL 命令时使用
adCmdTable	当查询字符串是表格名时使用
adCmdStoredProc	当查询字符串是存储过程名时使用
adCmdFile	当查询字符串是文件名时使用
adCmdTableDirct	专用于 OLE DB 提供者。该提供者支持 SQL 语句和直接按名称打开表格的功能
adCmdUnknown	当命令类型并不显性知道,提供者欲将命令文本作为 SQL 语句执行,然后又作为存储过程执行,最后作为基表名执行时,应使用该值

例如,更新学生数据库中学生表中学生的姓名:

```
    Private Sub Form_Load()
        Dim con As ADODB.Connection
```

```
Dim cmd As ADODB. Command
Dim str As String
Set con = New Connection
Set cmd = New ADODB. Command
con. ConnectionString = "Provider = Microsoft. Jet. OLEDB. 3. 51;" & _
    "Data Source = c:\Program files\Microsoft Visual Studio\VB98\Studentdata. mdb"
con. Open
Set cmd. ActiveConnection = con
cmd. CommandText = "Update Student Set Studentname = 'Jim Baker' _
    where Studentname = 'Liz Nizon'"
cmd. Execute
End Sub
```

12.6.4 应用示例

下面是一个使用 ADO 控件和 ActiveX 对象来访问学生信息的示例。示例功能包括对数据表(student)中学生信息的浏览、编辑、存储、更新及按学号进行数据查询。

图 12-36 是示例程序的窗体界面,窗体名称设为 connection_frm。

图 12-36

窗体及界面对象的有关属性设置如下:

对象	属性	属性值	对象	属性	属性值
Form	Name	connection_frm	Command4	Name	CmdLast
Text1	Name	txtID		Caption	>>
	Text	空	Command5	Name	CmdAdd
Text2	Name	txtName		Caption	Add
	Text	空	Command6	Name	CmdCancel
Text3	Name	txtAdd		Caption	Cancel
	Text	空	Command7	Name	CmdDelete
Text4	Name	txtFind		Caption	Delete
	Text	空	Command8	Name	CmdSave
Command1	Name	CmdFirst		Caption	Save
	Caption	<<	Command9	Name	CmdExit
Command2	Name	CmdPrevious		Caption	Exit
	Caption	<	Frame1	Caption	数据浏览
Command3	Name	CmdNext	Frame2	Caption	数据操作
	Caption	>	Frame3	Caption	数据查询

本示例访问的数据库名为 studentdata. mdb,库中建有 student 数据表。

示例需要设置 ADO 库的引用。即在"工程"菜单中,单击"引用",在出现的对话框中,选择"Microsoft ActiveX Data Object 2.0 Library"后,单击"确定"即可。该选项包含了 ADO

数据控制(在设计时完成)。

示例程序代码如下,各过程的作用在过程前面做了具体说明:

```
Option Explicit
    Dim cnn As ADODB.Connection
    Dim rs As ADODB.Recordset
    '添加记录
    Private Sub CmdAdd_Click()
        rs.AddNew
        txtID = ""
        txtName = ""
        txtAdd = ""
        txtID.SetFocus
    End Sub
    '取消
    Private Sub CmdCancel_Click()
        rs.CancelUpdate
        Display
    End Sub
    '删除当前记录
    Private Sub CmdDelete_Click()
        i = MsgBox("你确实要删除此记录吗?", vbYesNo + vbInformation, "删除记录")
        If i = vbYes Then
            rs.Delete
            rs.MovePrevious
            If rs.BOF Then rs.MoveFirst
            Display
        End If
    End Sub
    '退出
    Private Sub CmdExit_Click()
        Unload Me
    End Sub
    '按学号查找记录
    Private Sub CmdFind_Click()
        Dim cnn2 As ADODB.Connection
        Dim rs2 As ADODB.Recordset
        Dim s As String
        Set cnn2 = New ADODB.Connection
        s = "select * from student where c_ID = 'txtFind.text';"
```

```
        cnn2.Provider = "Microsoft.Jet.OLEDB.3.51"
        cnn2.Open "f:\stu.mdb"
        Set rs2 = New ADODB.Recordset
        rs2.Open s, cnn2, adOpenDynamic
        If rs2.EOF Or rs2.BOF Then MsgBox "无效的 ID 号" ': Exit Sub
        Do While Not rs2.EOF
            If s = rs2!c_Id Then
                txtID = rs2!c_Id
                txtName = rs2!c_name
                txtAdd.Text = rs2!c_add
                Exit Do
            End If
            rs2.MoveNext
        Loop
        If rs2.EOF Then
            txtID = ""
            txtName = ""
            txtAdd = ""
            MsgBox "没找到!"
        End If
End Sub
'显示第一条记录
Private Sub CmdFirst_Click()
    rs.MoveFirst
    Display
End Sub
'显示最后一条记录
Private Sub CmdLast_Click()
    rs.MoveLast
    Display
End Sub
'显示下一条记录
Private Sub CmdNext_Click()
    rs.MoveNext
    If rs.EOF Then
        MsgBox "到最后一条记录"
        rs.MoveLast
    End If
    Display
```

```
End Sub
'显示前一条记录
Private Sub CmdPrevious_Click()
    rs.MovePrevious
    If rs.BOF Then
        MsgBox "到第一条记录"
        rs.MoveFirst
    End If
    Display
End Sub
'保存记录
Private Sub CmdSave_Click()
    rscourse.AddNew
    rs!c_Id = txtID
    rs!c_name = txtName
    rs!c_add = txtAdd
    rs.Update
End Sub
'激活窗体
Private Sub Form_Activate()
    Display
End Sub
'加载窗体
Private Sub Form_Load()
    Set cnn = New ADODB.Connection
    Set rs = New ADODB.Recordset
    cnn.Provider = "Microsoft.Jet.OLEDB.3.51"
    cnn.Open "f:\stu.mdb"
    rs.Open "student", cnn, adOpenDynamic, adLockOptimistic, adCmdTable
    addFlag = False
End Sub
'显示记录
Private Sub Display()
    txtID = rs!c_Id
    txtName = rs!c_name
    txtAdd = rs!c_add
End Sub
'卸载窗体
Private Sub Form_Unload(Cancel As Integer)
```

cnn.Close
End Sub

习 题

一、填空题

在 VB 系统环境下，可以直接创建_____数据库。

二、练习题

1. 在 VB 系统环境下，建立一个数据库 tx.mdb，并在其中建立如下数据表：

编号	姓名	籍贯	家庭住址	联系电话
001	王群	广州	北京中关村 15 号	0110-68266600
002	李易之	内蒙古	南京市中山路 2 号	0210-6543298
003	马洁	广州	上海市南京路 5 号	0210-77668899

（1）在上述数据表中，增加一条记录，记录的内容为：编号：004；姓名：刘胜利；籍贯：河北；家庭住址：河北省唐山市；联系电话：0311-2345678。

（2）删除数据表中籍贯为"内蒙古"的记录。

（3）查询籍贯为"广州"的记录。

（4）将 001 号记录的联系电话改为 0110-68268900。

2. 在窗体上加入一个数据控件，进行必要的设置，对上题的数据库 tx.mdb 完成相同操作。

3. 结合本章所建立的数据库 js.mdb 以及其中的两个数据表（教师表，课程表），设计一个简单的教师任课信息管理系统，要求使用 ADO 或 ActiveX 实现。系统具有以下功能：

（1）增加数据功能。可以向教师表、课程表增加数据。

（2）删除数据功能。可以按工号、工龄等删除教师表中的数据；或按课程编号删除课程表中的记录。

（3）数据查询功能。能够查询教师情况、课程情况、教师任课情况等。

（4）报表打印功能。能够将有关的查询数据制作报表打印。

附录 1

Visual Basic 的集成开发环境

VB 是一个功能强大而又易于操作的开发环境,它为 VB 应用程序的开发提供了极大的便利。

按照 VB 用户指南的说明,可非常容易地将 VB 系统安装到用户计算机的硬盘上。在 Windows 9X/XP 下,启动 VB,在显示版权页之后,稍待片刻,屏幕就会出现 VB 集成开发环境(IDE)的主画面(附图 1-1)。不同版本的 VB 的主画面略有差别,附图 1-1 是 VB 6.0 的画面。

VB 集成开发环境的主画面是一典型的 Windows 界面,它由标题条、菜单条、弹出式菜单(又称上下文菜单)、工具栏、工具箱、初始窗体和工程资源管理器子窗口、属性子窗口、窗体布局子窗口等组成。VB 系统还有几个在必要时才会显示出来的子窗口,即"代码编辑器"窗口和用于程序调试的"立即"、"本地"和"监视"窗口等。

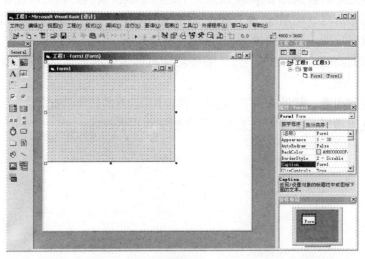

附图 1-1

在 VB 中,创建一个应用程序,被称为建立一个工程。一个 VB 应用程序是由若干个不同类型的文件组成的。工程就是这些文件的集合。启动 VB 时,系统总是开始一个称为"工程 1"(Project1)的新工程。

1. 标题条

标题条除了可显示正在开发或调试的工程名外,还用于显示系统的工作状态。在 VB

中,用于创建应用程序的过程,称为"设计态"或"设计时"(Design-time);运行一个应用程序的过程,则称为"运行态"或"运行时"(Run-time)。当一个应用程序在 VB 环境下进行调试(即试运行),由于某种原因其运行被暂时终止时,称为"中断态"(Break)。通过 VB 标题条上的标题,可清楚地看出系统当前的状态。

2. 菜单条

VB 的菜单条除了提供标准的"文件"、"编辑"、"视图"、"窗口"和"帮助"菜单之外,还提供了编程专用的功能菜单,如"工程"、"格式"、"调试"、"运行"、"查询"、"图表"及"工具"和"外接程序"等。打开某一菜单项的命令菜单,选择并执行其中某个命令的操作方法与其他 Windows 程序完全相同。

3. 工具栏

VB 的工具栏包括有"标准"、"编辑"、"窗体编辑器"和"调试"四组工具栏。每个工具栏都由若干命令按钮组成,在编程环境下提供对于常用命令的快速访问。按照缺省规定,启动 VB 之后只显示"标准"工具栏。"编辑"、"窗体编辑器"和"调试"工具栏可以从"视图"菜单上的"工具栏"命令中移进或移出,也可通过鼠标右击"标准"工具栏的空白部分,从打开的弹出式菜单中选择需要的工具栏单击加载。附图 1-2 给出了"标准"工具栏各个命令按钮的名称及功能。

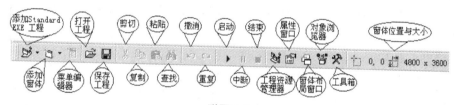

附图 1-2

工具栏按钮的使用操作方法与其他 Windows 程序相同,即用鼠标单击,即执行该按钮所代表的操作。注意,颜色变灰的按钮是当前不能使用的。

工具栏可紧贴在菜单条之下,或以垂直条状紧贴在左边框上,如果将它从菜单下面拖开,则它能"悬"在窗口中。

4. 窗体设计器

窗体设计器是一个用于设计应用程序界面的自定义窗口,通过在窗体中添加控件、图形和图片来创建应用程序所希望的外观。应用程序中每一个窗体都有自己的窗体设计器窗口。

在启动 VB,开始创建一个新工程时,在窗体设计器中总是显示一个空白的初始窗体(附图 1-3),初始窗体名为 Form1。窗体如同一个大容器,用来容纳其他对象。用户通过与窗体上的各种对象进行交互,来实现程序的种种功能。

一个应用程序通常会具有若干个不同外观、不同功能的窗体。其中有一个为启动窗体,它是在运行该程序时首先被打开的窗口。一个窗体的外观设计好后,使用"文件"菜单中的"保存 Form"命令,可将其存盘;单击工具栏上的"添加窗体"按钮,可以在窗体设计器中设计另一个窗体。

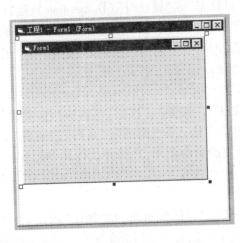

附图1-3　　　　　　　　　　　　附图1-4

5. 工具箱

工具箱又称控件工具箱,由若干控件按钮组成。设计时用于在窗体中放置控件。附图1-4是系统缺省的工具箱布局,包括有指针、文本框(TextBox)、图片框(PictureBox)、标签(Label)等。可以通过从弹出式菜单中选定"添加选项卡"并在结果选项卡中添加控件来创建自定义工具箱。

6. 弹出式菜单

在要使用的对象上单击鼠标右键即可打开弹出式菜单。在弹出式菜单中有效的专用快捷键清单取决于单击鼠标键所在环境。例如,在"工具箱"上单击鼠标右键时将显示如附图1-5所示的弹出式菜单,可以在上面选择:显示"部件"对话框,隐含"工具箱",连接或挂断"工具箱",或在"工具箱"中添加自定义选项卡。

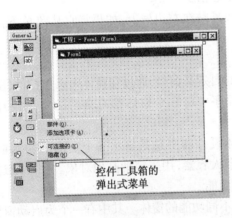
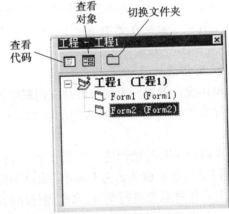

附图1-5　　　　　　　　　　　　附图1-6

7. "工程资源管理器"窗口和"代码编辑器"窗口

"工程资源管理器"窗口又称为工程浏览器窗口(附图1-6),在窗口中会列出当前工程的所有窗体和模块。

工程浏览器窗口也有一个小工具栏,上面的三个按钮分别用于查看代码、查看对象和切换文件夹。在浏览器窗口选定对象,单击"查看对象"按钮,即可在窗体设计器子窗口中显示所要查看的窗体对象;单击"查看代码"按钮,则会出现该对象的"代码编辑器"窗口(附图1-7)。

代码编辑器是输入应用程序代码的窗口。应用程序的每个窗体或代码模块都有一个单独的"代码编辑器"窗口。

"代码编辑器"窗口中有两个列表框,一个是对象列表框,一个是事件列表框。从列表框中选定要编写代码的对象(若是公共代码段,则选"通用"),再选定相应的事件,则可非常方便地为对象编写程序代码。

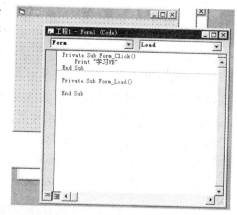

附图 1-7

8. 属性窗口

属性窗口由标题条、对象列表框和属性列表框及属性说明几部分组成(附图1-8)。属性窗口的标题条中标有窗体的名称。用鼠标单击标题条下的对象列表框右侧的按钮,打开其下拉式列表框,可从中选取本窗体的各个对象,对象选定后,下面的属性列表框中就列出与本对象有关的各个属性及其设定值。

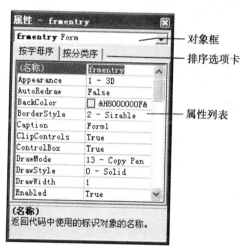
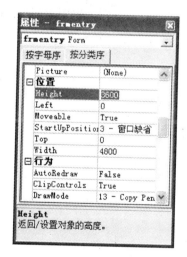

附图 1-8

属性窗口设有"按字母序"和"按分类序"两个选项卡。可分别将属性按字母或按分类顺序排列。当选中某一属性时,在下面的说明框里会给出该属性的相关说明。

9. 窗体布局窗口

窗体布局窗口(附图1-9)允许使用表示屏幕的小图像来布置应用程序中各窗体的位置。

附图 1-9

10. "立即"、"本地"和"监视"窗口

这些附加窗口是为调试应用程序提供的。它们只在 IDE 之中运行应用程序时才有效（参看第 9 章）。

11. 对象浏览器

对象浏览器可列出工程中有效的对象，并提供在编码中漫游的快速方法。可以使用"对象浏览器"浏览在 VB 中的对象和其他应用程序，查看对那些对象有效的方法和属性，并将代码过程粘贴进自己的应用程序。

用鼠标单击工具栏上的"对象浏览器"按钮，即可打开"对象浏览器"窗口（附图 1-10）。有关对象浏览器的应用可参阅相关手册。

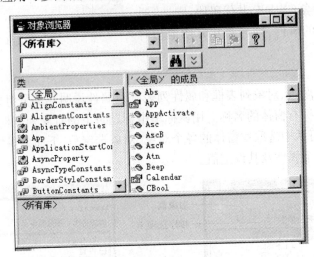

附图 1-10

附录 2

Visual Basic 的帮助系统

VB 6.0 的帮助系统与它以前的版本相比,在组织方式上发生了重大改变。以前的 VB 版本的帮助系统是和 VB 系统捆绑在一起的,而 VB 6.0 版本的帮助系统则和微软公司的其他可视化开发工具,诸如 Microsoft Visual C++、Microsoft Visual FoxPro 等的帮助系统捆绑在一起,以所谓的 MSDN(Microsoft Developer Network)Library Visual Studio 的形式单独发行。因此需要使用 VB 帮助系统的用户,在安装 VB 系统的时候,应根据安装程序的提示,同时安装 MSDN,否则帮助系统将不能使用。

在安装了 MSDN 的 VB 系统中,用户可随时通过"帮助"菜单获得帮助。附图 2-1 是帮助系统打开的画面。

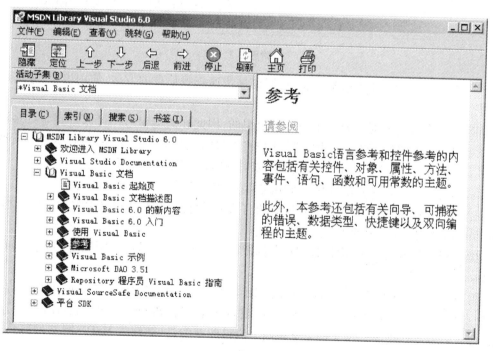

附图 2-1

MSDN 系统使用起来与 Windows 以及其他应用软件系统的帮助类似,相当容易、方便。

使用菜单或工具栏可以快捷地获取各种帮助信息;活动子集的列表框用于定位 MSDN 的某一个子集;目录窗口以树型结构形式显示帮助文档目录,一旦选定某个章节,右边的浏览窗口就会显示相应的内容。

使用索引是一种快捷查找所需信息的好方法,用户可以点击"索引"选项卡,在索引窗口中的索引文本框中输入感兴趣的关键字,并在下面的列表框中选定具体项目,再单击窗口右下方的"显示"按钮,右边的浏览窗口就会直接显示出所需的内容(附图2-2)。

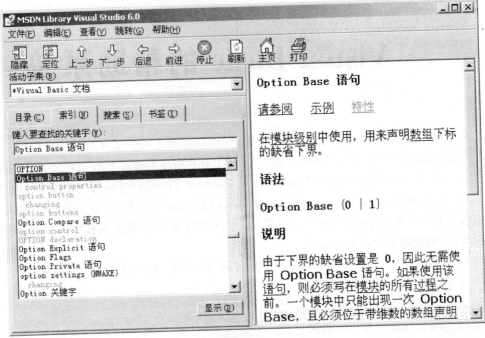

附图 2-2

MSDN 还提供了搜索与书签功能,它们也是快速查找信息的方法,使用也很简单,用户可自行练习。

MSDN 的帮助信息是以超文本的方式组织的,因此在浏览窗口中可以看到有许多以彩色显示并带有下划线的文字,如附图2-1中的"请参阅"、"示例"、"模块级别"等都是所谓的"链接",单击链接,就会打开新的信息窗口或对话窗口,获得相关的信息。

在浏览窗口中右击,利用打开的弹出式菜单,可以将选定的内容复制或打印。

由于 MSDN 不仅包括了 VB 系统所有语言成分的详细说明,还包含了大量的程序示例,因此是学习使用 VB 重要的工具之一。

获得 VB 帮助的另一个途径是直接访问微软公司的 MSDN 网站,网址是:http://msdn.microsoft.com。

附图 2-3 是 MSDN 的主页画面。在该页面上打开"Library 链接",在 Library 页面左边的目录栏,点开"Development Tools and Languages"目录项,即可找到 VB 6.0 的项目(附图2-4)。下面的操作与直接使用 MSDN 文档完全相同。值得注意的是,微软的 MSDN 网站目前只提供英文版的 VB 6.0 的技术支持,中文版则不再提供。

附录2　Visual Basic 的帮助系统

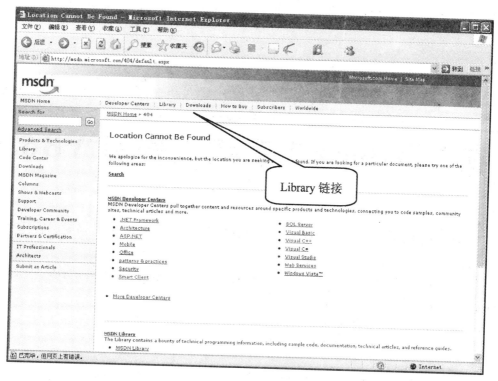

附图 2-3

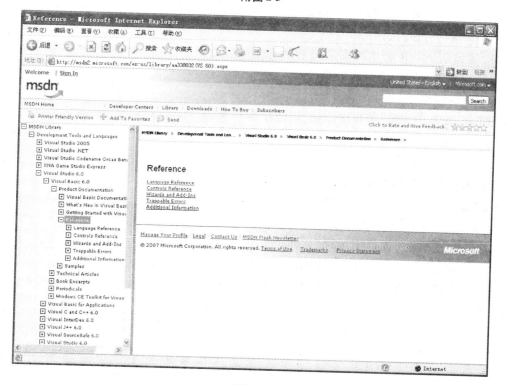

附图 2-4

附录 3 在 Windows 7 系统上安装 VB 6.0

1. 本机安装的 Windows 7 版本,必须是专业版或旗舰版。如果是普通家庭版,请先将其升级为专业版或旗舰版。

2. 将 VB 6.0 的安装光盘插入 Windows 7 系统计算机的光驱,运行安装程序,或从网上下载 VB 6.0 的安装包到本机上,再运行安装包文件夹下的 Setup.exe 安装程序。

3. 屏幕出现如附图 3-1 所示的"程序兼容性助手"对话框,不用理会它的信息,直接单击"运行程序"按钮。

附图 3-1

4. 系统进入 VB 6.0 的安装过程界面,可按屏幕提示操作,直到完成全部安装。

5. 安装结束后,在桌面上建立"Microsoft Visual Basic 6.0 中文版"的快捷图标,以便今后使用。

6. 设置系统兼容性:用鼠标右击 VB 6.0 的快捷图标,在打开的快捷菜单中选择"属性",则显示如附图 3-2 所示的属性对话框,在"兼容性"选项卡的"兼容模式"栏中选中"以兼容模式运行这个程序",列表框中选择"Windows XP (Service Pack 3)"后,单击"确定"按钮。

7. 安装完毕,你的计算机就可以正常运行 VB 6.0 了。

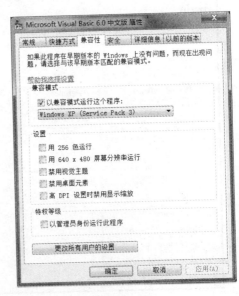

附图 3-2